市政污泥强化脱水及其耦合资源化技术

张伟军　王东升　曹秉帝　编著

中国建筑工业出版社

图书在版编目（CIP）数据

市政污泥强化脱水及其耦合资源化技术 / 张伟军，
王东升，曹秉帝编著. — 北京：中国建筑工业出版社，
2021.9
ISBN 978-7-112-26571-8

Ⅰ. ①市… Ⅱ. ①张… ②王… ③曹… Ⅲ. ①市政工
程—污泥利用 Ⅳ. ①X703

中国版本图书馆 CIP 数据核字（2021）第 188835 号

污泥的处理处置已成为我国环境工程领域的难点和热点问题。本书系统总结和论述了市政污泥强化脱水及其耦合资源化技术。本书共分为 6 章：第 1 章介绍了污泥的产生、性质和处理处置技术与新发展；第 2 章介绍了污泥深度脱水技术工艺组成、泥质特性对污泥脱水性能的影响、污泥调理技术；第 3 章介绍了污泥絮凝及其联合调理技术；第 4 章介绍了污泥溶解与絮凝联合调理技术；第 5 章介绍了污泥电渗透脱水及其耦合技术；第 6 章介绍了污泥调理—高效脱水与资源化耦合技术。

本书可供环境工程、城市固体废弃物处理等相关领域的科研人员和工程技术人员及高校师生参考和学习。

责任编辑：石枫华　朱晓瑜
责任校对：芦欣甜

市政污泥强化脱水及其耦合资源化技术

张伟军　王东升　曹秉帝　编著

*

中国建筑工业出版社出版、发行（北京海淀三里河路 9 号）

各地新华书店、建筑书店经销

北京红光制版公司制版

北京建筑工业印刷厂印刷

*

开本：787 毫米×1092 毫米　1/16　印张：18½　字数：459 千字

2021 年 10 月第一版　　2021 年 10 月第一次印刷

定价：**76.00** 元

ISBN 978-7-112-26571-8

（38028）

前　言

　　活性污泥法是 20 世纪环境工程领域最伟大的发明之一，在污水处理中发挥着不可替代的作用。活性污泥法在净化污水中污染物的同时，会产生大量的剩余污泥，污泥的处理处置已成为我国环境工程领域的难点和热点问题。污泥通常含水率超过 90%，含有微生物细胞、胞外聚合物（EPS）和无机物等成分，同时污泥中含有病原微生物、重金属和微量有机污染物等。

　　机械脱水是污泥处理的第一步，对污泥减量起着重要作用，常用的污泥脱水方式包括带式压滤机和离心机等。污泥 EPS 中的大分子有机物（蛋白质、多糖和腐殖酸等）在疏水作用、氢键作用、阳离子架桥的作用下形成类似凝胶的网络结构，对水分子具有极强的结合能力，导致污泥脱水难度较大。为了最大限度地削减污泥量，提升污泥后续处理的效能，降低污泥处理处置的综合成本，深度脱水技术在我国得到广泛应用。污泥深度脱水主要采用高压脱水设备，如隔膜压滤机和高压弹簧机等。传统针对低压脱水技术主要采用有机高分子絮凝剂，而单独采用有机高分子絮凝剂无法保证高压脱水系统的高效、稳定运行。因此，基于污泥高压脱水的预调理技术已成为我国环境工程领域的热点研究方向。

　　本书汇总了作者及研究团队围绕基于污泥强化脱水这一方向开展近 10 年的研究工作，在《水研究》（*Water Research*）等环境领域的主流期刊发表论文 60 余篇，形成了污泥调理——脱水方面新的认识和理解。本书是在近十年开展的研究工作基础上整理而成的。

　　本书共分为 6 章，第 1 章简要介绍了污泥的来源、性质和处理处置现状；第 2 章介绍了污泥深度脱水技术；第 3 章介绍了污泥絮凝及其耦合调理技术；第 4 章介绍了污泥溶解和絮凝耦合调理技术；第 5 章介绍了污泥电渗透脱水的原理；第 6 章重点介绍了污泥调理—高效脱水与资源化耦合技术。

　　在本书编写过程中，团队研究生程皓琬、唐明悦、周浩、张彧、董天一、赵培培等在图表编辑、排版等方面提供了很多帮助。同时，本书所涉及的研究工作也得到了国家自然科学基金、国家水体污染控制重大专项和中国地质大学（武汉）中央高校基金的资助，在此一并感谢。

　　限于作者水平，书中难免会有错误，望各位读者和同行学者不吝指正。

张伟军

中国地质大学（武汉）

目　　录

第1章 污泥的来源、性质和处理处置现状

城镇污水处理厂污泥不仅含水量高，易腐烂，有强烈臭味，并且含有大量病原菌、寄生虫卵以及铬、汞等重金属和多环芳烃等难以降解的有毒有害及致癌物质。污泥未经处理随意堆放，经过雨水的侵蚀和渗漏作用，易对地下水、土壤等造成二次污染，直接危害人类身体健康，产生众多不利影响。由于污泥自身特点，对污泥进行有效的处理处置，是社会发展的必然要求。

本章主要介绍了污泥的产生途径、污泥的各种物理性指标和化学性指标、污泥胞外聚合物（EPS）的提取和表征方法以及我国目前的污泥处理技术进展。

1.1 污泥的来源

1.1.1 污泥的定义

市政污泥是一种由微生物菌胶团、原生动物死亡残体、不溶性有机物、无机物残渣、不溶性胶体等组成的复杂非均质体。污泥中除了含有大量水分和有毒有害物质（如寄生虫卵、病原菌、重金属化合物等）外，还含有大量在降解菌作用下腐化发臭的有机质成分。

受到污泥来源、性质等多种因素的影响，国内外对其的定义不尽相同。欧盟委员会将污水污泥定义为初级处理、二级处理和深度处理后产生的剩余物质，并将预处理中产生的粗糙的固体颗粒物、沙砾以及油脂等残渣定义在此范畴之外。本书所称污泥是一种泛指，包括污水处理厂中的初级处理（去除水中悬浮物和颗粒物）、二级处理（去除水中有机物）以及深度处理（去除水中氮、磷等营养元素）等过程产生的富集微生物胶团、有机污染物、重金属及大量颗粒物的固液混合物。

1.1.2 污水污泥的产生过程

常规的城市污水处理厂包含格栅、初沉池、生物处理池、二沉池等水处理单元，每一个水处理单元都对应着污水处理的一个过程，每个过程产生相应的具有特异性的污水污泥。图 1-1 为城市污水污泥的产生过程。

污水进入污水处理厂后，首先进入预处理阶段，此阶段的主要处理构筑物有格栅和沉砂池，污水中大部分浮渣、漂浮物、大颗粒杂质等物质在重力沉淀或机械力（筛分）作用下从水中脱离出来，最终形成半固态残渣，它们一般不属于污水污泥的范畴。

随后进入一级处理阶段，通常采用初沉池处理，污水中 50%～70%的悬浮物以及 25%～40%的 BOD 将从污水中分离出来，最终在初沉池底部形成以无机物为主的初沉污泥。有时为了提高初沉池的悬浮物去除效率，会加入混凝剂，促使颗粒物团聚，强化沉淀效率。

紧接着，污水将进入以生物处理为主的二级处理阶段，主要目的是实现污水中有机物

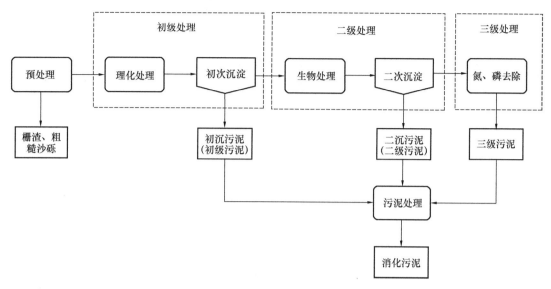

图 1-1 城市污水污泥的产生过程

（COD）、氮、磷等物质的去除。该阶段通常采用活性污泥法对污水中的有机物进行降解，大量菌胶团和细菌利用污水中的有机物（COD）来维持自身生长，一部分有机物在微生物的呼吸作用下被转化为 CO_2 排放到空气中，另一部分则被微生物合成代谢所利用，转化为微生物细胞。生物处理单元后，泥水混合物将被送至二沉池进行泥水分离，在二沉池底部形成包括菌胶团、无机物颗粒在内的二次沉淀污泥。与初沉污泥相比，二沉污泥中的脂肪酸、油脂及纤维素的含量较低，氮、磷以及蛋白质的含量相对较高。

污水的三级处理（深度处理）主要是指通过生物、化学或者物理方法对二级处理水中的污染物（氮、磷、致色有机物、有机微污染物等）进行深度去除。物理技术主要包括膜分离技术（如微滤、超滤）；化学法包括混凝/絮凝、臭氧氧化、紫外协同氧化等方法；生物法包括曝气生物滤池、反硝化滤池等方法。混凝/絮凝会产生化学污泥，而生化法会产生生物污泥。通常设有三级处理的污水处理厂，污水污泥的产量将增长 30％ 左右。随着污水处理技术的发展，现有的城市污水处理工艺通常将污水的二级、三级处理合并到一起，如膜生物反应器（MBR）技术。

1.2 生物污泥性质和分类

生物污泥属于一种非均质的类胶体体系，主要由微生物细胞、胞外聚合物（Extracellular Polymeric Substances，EPS）和无机物组成。胞外聚合物（EPS）形成类似于凝胶状的网络结构，将微生物捆绑在絮体中，以提高微生物的持水和抵抗有害污染物能力。胞外聚合物（EPS）是污泥絮体的主要组成部分，占到污泥生物质总量的 60％～80％，不仅影响污染物的去除，同时也影响着活性污泥的絮凝特性、沉降性、脱水性和稳定性。污泥是一种高度亲水且异质化的类胶体体系，通常表面带有高密度的负电荷，在静电斥力的作用下在水中具有相对的动态稳定性。污泥中的胞外聚合物（EPS）可以形成一种稳定的类凝胶结构，通过空间位阻的作用与水分子相结合，导致污泥具有黏弹性，机械脱水难度大。

　　根据污泥的产生过程，可以将污泥大体分为初沉污泥、剩余污泥和厌氧消化污泥，不同处理环节产生污泥的性质存在显著的差异性，其性质比较见表 1-1。对于市政污泥，由于胞外聚合物（EPS）是组成污泥的关键组分，占到污泥有机组分的 80％以上，也是束缚结合水的主要组分，因而可以通过有机质含量来快速反映污泥的胞外聚合物（EPS）含量。厌氧消化常被用于污泥的稳定化，也是一种污泥能源化处理的重要方式。通常，污泥中固相生物聚合物（蛋白质和多糖）的水解过程是整个厌氧消化的限速步骤。剩余污泥在厌氧消化过程中经历了生物大分子水解发酵、酸化、产甲烷化等几个微生物过程，因而污泥絮体化学组成、溶液化学性质以及物理性能均发生了明显的变化。从污泥絮体的化学组成来说，剩余污泥的有机质含量较高，且主要由蛋白质和多糖组成，而经过厌氧消化后蛋白质和多糖通过水解和产甲烷过程被降解并转化为甲烷、二氧化碳和腐殖酸等，同时含有少量的蛋白质。与之相对应地，高级厌氧消化处理后，生物大分子的分解作用剧烈，且由于蛋白质和多糖的转化作用，污泥液相组分中有机物（COD）、氨氮、碱度大幅提升，总磷也同步释放出来；最后，由于厌氧消化过程中蛋白质等生物大分子水解，污泥的絮凝性能大幅下降，絮体明显减小，同时污泥过滤行为明显恶化。

不同来源污泥的性质比较

表 1-1

分析项目	剩余污泥	常规厌氧消化污泥	热水解厌氧消化污泥
pH	6.8	7.49	7.61
VSS/TSS	0.68	0.61	0.49
SCOD（mg/L）	450	950	2400
含水率（％）	97.5	97.8	95.2
CST	120	293	1410
氨氮（mg/L）	30	535	1200
碱度（mg/L）	300	1800	4000
总磷（mg/L）	2.5	40.0	26.6
平均粒径（μm）	122	68	15

　　注：此数据基于北京市污泥样品分析。

1.3　污泥的性质指标

1.3.1　物理性指标

　　1. 含水率

　　污泥组成成分不定、絮体结构复杂，这直接影响其含水率和水分分布。而污泥中水分的分布特征又决定了其可去除性，因而理清前者对研究污泥脱水机制有重要意义。传统意义上，依据水分与污泥颗粒的结合形式，可将污泥中所含水分细分为自由水、间隙水、表面水和结合水 4 类（图 1-2），其在污泥总水分中所占的比例及各自特点见表 1-2。

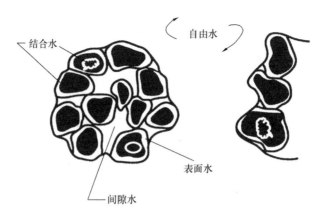

图 1-2　污泥中水分分布概念模型

污泥水分分布特征　　　　　　　　　　　　　表 1-2

水分类型	定义	比例	特点	可去除性
自由水	指游离于固体颗粒间而不与其相结合的水	40%～60%	水分子与固体颗粒间无相互作用力	易去除，常规物理方法均可使其分离
间隙水	指被包裹在絮体颗粒间隙中的水	30%～50%	水分不与固体颗粒直接结合，是污泥浓缩的主要对象	较易分离，重力即可使其分离
表面水	指因毛细力而被吸附和黏附作用附着在固体颗粒表面的水	5%～7%	结合力较强，浓缩作用不能分离	较难分离，需借助较高的机械力，如压力过滤、离心等
结合水	指有机体的胞内水和通过化学键力而结合于固体颗粒表面的水	3%～5%	结合紧密，无法通过机械方法被分离	很难去除，必须破坏细胞膜，如采用高温、化学调理等

　　由此可知，虽然自由水与间隙水是污泥水分的主体，也是污泥脱水的最主要对象，但表面水和结合水的含量才是限制污泥脱水特性的主要因素。值得注意的是，由于上述自由水与间隙水的定义只存在理论上的区分，而在实际测定（如热干燥法、压滤法等）中难以明确某些"游离水"到底应该归属于自由水还是间隙水，因而其更像是一个操作层面的定义。鉴于此，也有学者主张将污泥中的水分只分为自由水、机械结合水和结合水 3 类，以避免此类问题。近几年来，有研究尝试将低场核磁共振氢谱（LF-NMR）引入污泥水分测定，它通过测定氢核的弛豫时间来表征水分子所处的不同状态，从而完成了污泥中四种水分类型的区分。遗憾的是，目前尚无污泥水分组成分析的标准方法。

　　污泥水分分布的细化分类只是为了助力脱水机制研究，因此关注其到底分为几类并不是重点，重点还在于证明污泥脱水过程中不同种类水间的相互转化，特别是由广义的"结合水"向广义的"自由水"方向的释放和转化。通常认为，去除污泥中大部分间隙水可以靠重力沉降和浓缩的方法；调节和后续的机械脱水可破坏污泥的胶体结构，从而进一步释放出间隙水，同时还能去除部分毛细结合水；但是由于表面吸附水和结合水与污泥的结合非常牢固，只有通过干化和焚烧等手段才可去除。

2. 含固率

无论是对于污泥处理，还是购买污泥处理设备，污泥泥饼含水率与泥饼含固率都是常用的两个判别标准。污泥中固体的种类和颗粒大小决定了污泥含水率。通常认为，固体颗粒越细小，所含的有机物就越多，污泥的含水率也越高。

污泥含固率（Total Suspended Solid，TSS）的定义是单位质量的污泥所含固体物质质量所占的比例，可用公式（1-1）计算。

$$P_s = \frac{S}{W+S} \times 100\% = 100 - P_w \tag{1-1}$$

式中　P_w——污泥含水率（%）；

　　　P_s——污泥含固率（%）；

　　　W——污泥中水分质量（g）；

　　　S——污泥总固体质量（g）。

固定体积的污泥经过压干，含水率降低。随着含水率下降，污泥含固率会上升。而污泥脱水的最终目的就是实现固液分离，将污泥的含水率降低，提高污泥含固率。污泥含水率低，污泥处理中产生的泥饼体积相应的也会减少，更便于输送、运输和后期处置，也能从污泥中回收更多水分。

3. 水力特性

污泥的水力特性主要是指其流动性和可混合性，受温度、水体水质、流速、黏度等多种因素的影响，其中，以黏度的影响为主。污泥的流动性是指污泥在管道内的流动阻力和可输送性（是否可用泵输送或提升）。通常，当污泥的含固率<1%时，其流动性与污水基本一致。对于含固率>1%的污泥，当在管道中流速较低时（1.0~1.5m/s），其阻力比污水的大，当在管道中流速大于 1.5m/s 时，其阻力比污水的小，因此，一般污泥在管道内的流速应保持在 1.5m/s 以上，以降低阻力节省能耗。产生以上现象的原因是，含固率>1%的污泥是非牛顿型流体，在低流速下，污泥处于层流状态，其流动性受黏度的影响较大。而在高流速下，污泥状态为湍流，污泥的黏滞性会消除由管壁形成的涡流，降低阻力。另外，污泥的流动性不受温度及污泥中有机物含量的影响。一般当污泥含固率大于6%时，污泥可泵性差，会对实际中用泵输送污泥造成困难。污泥在不同的固体浓度和流速时的阻力增大系数见表 1-3。

不同固体浓度和流速下的污泥阻力增大系数　　　　　　　　　　　　　　　表 1-3

流速	固体浓度（g/L）							
（m/s）	25	30	35	40	45	50	55	60
0.42	3.0	3.5	4.0	4.5	5.0	5.0	6.0	7.0
0.52	2.5	3.0	3.5	4.0	4.2	4.5	5.2	6.0
0.58	2.0	2.5	3.0	3.4	3.6	4.0	4.6	5.5
0.66	1.7	2.0	2.3	2.7	3.0	3.4	4.0	4.6
0.75	1.3	1.5	1.8	2.1	2.4	2.8	3.4	4.0
0.83	1.2	1.4	1.6	1.9	2.2	2.6	3.1	3.6
0.92	1.1	1.2	1.4	1.7	2.0	2.3	2.8	3.3

流速 (m/s)	固体浓度（g/L）							
	25	30	35	40	45	50	55	60
1.00	1.0	1.1	1.3	1.5	1.7	2.0	2.5	3.0
1.08	—	—	1.2	1.4	1.6	1.9	2.3	2.8
1.16	—	—	—	—	—	1.8	2.2	2.7
1.25	—	—	—	1.3	1.5	1.7	2.1	2.6
1.33	—	—	1.1	1.2	1.4	1.6	1.9	2.3
1.42	—	—	—	—	1.3	1.5	1.5	2.1
1.50	—	—	—	—	—	1.4	1.7	2.0

4. 污泥絮体形态

影响颗粒污泥形成和处理效果的因素有很多，除碳源底物、含固率、水力特性等几个主要因素外，pH、沉降时间、污泥龄和温度等外界因素都会对污泥颗粒的形成及稳定性产生影响。由于有机质含量高，所以性质极不稳定，而且不同工艺来源的颗粒污泥理化性质均存在差异，其形态特征不同。通常用絮体粒径、分形维数、微观形貌等指标对污泥物理形态进行表征。

污泥颗粒作为凝胶型多孔介质的典型代表物质，具有高度复杂性，不仅表现在成分与几何结构的复杂，更体现在其复杂的传质特性。借助于多孔介质方面的新进展，该方面的研究也有了新的启示，这得益于分形理论的应用为研究多孔介质内部传质规律提供了一个新的途径。分形维数是表征絮体结构的重要参数，其对应于物体的空间填充能力。

光散射实验是确定小聚集体分形维数的重要工具。详细的方法可以在以前的研究中找到。光散射技术涉及光强度 I 的测量作为波矢量 Q 的函数。在散射测试中收集的数据中 $logI/logQ$ 的图是线性的，具有 D 的斜率，三者关系如公式（1-2）所示。参数 D 则是质量聚合体的分形维数，其值的相关范围为 1～3。较高的 D 值对应于更紧凑的内部絮状物结构。

$$I \propto Q^d \tag{1-2}$$

颗粒态污泥粒径分布一般采用激光粒度仪（Malvern MS-2000）分析，该仪器具有测试速度快，测试范围广，操作方便等优点。激光粒度仪的工作原理为光的散射，粒径大小不同产生的散射角不同，通过仪器上探测器接收到不同散射角的光强，依据 Mie 散射理论仪器对不同散射角光强产生的电信号进行处理，从而计算机计算出颗粒态有机物的粒径大小和粒径分布。该仪器的有效测量范围为 $2～2000\mu m$。激光粒度仪测试结果中还包括颗粒态有机物中位径 D_{50}（颗粒态有机物累积体积为 50% 对应的颗粒粒径，该值常用来表示平均粒径）、D_{10}、D_{20}、D_{80}、D_{90} 以及累积粒径特性曲线等参数。

污泥絮体形态作为一个重要指标已被广泛应用于各种污泥脱水研究中。例如，Yang 等人发现在污泥颗粒的调理过程中，随着粒径增大，污泥密度增大，但变化不大。随着 MLSS/MLVSS 值的降低，颗粒粒径增大，污泥的活性有所降低。分析认为是随着粒径增大，颗粒本身吸附无机盐类较多，又受传质限制，颗粒内部细菌活性减小、数量减少，最终导致污泥活性降低。结合在光学显微镜下对不同污泥粒径颗粒微观形貌的观察可知，刚开始污泥颗粒形状较规则，基本均为圆形或椭圆形，且较密实，但通过絮凝调理技术后，污泥部分颗粒形状会变得不规则，有些松散。由此可见，通过一般的物理或化学的絮凝调理技术，降低了污泥表面负电荷，污泥粒径增大，密度随之提高，絮体团聚紧实，同时增强了污泥脱水性能。

1.3.2　化学性指标

1. pH 和酸碱缓冲能力

pH 是反应污泥消化过程的重要指示指标。剩余污泥的 pH 为 6.0～7.0。经过厌氧消化后，由于碱度的产生，污泥的 pH 会有所上升，达到 7.5～8.0。污泥中含有各种生物聚合物，这些聚合物会通过质子化作用缓冲 pH，同时还有生化反应（如反硝化、厌氧消化的碱性发酵阶段等）过程中产生的碳酸氢根离子等，因而污泥含有较高的碱度和较强的酸碱缓冲能力。

2. 有机质

污泥中大量的有机物，包括微生物细胞、蛋白质、多糖、核酸等生物大分子，经过厌氧消化的污泥中通常含有较高浓度的腐殖酸。污泥中有机物含量一般用挥发性固体（Volatile Suspended Solid，VSS）表示，也就是在 650～700℃ 的马弗炉中烧至恒重为止。污泥有机质含量通常在 30%～80% 的范围内。我国不同地区的污泥有机质含量存在显著差异，通常北方地区的污泥有机质含量高于南方，但上海、深圳等地污泥有机质含量可以达到 60% 左右。有机物含量是污泥最重要的化学性质，决定了污泥热值和可消化性能。通常有机物含量越高，污泥热值也越高，可消化性也越好。

3. 热值

污泥的热值主要取决于污泥中有机物含量的高低，是污泥焚烧处理时的重要参数。由于来源不同的污泥含水率各不相同，因此以干基（d）或干燥无灰基（daf）的指标表示热值，各类污泥热值见表 1-4。中国科学院生态环境研究中心刘俊新研究员团队进行了污泥热值与有机质之间关系的研究，建立了污泥有机质含量和热值的经验方程式。针对目前污泥热值测定方法繁杂等问题，提出了利用 VS 与 TS 比值估算污泥干基高位热值的方法，根据实际污泥测定结果归纳出简单可行的计算式［公式（1-3）］，并且对城市污水处理厂剩余污泥热值测定方法进行了优化研究，这对于基于污泥热化学技术的能耗评估具有重要意义。

$$HHV = 25368VS/TS - 1918.8 \tag{1-3}$$

各类污泥燃烧热值　　　　　　　　　　　　　　　表 1-4

污泥种类	燃烧热值（以干泥计）（kJ/kg）
初沉池污泥	7200
初沉池污泥与腐殖污泥混合	6700～8100
初沉池污泥与活性污泥混合	7400
生污泥	14900～15200

4. 营养成分含量

污泥中含有植物所需的常量营养元素（氮、磷、钾等）和微量营养元素。常量营养元素中的氮、磷、钾在污泥的资源化利用方面起着非常重要的作用，可转化为植物培植基质，如人造表土、土壤调理剂、有机肥等，尤其是氮含量，在园林绿化和农业回用中具有不可忽视的利用价值。经过生物过程稳定化处理后的污泥中含有大量的腐殖酸，腐殖酸可以刺激植物的生长，同时也会促进植物对无机营养物质的吸收。不同污泥中含有的营养成分含量情况见表1-5。

不同类型污泥营养成分含量情况　　　　　　　　　　　　　表1-5

污泥类型	总氮	磷	钾	腐殖质	有机质	灰分
初沉污泥	2.0~3.4	1.0~3.0	0.1~0.3	33	30~60	50~75
剩余活性污泥	2.8~3.1	1.0~2.0	0.1~0.8	47	—	—
生物滤池污泥	3.5~7.2	3.3~5.0	0.2~0.4	41	60~70	30~40

1.4 胞外聚合物

胞外聚合物（Extracellular Polymeric Substance，EPS）是微生物降解污染物的过程中产生的一种成分复杂的高分子聚合物，主要成分是蛋白质和多糖（占有机物总量的70%~80%），而核酸、腐殖酸、脂类等仅占有机物的10%~20%。EPS通过氢键、疏水作用、阳离子架桥等作用，形成类似凝胶的网状结构，微生物细胞吸附或嵌入EPS，增强微生物细胞对外界不利环境的适应能力。细胞代谢过程中产生的高分子化合物（如多糖）也可吸附在细胞表面，在细胞处于"饥饿"状态时提供碳源和能量，这种性质在污水脱氮除磷过程中也发挥中重要作用。污泥絮体结构及水分分布如图1-3所示。

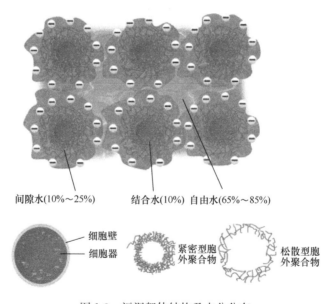

间隙水(10%~25%)　　结合水(10%)　自由水(65%~85%)

细胞壁
细胞器
紧密型胞外聚合物
松散型胞外聚合物

图1-3　污泥絮体结构及水分分布

1.4.1 EPS 的提取方法

中国科技大学盛国平教授团队全面综述了EPS的提取和分析方法，同时评估了不同提取方法的利弊。EPS的提取方法大致可以分为物理法、化学法两大类。物理法提取

EPS 是借助外力的作用将 EPS 分离出来，如离心法、超声波法和加热法等，而化学法（离子交换树脂、EDTA、甲醛/氢氧化钠）主要是采用化学药剂破坏 EPS 结构和 EPS 微生物细胞之间结合力，提高结合型 EPS 的溶解度。EPS 的提取方法不同，效果和组成存在明显的差异。Comte 利用离心、超声、加热三种方法提取污泥 EPS，结果显示，加热法提取 EPS 的效率高于离心法和超声法。我们研究发现，在温度高于 50℃ 的条件下，EPS 会发生水解产生小分子有机物。相比物理方法，化学方法的提取效率通常更高。对比加热法和 HCHO/NaOH 法提取同一污泥的 EPS，加热法提取了 25.7mgEPS/gVSS，HCHO/NaOH 法提取了 164.9mgEPS/gVSS，故 HCHO/NaOH 法提取 EPS 明显优于加热法。阳离子交换法（Cation Exchange Resin，CER）和离心法提取 EPS，EPS 提取量不高，但是可以保护细胞的完整性，也是目前被认为最好的提取方法之一。邹小玲等人对比提取厌氧污泥 EPS 的 5 种方法。利用化学药剂 NaOH 提取污泥 EPS 时，提取效率高，但是在碱性条件下导致微生物细胞破裂，胞内物质流出，影响 EPS 的准确定量和分析。不同体系 EPS 提取方法的机理见表 1-6。

EPS 的提取方法　　　　　　　　　　　　　　　　　　　　　　表 1-6

	体系	机理
超声法	UASB 颗粒活性污泥	超声产生的脉冲压力使 EPS 与基质分离
超声/离心法	活性污泥	超声力和离心力产生的脉冲压力使 EPS 溶解
高速离心	厌氧污泥	离心力作用下 EPS 从细胞表面分离并溶解
加热	活性污泥	通过增强分子运动使 EPS 溶解
碱处理	嗜酸红假单胞菌活性污泥	投加 NaOH 后，羧基等官能团电离，EPS 与细胞的排斥力增强并溶解到水中
硫化	活性污泥	投加硫化物，与污泥中的铁生成硫化铁，破坏污泥絮体结构
EDTA	活性污泥	EPS 基质中的带电有机物的交联与二价离子有关，因此通过 EDTA 去除二价离子，达到分离 EPS 的效果
阳离子交换树脂（CER）	生物膜活性污泥	CER 去除二价离子，使 EPS 分离
NaCl	嗜酸红假单胞菌	使用高浓度 NaCl 溶液增强阳离子交换
酸处理	嗜酸红假单胞菌	增强排斥力，瓦解 EPS 和细胞间的联系，使 EPS 分离
NH_4OH/EDTA	活性污泥	通过 pH 调节和离子交换来提高提取效率，利用强碱（如 NH_4OH）减弱细胞溶解
酒精提取	活性污泥	使 EPS 变性，从而减弱 EPS 和细胞间的作用力
HCHO/NaOH	活性污泥	投加 HCHO 减弱 NaOH 造成的细胞溶解
戊二醛	活性污泥	戊二醛能固定细胞并使 EPS 变性，因此也用于 EPS 分离
冠醚	生物膜活性污泥	冠醚用于结合二价金属离子，破坏 EPS 和细胞的结合作用
酶法提取	活性污泥	糖类和蛋白类水解酶能破坏污泥结构，使 EPS 溶解

根据 EPS 与微生物细胞的结合力，将 EPS 分为溶解型 EPS（Soluble，EPS，S-EPS）和结合型 EPS（Bound EPS，B-EPS）。S-EPS 通常采用离心法提取，而 B-EPS 的提取需要破坏 EPS 与细胞间的结合力，所以采用化学法或与物理法结合等方法。然而，Liu and Fang 认

为利用加热法提取 EPS 会破坏污泥细胞，使 EPS 有机质分析结果偏高。Yu 等人对污泥的三层模型做了进一步修正，按照外层聚合物与泥粒的结合强度，他利用离心分离和超声波技术将污泥分为 5 层，分别为溶解性组分、黏液层、LB-EPS、TB-EPS、细胞相等 5 个组分。

1.4.2 EPS 的表征方法

1. 三维荧光光谱——平行因子分析技术（EEM-PARAFAC）

如前所述，EPS 对于污泥类胶体特性发挥着重要作用。然而，EPS 中有机物分子量、化学结构以及官能团都极为复杂，难以对其结构进行准确详尽的表征。因此，EPS 的表征和分析成为环境工程领域的挑战性课题。

近年来，三维荧光光谱（Three-dimensional Fluorescence Spectroscopy）技术广泛应用于水体、土壤中溶解性有机物（Dissolved Organic Matters，DOM）的表征，这种技术具有快速、灵敏度高、前处理简单的优点。平行因子分析法（Parallel factor analysis，PARAFAC）法可以将 EEM 矩阵降维成唯一荧光适合的荧光组分集和一个残差矩阵，从而将 EEM 图谱分解成为若干具有化学意义组分的荧光峰，可更清晰地分析发色荧光峰的组成。

荧光激发—发射矩阵（Fluorescent Excitation-emission Matrix）提供了关于 DOM 结构组成差异方面的信息，对 EEM 图谱的分析方法有峰值法以及平行因子分析法。据 Coble 等人研究发现，可将 DOM 中主要的荧光峰最大激发和发射波长位置与可能的有机物联系。EPS 含有大量具有各种类型官能团的芳香族结构和不饱和脂肪链，具有荧光特性，因此，对 EPS 进行三维荧光扫描，得到一个典型的 EPS 峰值荧光图谱，但三维荧光光谱技术本身存在干扰效应、荧光峰重叠、荧光猝灭等因素影响的问题。三维荧光光谱耦合平行因子分析法（Excitation-emission Matrix Parallel Factor Analysis，EEM-PARAFAC）的基本原理是水中不同类别有机物对应于独立的特征荧光组分，该方法可以对污泥 EPS 中丰富的有机物化学信息进行半定量分析。并且，相较于普通的峰值法，将荧光峰分解为若干荧光拟合组分，可更清晰地分析发色荧光峰的组成，能够在一定程度上解决荧光光谱峰重叠的问题。因此，EEM-PARAFAC 法对分析污泥不同 EPS 中有机物有更加明显的优势（图 1-4）。可以看出，污泥 EPS 含有 C1、C2、C3、C4 等 4 个组分，分别代表了芳香类蛋白 II、色氨酸蛋白、富里酸和芳香类蛋白物质。

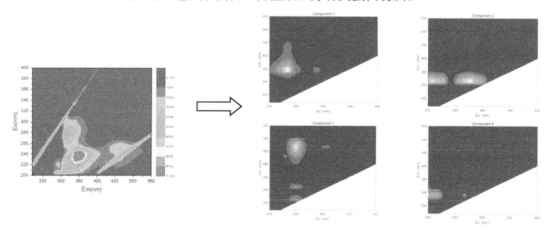

图 1-4 EPS 经过 EEM-PARAFAC 分析得到的荧光组分图

2. 高效体积排阻色谱法（HPSEC）

体积排阻色谱是液相色谱方法中最新颖也是最容易理解的一种方法，也被称为凝胶色谱、凝胶过滤色谱或凝胶渗透色谱，它是快速分离不同分子量混合物的最有效的方法，目前在我国受到广泛的应用。

高效体积排阻色谱的分离机理是分子的体积排阻，样品组分和固定相之间原则上不存在相互作用，色谱柱的固定相是具有不同孔径的多孔凝胶，只让临界直径小于凝胶孔开度的分子进入（保留），其孔径大于溶剂分子，所以溶剂分子可以自由地出入。高聚物分子在溶液中呈无规则线团，线团的体积和分子量有一定的线性关系，对不同大小的溶质分子可以渗透到不同大小的凝胶孔内不同的深度，小的溶质分子，大孔小孔都可以进去，甚至可以渗透到很深的孔中。因此小的溶质分子保留时间长，洗脱体积大，而大的溶质分子保留时间短，洗脱体积小。

Chen 等人在研究天然有机物（NOMs）的混凝可去除性中采用了该方法。采用水液相色谱系统测定分子量，该系统由水 2487 双吸光度检测器和 1525 水泵组成。同时采用日本公司生产的 802.5 凝胶色谱柱对有机物进行分离。具体分析流程为：将流动相用 5mol/L 磷酸盐缓冲至 pH＝6.8，NaCl 0.01mol/L，用 0.22mol/L 膜过滤，超声除气 30min 后使用。以 0.8mL/min 的流速注入 200μL 样品。视分子量（AMW）采用聚苯乙烯磺酸盐标准（Sigma-Aldrich，美国）MWs1.8e32kDa。

3. 生物大分子组学解析污泥 EPS

所谓蛋白质组（Proteome），即指某一物种、个体、组织、细胞乃至体液在精确控制其环境条件之下，特定时刻的全部蛋白质表达图谱。与基因组不同，它反映了研究体系内的动态代谢变化过程。而与以往的经典蛋白质化学研究相比，它的研究对象不再是单一或少数蛋白质，而是着眼于全面性和整体性，需要研究体系内所有蛋白质组分的物理、化学、生物学性质与功能，最终获得每个蛋白质的性质，表达变化及翻译后加工等各方面的大规模信息。蛋白质组学（Proteomics）是以蛋白质组为研究对象，大规模、有系统地研究蛋白质的特征及结构，包括蛋白质的表达水平、翻译后修饰、蛋白质间的相互作用等。蛋白质组学研究对象主要集中在原核生物和基因序列被完全搞清或大部分已知的生物体上。对污泥蛋白质组的研究目前多围绕于胞外聚合物和纳米离子的结合方面，并已经引起了越来越多的关注。

（1）质谱和蛋白质组学分析

质谱（Mass Spectrometry，MS）是目前蛋白质组学研究中发展最快，也最具活力和潜力的技术。它通过测定蛋白质的分子量来鉴定蛋白质。20 世纪 80 年代，蛋白质鉴定的常规方法为 Edman 降解法测 N 端序列。该方法费用高、速度慢，限制了其在蛋白质高通量研究中的应用。20 世纪 90 年代后，质谱得到了迅猛发展。质谱根据软电离离子化技术的不同可分为：基质辅助激光解吸离子化飞行时间质谱（Matrix-assisted Laser Desorption Ionization-time of Flight Mass Spectrometry，MALDI-TOF-MS）和电喷雾电离质谱（Electro-spray Ionization Mass Spectrometry，ESI-ES）。两种方法操作方式不同，但其所获得的信息可以互为补充。前者以多肽质量/电荷比为依据同数据库资料进行比较进而对蛋白质进行鉴定，此法通常被称为多肽质量指纹分析。后者由离子谱推得多肽的氨基酸序列，并依据这些氨基酸序列进行蛋白质鉴定，此法较多肽质量指纹分析鉴定更准确、可靠。蛋白质组学是指在大规模水平上研究蛋白质的特征，包括蛋白质表达水平、翻译后修饰、蛋白质相互作用等，由此获得蛋白质水平上的关于疾病发生、细胞代谢等过程的整体而全面的认识，目前常见的蛋白质组学技术有 iTRAQ、Labelfree、SILAC、2D/DIGE等。基于质谱的技术蛋白质组学的一般流程是先将实验样本用相关蛋白酶（Trypsin）水解成肽段，再将处理后的肽段混合物，经 LC-MS/MS 检测得到原始质谱数据。最后通过软件查询蛋白质的数据库检索匹配，可同时鉴定成百上千种蛋白质。蛋白质组学是一个测试学科，一次试验获得大量蛋白的定性和定量信息。因为获得的蛋白数量大，所以需要用生物信息学来对这些大量的数据进行批量分析。生物信息学一般包含 GO 分析、KEGG分析、聚类分析、蛋白互作分析这些内容，图 1-5 为常用的蛋白质组学鉴定流程。作者团队在污泥的蛋白的提纯和鉴定的结果表明，提纯的蛋白质表现出丰富的分子功能（MFs），包括离子结合、翻译因子活性、外切酶活性和其他 MFs，大部分主要 MFs 与阳离子结合活性有关。这些结果表明，这些蛋白将在生物絮凝过程中发挥重要作用，其中 EPSs 与多价阳离子之间的相互作用发挥重要作用，图 1-6 为污泥中溶解性蛋白质的组学鉴定结果。

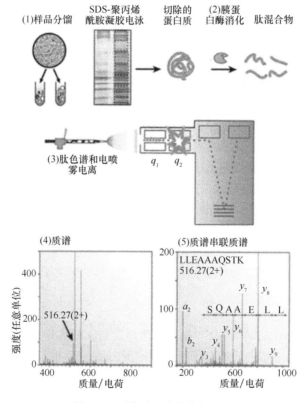

图 1-5　蛋白质组学的分析流程

（2）双向电泳

在蛋白质的分离鉴定中，双向电泳（2-DE）在蛋白质组分离中起到了关键作用。双向电泳是首先用等电聚焦电泳（IEF）根据蛋白质等电点进行分离，然后再进行 SDS-PAGE，根据蛋白质分子量进行分离。虽然传统的双向电泳以其高分辨率，较好的重复性和兼具微量制备的性能成为蛋白组学研究中不可替代的分离方法，但仍有其局限性。如即

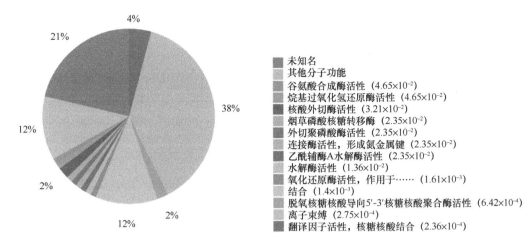

图 1-6　典型污泥胞外蛋白的 GO 分析结果

使是试验条件或操作上的微量改变也会导致 2-DE 胶不能很好地重现，使得图谱上蛋白质点之间的表达差异研究陷入困境。为进一步提高 2-DE 的重复性及工作效率，差异荧光凝胶电泳（Difference In-gel Electrophoresis，DIGE）技术应用而生。其优点是：①设有内标，使得多个样本之间可以直接进行量的比较；②使用 3 种不同荧光染料分别标记内标，避免了不同批次胶与胶之间的误差，反映了蛋白质的真实改变程度，降低了假阳性率及假阴性率；③人为因素干扰少而实现了高通量及实验的准确性。

（3）等温滴定热量法（ITC）

此外，还使用 ITC-200 量热仪（Micro CalCo.，美国）研究污染物（抗生素、纳米颗粒物等）与 EPS 之间的相互作用，这是一种快速，准确且无标记的方法，用于测量分子缔合的热力学和结合亲和力。

4. 其他方法

电子显微技术，可直接观察到在 EPS 微生物聚集体中呈现的具有非晶相的细胞。微生物聚集体经过稳定和脱水来改变 EPS 的原始构象，利用传统的扫描电子显微镜（SEM）和透射电子显微镜（TEM）可以进行观察。此外，还有环境扫描电子显微镜（ESEM），原子力显微镜（AFM）和激光共聚焦显微镜（CLSM）可用来观察完全水合的样品，以获得 EPS 的原始形状和结构。在通过各种荧光探针染色后，EPS 中碳水化合物，蛋白质和核酸等物质的空间分布也可以通过 CLSM 获得。

色谱技术、质谱技术及其组合可用于定性和定量分析 EPS 组合物。通过水解后氨基酸和多糖的色谱分析研究提取物 EPS 的化学组成，表征 EPS 总有机碳（TOC）的 70%～80% 来自生物大分子，发现蛋白质是 EPS 的主要成分，并通过热解-GC/MS 的分析证实了这一点。多糖和蛋白质分析提供了关于细胞外物质起源和污泥絮状结构的补充信息。EPS 和污泥中的单糖组成可能来自不同来源的细胞外多糖。总结来说，EPS 中蛋白质的优势突出了它们在絮状结构中的关键作用，并影响污泥脱水性能。

光谱技术，包括 X 射线光电子能谱（XPS）、傅里叶变换红外光谱（FTIR）和核磁共振（NMR）等方法可用于阐明 EPS 或微生物聚集体中的官能团和元素组成。从 EPS 的荧光猝灭程度或吸附前后的紫外-可见光谱变化，可以评估污染物对 EPS 的结合强度。

1.5 污泥中有毒有害物质

污泥中富含有机质和氮磷等营养物质，但同时含有有害污染物，这也限制污泥资源化利用和安全处置（尤其是土地利用），因而污泥具备资源和危害的双重属性。污泥中有害污染物大致分为两大类：重金属和有机污染物，还包括一些病原细菌及致癌物质等。污泥中毒害组分的环境危害见表 1-7。

污泥毒害组分与环境危害 表 1-7

有害污染物		分类	环境危害
有机质		蛋白质、多糖、微生物细胞等	容易造成水体有机污染物和营养污染
生物污染物		病原菌、寄生虫卵、抗性基因等	病原体通过直接与污泥接触、通过食物链、水源污染等途径污染环境，威胁人体健康
重金属		Cu、Zn、Ni、Cd、As、Cr、Pd 和 Hg	容易造成土壤污染，进而进入植物和食物链，危害人体健康
有机污染物	持久性有机污染物	苯并芘、多环芳烃（PAHs）、多氯联苯（PCB）、多氯代二噁英（PCDD）、多氯代苯并呋喃（PCDF）	不易降解、毒性残留时间长，污染水体与土壤，危害人体健康
	新兴污染物	抗生素、PPCPs、环境激素、阻燃剂、遮光剂等	
恶臭		硫化氢、氨气、硫醇、硫醚等挥发性有机污染物	造成大气污染，危害身体健康
盐分		氯离子、硫酸根、钙、镁、铝等	提高土壤电导率，破坏养分平衡、影响植物生长

污泥中的重金属赋存形态直接影响着其生态环境效应，其可分为溶解态、可交换态（碳酸盐结合态）、可还原态（铁锰氧化态）、可氧化态（有机结合态）和残渣态等。可交换态和有机络合态易于受到环境条件的影响而转移，也具有较强的可生物利用性，环境风险较大；而残渣态则较为稳定，不易被微生物利用。不同重金属污染物类型及特征见表 1-8。

不同重金属污染物类型及特征 表 1-8

污染物类型	特征
可交换态	即可交换吸附在固体颗粒物表面的重金属，其对水环境条件的变化最敏感，有效性强，最容易被生物吸附
碳酸盐结合态	与碳酸盐发生吸附、沉淀或共沉淀的重金属，对 pH 变化最敏感
铁、锰氧化物结合态	与水合氧化铁、氧化锰表面络合，形成配位化合物，或同晶置换铁锰氧化物中的铁锰离子而存在于它们的晶格中的重金属
有机质结合态	以不同形式进入或吸附在有机物颗粒上，同有机物发生螯合和离子交换的重金属，相对稳定，不易被生物吸收
残渣态	除以上几种形态外，存在于固体颗粒矿物晶格中的中经书，温度且对生物无效

欧盟污水污泥指令（Sewage Sludge Directive 86/278/EEC）自 1986 年生效至今已沿用 30 年，其中限制了重金属等有害污染物。在正在制定的新的指令中，在病原体和有机污染物的控制方面要求更加严格。例如，在欧盟的德国、法国等国家对有机微量污染物都有明确的标准限定，其中包括可吸收有机卤化物（Adsorbable Organohalogen-AOX）、邻苯二甲酸二己酯（DEHP）、直链烷基苯磺酸盐（Linear Alkylbenzene Sulfonate-LAS）、壬基酚（NP/NPE）、多环芳烃（PAHs）、多氯联苯（PCB）、多氯代二噁英（PCDD）、多氯代苯并呋喃（PCDF）。美国环境保护局（EPA）的联邦法规——40 CFRP art 503 中规定了污泥管理要求以及促进污泥有效回用的鼓励性措施。近年来，有些州已对污泥土地利用标准作出了修改，例如德克萨斯州和佛罗里达州针对 B 级（Class B）污泥的土地利用限制条件更加严格，这一措施大大减少了污泥土地利用的比例。另外，EPA 已经识别了 9 种新的污染物（钡、铍、4-氯苯胺、荧蒽、锰、硝酸盐、亚硝酸盐、芘和银）和其他一些有机污染物，并将其纳入今后法规的管控范围。

在中国，工业污水占到污水处理厂处理量的 35% 以上，导致污泥受到不同程度的污染（重金属和有机污染物），从而使污泥的土地利用产生了严重的环境风险。为了限制污泥中有害污染物的排放，降低其环境风险，我国政府相继出台了多项污泥土地利用方面的标准，如《城镇污水处理厂污泥处置—土壤改良用泥质》（GB/T 24600—2009）、《城镇污水处理厂污泥处置—农用泥质》（CJ/T 309—2009）、《城镇污水处理厂污泥处置—园林绿化用泥质》（GB/T 23486—2009）、《农用污泥污染物控制标准》（GB 4284—2018）等。这些标准均无一例外地将八种有害重金属（Cu、Zn、Ni、Cd、As、Cr、Cd 和 Hg）纳入限制指标体系，同时也涵盖了一些有机物污染物，如油类、PCB、PAH 和苯并芘等持久性有机污染物（POPs）。

1.6　我国污泥处理处置现状

1.6.1　主流的污泥处理处置技术

污泥可以分为处理和处置两个阶段。污泥处理技术可以分为减量类技术和有机质稳定化技术两类。减量类技术包括调理、脱水、热干化等，有机质稳定化技术包括厌氧消化、好氧堆肥、焚烧、热解碳化等，见表 1-9。污泥处置技术包括填埋、土地利用和建材化利用等，见表 1-10。

污泥处理技术　　　　　　　　　　　　　　　　　　表 1-9

污泥处理技术	污染物转化	处理费用	运行维护	优势	劣势
厌氧消化技术	有机微污染物的去除效果有限	低	复杂	实现污泥有机质稳定化、回收生物气	投资高、占地大、周期长、污泥减量效果不显著
好氧堆肥技术	可以有效降解有机污染物，对重金属具有钝化作用	低	简单	实现污泥有机质稳定化，投资和运行成本相对较经济	辅料需求量较大、大量的发酵产物需要寻找稳定出路、占地面积较大、操作环境相对较差

污泥处理技术	污染物转化	处理费用	运行维护	优势	劣势
石灰稳定化	降低有机污染物在污泥固相组分中的分配	低	简单	占地面积相对较小、投资成本相对较低自动化程度高、操作简便	稳定化效率低、石灰投加量大、污泥资源化处理难度大
深度脱水技术	基本无污染物削减能力	低	复杂	占地面积相对较小、投资成本相对较低、减量化明显	调理剂投加量大、运行管理复杂、智能化程度低
热干化技术	基本无污染物削减能力	较高	简单	减量化明显、占地面积小、自动化程度高、操作简便	投资费用高、运行成本相对较高、产生恶臭污染物
热水解技术	增加有机污染物和重金属在液相分配比例	高	复杂	杀灭病原菌、厌氧消化有机质稳定化效率高、提高消化产气量	运行成本高、设备要求高
焚烧	可以彻底实现有机污染物矿化、产生气态污染物	高	复杂	占地面积小、无害化处理彻底、可以回收热能	总体投资及运营费用较高、易产生空气污染
污泥热解碳化	彻底实现有机污染物降解、固化重金属	高	复杂	有机质稳定化彻底、污染物削减效率高、碳排放低、生物碳可资源化利用	受制备工艺影响较大、设备要求高、能耗高、产生气体污染

污泥处置技术　　　　　　　　　　　　　　表 1-10

污泥处理处置技术	污染物转化	处理费用	运行维护	优势	劣势
填埋	对污染物基本无去能力	低	简单	工艺成熟、操作和管理简单方便、经济节能、投资少、容量大、见效快	占地面积大、对污泥含水率要求高、填埋场防渗层、填埋作业要求很高、易形成二次污染
土地利用	导致污染物在土壤中累积	低	简单	污泥可以改良土壤、工艺简便、处理成本低	各种病原菌、重金属和有机污染物可能会造成土壤、水体和空气污染
污泥建材利用	彻底实现有机污染物降解、固化重金属	较高	适中	方式简便	处理要求较高、成本高

1. 厌氧消化技术

污泥厌氧消化是指污泥在无氧条件下，由兼性菌和厌氧细菌将污泥中的可生物降解的有机物分解成 CH_4、CO_2、H_2O 和 H_2S 的消化技术。它可以去除废物中 30%～50%的有机物并使之稳定化，是目前国际上常用的污泥生物处理方法，同时也是大型污水处理厂较为经济的污泥处理方法。全世界大约有 100 万座以上的污水处理厂使用该技术处理污泥。然而，我国的剩余污泥厌氧消化因现有技术运行管理难度大、处理成本高等问题出现技术应用瓶颈，仅约 3% 的城镇污水处理厂采用了污泥厌氧消化工艺（约 60 座），且正常运行的不到 10%。

2. 污泥堆肥技术

污泥好氧消化技术中，应用较广的是污泥高温好氧消化技术和好氧堆肥技术，目前主要应用于工业化堆肥（也称高温好氧发酵）。污泥堆肥是目前广泛采用的污泥资源化处理方式之一。污泥经过堆肥处理后，污泥絮体结构变得松散，污泥中病原菌基本被杀死，不滋生蚊蝇，达到腐熟程度。污泥堆肥产物不仅是一种肥料也是良好的栽培基质和土壤添加物。同时，相比污泥填埋和焚烧等其他处理技术，堆肥化处理成本低，并且使污泥达到减容和稳定化。

有研究表明，我国污泥中有机质含量已接近四成，污泥施用可以改变土壤理化性质，降低土壤板结度，同时污泥施入土壤可以增加土壤中阳离子交换量，并且提高了土壤的保肥性能。我国当前进行了许多污泥堆肥研究工作并获得一定成果，但因为总体上起步时间较晚，与国外堆肥技术相比，在各方面仍存在一定差距，例如存在设备少、堆肥产品质量不稳定、无害化要求不达标等问题。未来我国在污泥处理方面不仅要加强堆肥工艺的研究及设备的优化，消除重金属和臭气污染，控制成本和能耗，提升操作性能，同时还要制定符合堆肥产品安全使用的标准，增加堆肥产品需求扩大销售渠道，实现污泥资源的循环利用。

3. 污泥干化和焚烧技术

污泥干化指去除脱水污泥颗粒内部水、吸附水、毛细管水，更容易进行焚烧处理。污泥的干燥和焚烧需使用专业的设备，其中干燥可使用转筒式干化器、急骤干化器、Sevar 干化器等。转筒式干化器干化后污泥含水率在 10%～20%，干化时间在 30～32min，尾气含灰少、臭味轻，不过占地面积较大；急骤干化器干化后污泥含水率在 8%～10%，干燥时间短，占地面积小，不过尾气含灰量高；Sevar 干化器干化后污泥含水率为 5%～10%，尾气无含灰，臭味小，但干化时间常在 50～80min，而且占地面积大。污泥干化处理中，需要污水处理厂结合自身实际，综合考虑各干化器的性能指标，选择适合的污泥干化器。

污泥焚烧是利用热源将污泥中的有机污泥彻底分解，有效地减少污泥的体积，是实现污泥减量化和无害化的最有效的方式。影响污泥焚烧的关键因素就是污泥的含水率，为了到达较好的焚烧效果，需要对污泥进行脱水处理。目前污泥焚烧处理已成为日本处置污泥的主流方式。循环流化床技术不仅使燃烧的热源得到充分的利用，而且有效地防止二噁英等有害气体的产生，具有较大的优点和可靠性，该技术在我国深圳、上海等地得到大规模应用。

目前，填埋、堆肥、自然干化、焚烧等是我国污泥处理的主要方式，其中填埋占比 65%，堆肥占比 15%，自然干化和焚烧分别占比 6%、3%。这些处理方式实践中，往往出现一些不良问题，原因在于：一方面，我国污泥处理技术仍处于起步阶段；另一方面，我国在城镇污泥处理处置上缺乏系统的规划，城市规划中缺少污泥处理处置方面的内容，一定程度上影响污泥处理处置效果。

根据《城镇污水处理厂污泥处理处置技术规范》，我国污泥处理处置应符合"安全环保、循环利用、节能降耗、因地制宜、稳定可靠"的原则，污泥经"三化"处理后作为资源回用，已经成为世界的主流。在我国，目前污泥资源化利用的方式主要有土地利用、建材利用、环保材料、热能利用等。

污泥中除了含有有机物外，还有大量的硅铝等无机物，与制备建筑材料中使用的黏土原料组分相近。建材利用新技术的开发，主要包括人工轻质填料、熔融石料化和其他聚合物材料，其中污泥制陶和制砖技术相对成熟，在高温条件下完全杀菌，并固化污泥中的重金属，污染小，具有广阔的应用前景。

1.6.2 污泥处理处置新技术

1. 污泥高效厌氧消化技术

高效厌氧消化技术包括高含固厌氧消化技术、污泥热碱处理发酵产沼气、污泥厌氧消化产氢、沼液氨氧化技术等。污泥在厌氧消化过程中，能够实现污泥中有机物的高效能源化转化，其主要的优势在于：第一，污泥在厌氧消化过程中，较高的温度（中温 37℃，高温 75℃）能够实现污泥中病原体的杀灭，并使得部分重金属钝化，处理后的污泥泥质明显改良，实现无害化处理；第二，污泥经良好的厌氧消化后，有机物去除率将达到40％～50％，体积也将减少为原来的 30％～50％，减量化效果明显；第三，污泥在厌氧消化过程中单位质量挥发性固体（VS）产气量可达 $0.5\sim0.75L/(gVS)$，实现能源化。如大连夏家河污泥厌氧消化工程每日产气量达 3 万 m^3，经济效益显著。

然而，20 世纪 70 年代以前的第一代厌氧消化池中，污泥含固率为 3％，污泥降解率为 50％，随着科技的进步，在 2000 年以后的第三代厌氧消化池中污泥含固率提升至 10％及以上，而污泥的降解率仍保持在 50％左右。因此，高效厌氧消化技术现阶段应解决的关键科学技术问题就是如何将池内高含固消化物质进行迁移转化，以及如何提升污泥降解率。

2. 污泥热水解技术

污泥热水解技术的工作原理是将脱水污泥（一般含水率在 85％～90％左右）和温度为 150～260℃、压力为 1.4～2.6MPa 的饱和蒸汽加入密闭的反应釜，通过蒸汽对污泥进行间接加热，使污泥菌胶团、内部微生物和有机物水解破壁，从而使细胞失活，同时胞内部分有机物如蛋白质和多糖等，得以释放并进入上清液。该技术起源于 20 世纪 30 年代，起初用于改善污泥脱水性能；20 世纪 70 年代末开始用于污泥预处理，以提高污泥厌氧消化性能；20 世纪 90 年代后被开发用于反硝化碳源的获取和活性污泥的减量研究；1995 年 Cambi 公司在挪威哈马尔的 HIAS 污水处理厂首次建造热水解装置作为污泥厌氧消化的预处理部分，从而形成了新型污泥热水解—厌氧消化工艺（亦称高级厌氧消化）。

污泥热水解过程包括固体物质溶解液化和有机物水解两个过程。污泥经热水解处理后，污泥上清液中的溶解性物质浓度大幅提高，尤其以污泥中蛋白质和糖类的溶出最为突出，能改善污泥的脱水性能和厌氧消化性能。相较于传统的超声和臭氧氧化法，热水解技术对污泥中胞外聚合物的强制水解和微生物细胞的破壁能力更强。由于热水解具备良好的污泥破壁能力、高效的脱臭能力、优良的污泥病原体杀灭功能等，被广泛应用于污泥的厌氧消化技术的预处理过程，可以显著提高污泥有机质的可生物降解性，减少消化池的土建投资和运行费用，提高甲烷产量，同时改善污泥的脱水性能。

热水解—厌氧消化技术的工艺流程大致可以分为两种：第一种工艺是经过热水解之后，污泥固液混合物进入厌氧消化反应器进行厌氧产气，这种工艺以 Cambi 公司和同济大学戴晓虎教授为代表，在中国的长沙、北京、西安等地得到大规模应用；第二种工艺是将热水解后的污泥先经过固液分离，液体进行厌氧消化处理，而固体采用板框压滤机进行深度脱水，这种工艺可以最大程度地降低污泥产量，但生物气产量较低，该工艺以清华大学王伟教授为代表，在我国广州已经实现工程应用。需要指出的是，污泥厌氧消化处理后会产生高浓度氨氮和难降解有机物的消化液，处理难度较大，通常较为经济可行的方式是采用厌氧氨氧化脱氮技术，该技术已经在北京市的污泥资源化工程项目中得到大规模应用，解决了厌氧消化液脱氮的技术难题。

3. 污泥提取蛋白技术

目前从污泥中提取蛋白质研究主要集中在剩余污泥中，较少提取已经消化或者发酵的污泥，提取的方法有物理法、化学法、生物法。物理法包括高温释放、高压破碎、液氮冷却、微波消解等。化学法有利用酸、碱或强氧化剂等。生物法则是通过添加酶等，使得污泥细胞壁破裂，释放胞内的物质。

通过碱热处理提取的蛋白质的技术在我国天津得到应用，通过采用氢氧化钙与水热（120℃）联合处理对污泥中的胞外聚合物和微生物细胞进行水解破壁处理，经固液分离后得到含蛋白液体和污泥残渣。污泥残渣因病原菌破壁失活而无害化、因水分的分离而减量2/3，因蛋白等的分离实现有机物消减 50% 以上，最终可作为覆土、绿化土、土壤改良剂和建筑材料被利用。分离出的含蛋白液体可作为污水处理厂的碳源、蛋白发泡剂和有机肥等回收再利用。

4. 利用剩余污泥制备 PHA（聚羟基脂肪酸酯）技术

聚-β-羟基烷酸（Poly Hydroxy Alkanoate，PHA）是一种可由微生物合成的热塑性聚酯的总称，其热力学性质与某些热塑性材料（如聚丙烯）相类似，但 PHA 具有生物可降解性和生物可相容性等独特优点，使其成为一种"环境友好的绿色材料"。这种新型高分子材料的合成原料为糖、脂肪酸等可再生资源，这就可以有效缓解资源紧张的现状以及环境的恶化的危机。近年以来，其发展日益受到世界各国重视，并成为研究热点被列入重点投资项目。

利用单一微生物发酵是现阶段获得聚羟基脂肪酸酯（PHA）的主要方式，但过高的生产成本限制了其大规模应用。近年来利用活性污泥菌群混合培养合成 PHA 被广泛研究。将剩余污泥处理与 PHA 合成相结合，不仅可以省去纯培养所必需的灭菌环节，同时可以实现剩余污泥的资源化利用。剩余污泥的水解酸化、菌群富集驯化及 PHA 合成受环境因素影响，深入的生物合成机制研究有助于混合培养合成 PHA 的推广应用。陈佳妮等在生物工程学报上就主要介绍了利用剩余污泥合成 PHA 的可行性、影响污泥水解酸化的因素、污泥菌群富集驯化合 PHA 及其机制等方面的研究进展。济南大学生物科学与技术学院的孟栋等人发表了有关剩余活性污泥合成聚羟基脂肪酸酯的研究进展。Munir、Saji-da 等人也开展了相关研究，利用废弃活性污泥作为生物质在开放混合培养基中生产聚羟基脂肪酸酯（PHA）。

5. 污泥热解技术

污泥可以通过热解合成油、合成固体燃料、气化和直接作为燃料使用。热解制油是指在高温高压活化剂的作用下发生一系列缩合环化反映，把污泥中的脂肪和蛋白质转化为低分子油、碳和水，整个过程在完全封闭的无氧状态下进行，无臭气产生，重金属被固化在剩余固体内，减容效率高，收集的可燃气体还可作为热能使用，被业内人士认为是最有前途的处理技术，但目前该技术还处于试验阶段不够成熟。

污泥碳化是采用一定的方法，使污泥中的水分释放，同时保留污泥中的碳值，使最终产物中的碳含量提高。污泥碳化主要分为三种：高温碳化、中温碳化和低温碳化。污泥碳化技术通过升温加压使污泥中的生物质裂解，仅通过机械方法即可去除污泥中 75% 的水分，节省了运行中的能源消耗。污泥碳化保留了绝大部分的热值，为裂解后的能源再用创造了条件。我国最早采用热解技术的地区为湖北鄂州，引进了日本巴工业株式会社的热解技术。传统的污泥干化—热解碳化技术主要的问题是能耗高，通过化学调理—深度脱水过程可以大幅降低污泥热解的综合成本，山东即墨污泥热解项目最大处理能力已经达到 300t/d，采用工艺为"污泥化学调理—深度脱水—干化—热解碳化"。

1.7 本章总结

污泥具有含水率高、有机质含量高、触变性等特点，主要由微生物细胞、EPS 和无机物组成，EPS 形成了类似凝胶的网络结构，导致污泥高度可压缩、脱水难度大。因此，开发高效的污泥脱水技术是污泥处理的首要问题，也是提升后续处理工艺效率、降低污泥处理处置综合成本的重要方式。污泥中所含有的各种有害物质（病原菌、重金属和微量有机污染物）是限制资源化利用的关键因素。污泥处理技术还包括厌氧消化、堆肥、干化焚烧等，这些技术主要目的是实现污泥中有机质的稳定化。除上述技术外，高级厌氧消化技术、热解碳化技术、蛋白质回收技术、污泥制生物塑料技术等新型污泥处理技术已经得到广泛关注，部分技术已经得到规模化应用。

第 2 章 污泥深度脱水技术

2.1 污泥脱水技术简介

污泥脱水分为自然干化法和机械脱水法两种，以机械脱水法为主。机械脱水法有过滤和离心法。过滤是将湿污泥用滤层（多孔性材料如滤布、金属丝网）过滤，使水分（滤液）渗过滤层，脱水污泥（滤饼）则被截留在滤层上。离心法是借污泥中固、液比重差所产生的不同离心倾向达到泥水分离。过滤法用的设备有真空过滤机、板框压滤机和带式过滤机，而带式压滤机是最常用的污泥脱水设备。真空过滤机连续进泥，连续出泥，运行平稳，但附属设施较多，应用较少。板框压滤机为化工常用设备，过滤推动力大，泥饼含水率较低，进泥、出泥是间歇的，生产率较低。人工操作的板框压滤机，劳动强度甚大，大多改用机械自动操作。带式过滤机是新型的过滤机，有多种设计，依据的脱水原理也有不同（重力过滤、压力过滤、毛细管吸水、造粒），但它们都有回转带，一边运泥，一边脱水，或只有运泥作用，这些设备的复杂性和能耗都相近。离心法常用卧式高速沉降离心脱水机，由内外转筒组成，转筒一端呈圆柱形，另一端呈圆锥形。转速一般在 3000r/min 左右或更高，内外转筒有一定的速差。离心脱水机连续生产和自动控制，卫生条件较好，占地也小，但污泥调理剂的投加量较高，能耗较带式压滤机高。通常，带式压滤机和离心机脱水后，污泥含水率可以降至 80％左右，而板框压滤机脱水后含水率可以降至 60％～70％不等。

2.2 污泥深度脱水的必要性

环境保护部《关于加强城镇污水处理厂污泥污染防治工作的通知》（环办〔2010〕157号）中表明"污水处理厂以贮存（即不处理处置）为目的将污泥运出厂界的，必须将污泥脱水至含水率 60％以下"。由此可见，污泥的高效脱水是实现其减量化的关键技术之一，也是限制污泥能源化和资源化效率的核心环节。污泥深度脱水是指将污泥的含水率降至60％以下的脱水方式。例如，城镇污水处理厂污泥用于填埋或混合填埋时，其含水率需至少达 60％以下，用于垃圾填埋覆盖土时，需将含水率降低至 45％。而用作土壤改良剂、肥料，或作为水泥窑、发电厂和焚烧炉燃料时，至少将污泥含水率降低至 30％以下。污泥用作制砖等建筑材料需将含水率降至 40％以下，可见在众多处理处置方式中，皆对污泥含水率有很高的要求。因此，实现污泥深度脱水是降低污泥处理处置综合成本，提升污泥资源化效率的重要方式。

2.3 污泥深度脱水系统

如前所述，污泥脱水设备大致可以分为高压脱水设备和低压脱水设备两大类，前者主要由离心机和带式压滤机组成，后者主要是板框压滤机和隔膜压滤机。污泥深度脱水系统由化学调理系统和高压过滤系统组成。常用的污泥高压脱水设备主要为板框压滤机（图 2-1），该设备为死端过滤式，故停留时间更长、占地面积较大、劳动强度大。隔膜压滤机是传统压滤机的升级产品，通过空心滤板的变形实现二次压榨脱水，最高运行压力可达 2.0MPa，最新一代隔膜压滤机滤板的材质为增强聚丙烯。要得到良好的污泥脱水效果和低的运行成本，不仅仅是单纯提高脱水压力的问题，而是需要统筹考虑污泥脱水设备、化学调理药剂和调理方式，将各个环节有机结合、优化控制，从而形成高效的集成脱水工艺，如图 2-2 所示。

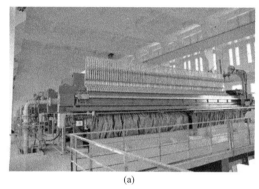
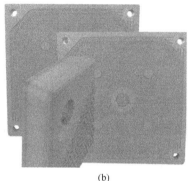

(a) (b)

图 2-1 隔膜压滤机

（a）外形；（b）隔膜滤板

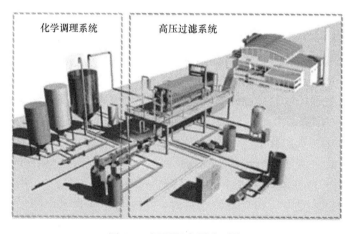

图 2-2 污泥深度脱水系统

目前国内已有多个大型污泥深度脱水工程建成并投入使用，如上海白龙港污泥深度脱水工程、厦门水务污泥深度脱水工程、杭州七格污水处理厂污泥深度脱水工程和杭州萧山污泥深度脱水工程等。此外，北京也正在逐步对现有水厂进行改造，利用深度脱水技术来缓解污泥快速增长的压力。在工艺上，这些大型的污泥深度脱水工程均采用隔膜压滤机作为污泥脱水设备，而在化学调理时均采用氯化铁和石灰作为污泥调理的主要药剂，脱水泥饼含水率可以降至 $55\%\sim60\%$。两种药剂的投加量占到污泥干基的 $25\%\sim30\%$，如此高的药剂投加量大大降低了深度脱水过程对污泥的减量效果。此外，污泥的化学调理也会影响污泥的进一步处理处置，投加大量的石灰不利于后续的资源化处置利用，如土地利用和堆肥等。需要指出的是，无机混凝剂调理污泥主要是对胞外聚合物（EPS）的压缩过程，而储存在 EPS 中的部分水分无法释放出来，故其对结合水的去除能力非常有限。

高压脱水过程投加大量的无机调理剂（氯化铁和石灰）进行预调理，以降低污泥可压缩性，改善污泥过滤脱水性能。这不仅大幅增加了污泥脱水的总成本和待处置污泥的干固量，而且还会严重影响泥质，进而限制污泥的后续处置（尤其是土地利用）。电场辅助污泥脱水（亦称电渗透脱水或电脱水）是一种将传统脱水过程（通常为加压脱水）和电动力学效应有机结合的污泥脱水技术，意在通过电场的引入改善泥水分离效果、加快污泥的脱水速率等。通常，电渗透通常与压滤脱水技术相结合，如带式压滤、板框压滤和隔膜压滤等。多项研究证实电渗透板框压滤技术在剩余污泥脱水方面中体现出明显的高效性，该技术可以在单用高分子电解质预调理时，实现污泥深度脱水（即将脱水泥饼的含水率控制在 60% 以下）。

2.4　污泥脱水分析方法

2.4.1　毛细吸水时间（CST）

毛细吸水时间（Capillary Suction Time，CST）是表示污泥脱水性能的指标。CST 愈大，污泥的脱水性能愈差，反之脱水性能愈好。在美国，CST 值的测定已被认定为是一个特定的污泥脱水性测定方法。

CST 的定义：污泥水在吸水滤纸上渗透一定距离所需要的时间，单位为 s。"一定距离"可以是 1.0cm、也可以是 0.8cm 或其他的数值，不同的毛细吸水测定仪的这一数值可能不一样。CST 是污泥比阻测定的一种替代形式。

CST 值除以污泥浓度得到标准化 CST，以消除污泥浓度对 CST 的影响，单位为"s·L/g SS"。标准化 CST 可简单而快捷地衡量污泥絮体的潜在脱水能力。Chen 等人研究了采用毛细吸水时间（CST）表征过量活化污泥脱水性的可行性，表示如果仅考虑污泥固体浓度和 SRF，则 CST 可被表示为污泥过滤性的良好指标。另一方面，不能从 CST 数据直接评估污泥中的结合水含量。CST 和 SRF 相应于测定污泥的脱水速率，而结合水和含固率相应于测定污泥的脱水程度。即使污泥中的水分能快速通过滤饼，在污泥小孔和毛细小孔中的水分，以及结合在污泥絮体内部的水分，仍可能很高。因此，CST 和 SRF 与污泥中"自由水"的关联更大，单一采用 CST 和 SRF 是不足以衡量污泥脱水性能的。

郑冰玉等人的研究发现，除了污泥质量浓度，温度也是 CST 的一个显著性影响因素。Jason 等人考察了不同的温度（中温与高温，$>35℃$）对污泥脱水性能的影响，发现高温会造成 CST 的升高，这与 Zhou 等人的研究结果保持一致，污泥脱水性能以及沉降性与温度成反相关关系。造成这一现象的原因在于高温处理后 EPS 不断释放出小分子的蛋白质和多糖，蛋白质带负电荷的官能团可通过憎水性作用力、氢键等影响脱水性能，此外，在较高温度，胶体粒级的多糖和蛋白质的积累效应更好，而蛋白质的积累会反过来导致蛋白质降解酶活性的降低，从而进一步增加蛋白质的积累量。因此，温度对标准化 CST 的数值也有一定影响。

2.4.2　污泥比阻（SRF)

污泥比阻是单位质量的污泥在一定压力下过滤时在单位过滤面积上的阻力。由于 SRF 的水动力特性，SRF 测试被认为比 CST 测试更加能够反映污泥的过滤脱水行为。污泥比阻是比较不同污泥（或同一污泥加入不同量的混合剂后）的过滤性能。污泥比阻愈大，过滤性能愈差。一般污泥的比阻值都要远高于机械脱水所要求的比阻值。因此，机械脱水前需要采取必要的调理预处理措施降低污泥比阻。实验室中污泥比阻的实验装置如图 2-3 所示。

在使用物理方法调理污泥的过程中，SRF 的评判标准具有一定的局限性，具体表现在高剂量的物理调理剂会直接影响 SRF 的数值。但当利用化学调理剂时，SRF 可用作判断调理剂有效性和合适剂量的一项重要参考指标，SRF 值的降低率基本为零时的剂量可以确定为该化学调理剂的最佳剂量。

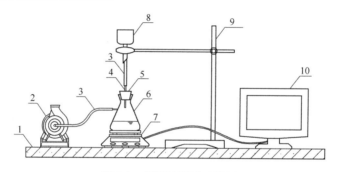

图 2-3　污泥比阻试验装置

1—工作台；2—真空泵；3—橡胶管；4—玻璃连接管；5—胶塞；6—抽滤瓶；
7—千分之一天平；8—布氏漏斗；9—铁架台；10—计算机

2.4.3　可压缩系数

根据 Novak 等人的研究，在污泥处于压缩脱水的阶段，其可压缩性评估通常会被忽略。然而，对于许多类型的污泥脱水过程来说，可压缩性可能比过滤性更重要。具有絮凝效果的化学调理剂和具有刚性结构的物理助滤剂大大降低了压缩过程中调理污泥的可压缩性，使得 SRF 和与压缩压力相关的压缩系数降低，有效提高污泥脱水性。

在实践中，污泥压缩性通常被量化为 SRF 与施加压力的 log-log 图的斜率。可压缩系数是通过拟合 SRF 的试验数据获得的，见公式（2-1）：

$$\frac{SRF_1}{SRF_2} = \left(\frac{P_1}{P_2}\right)^s \tag{2-1}$$

式中　P_1——过滤压力（Pa）；

P_2——不同于 P_1 的过滤压力（Pa）；

SRF_1——在 P_1 过滤压力下的污泥比阻值；

SRF_2——在 P_2 过滤压力下的污泥比阻值；

s——可压缩系数。

2.4.4　固体扩散模型

污泥的脱水性通常很难进行量化，CST 和污泥比阻在实验室规模上被经常用来衡量污泥脱水的难易程度，这些方法可以用来描述污泥难易脱水性的趋势，但是这两种方法只研究了过滤过程的初始阶段，随后污泥脱水过程变成非线性关系，再用这两种方法来判断污泥的脱水就不再准确。图 2-4 为污泥受压过程中类凝胶结构的变化特征。

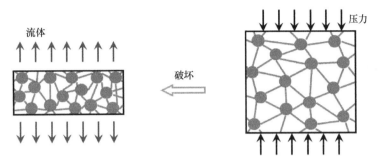

图 2-4　污泥受压过程中类凝胶结构的变化特征
（图片来源于澳大利亚墨尔本大学 Peter Scales 教授团队）

在 2005 年，澳大利亚墨尔本大学 Peter Scales 教授研究组提出了 Non-quadratic 过滤方程来量化污泥脱水性，其结果发现过滤行为只有在特定的物料初始浓度、压力的条件下才能观察到，在 Stickland 等人的研究中，脱水行为与物料的固体分散性 $D(\phi)$ 有关。$D(\phi)$ 的计算公式见式（2-2）。

$$D(\phi) = \frac{\mathrm{d}P_\mathrm{y}(\phi)}{\mathrm{d}\phi} \frac{(1-\phi)^2}{R(\phi)} \tag{2-2}$$

式中　ϕ——固体的体积分数；

　　　$P_\mathrm{y}(\phi)$——物料的压缩屈服强度；

　　　$R(\phi)$——阻力沉降函数（与物料渗透性成反比）。

对于很多无机颗粒悬浮液，$D(\phi)$ 通常在装置进料的初始固体浓度和滤饼的最终固体浓度之间单调增加。

同时，根据 Buscall 和 White 提出的絮凝悬浮液脱水的数学理论，凝胶点 ϕ_g、压缩性 $P_\mathrm{y}(\phi)$ 和渗透性 $R(\phi)$ 等脱水参数能够更好地决定絮凝悬浮液脱水性能。

凝胶点 ϕ_g 与压缩性存在一定关系，凝胶点 ϕ_g 是指悬浮液通过自由沉降，不需要压缩或机械压缩而达到的最大的固体浓度。$P_\mathrm{y}(\phi)$ 是固体网络结构在给定的固体体积分数 ϕ 下产生的不可逆压缩所需的最小压缩应力。当颗粒浓度小于凝胶点（$\phi < \phi_\mathrm{g}$）时，不能形成颗粒网络，因此压缩屈服应力为零。对于颗粒浓度在凝胶点以上的污泥体系，当施加在网络结构上的应力 P 大于 $P_\mathrm{y}(\phi)$ 时，网格结构将会发生不可逆变化。此时，网络结构崩溃，局部体积分数增大。并且，随着粒子间键数的增加，$P_\mathrm{y}(\phi)$ 随 ϕ 的增加而增加。另外，在悬浮液脱水过程中，流体与固体颗粒相对运动会产生流体力学阻力。这种阻力由受阻沉降函数 $R(\phi)$ 量化，$R(\phi) = (\lambda/V_\mathrm{p})r(\phi)$，以 "Pa·s·m^{-2}" 为单位，与自由沉降速度成反比。λ/V_p 表示 Stokes 阻力系数，单位 "Pa·s·m"。受阻沉降因子 $r(\phi)$ 是一个无因次量，阐述了颗粒间的水动力相互作用对单个沉降颗粒或絮凝体相对脱水速率的影响。随着固体浓度的增加，颗粒间的相互作用增加，$R(\phi)$ 呈非线性增长。

固体悬浮液的脱水性能能够通过 $P_y(\phi)$、$R(\phi)$ 和 $D(\phi)$ 很好地被衡量出来。目前也有很多技术可以对 $P_y(\phi)$、$R(\phi)$ 和 $D(\phi)$ 进行测定，包括用于低固体浓度表征的重力间歇沉降试验、用于中等固体浓度表征的重力渗透以及用于高固体浓度表征的活塞驱动过滤。需要指出的是，这些技术都要熟悉材料特性（液体密度、液体黏度和固体体积分数）。

2.4.5　平衡间歇沉降

平衡间歇沉降试验可用于定量分析剪切性良好的絮凝悬浮液。当固体体积分数在凝胶点附近时，通过平衡间歇沉降试验可以确定凝胶点 ϕ_g 和压缩屈服应力 $P_y(\phi)$。

在间歇沉降试验中，絮凝颗粒悬浮液在重力作用下沉降，初始固相体积分数为 ϕ_0，初始悬浮高度为 h_0，直到固结停止，沉降速率为 $u=0$。通常采用定初高度法，见式（2-3）。

$$\frac{d_p}{d_z} = -\Delta pg\phi \tag{2-3}$$

根据 Howells 提出的公式，Δp 为流体密度差，ϕ 为局部固体体积分数，g 为重力加速度。

$$P_y(\phi) = k\left[\left(\frac{\phi}{\phi_g}\right)^n - 1\right] \tag{2-4}$$

2.4.6　瞬态间歇沉降

瞬态间歇沉降试验可在广泛的固体浓度范围内确定受阻沉降函数 $R(\phi)$。Patrick 在凝胶点上下不同初始固体浓度的沉降瓶中记录悬浮液的上清界面的初始沉降速率。利用悬浮液初始固相体积分数 ϕ_0、初始悬浮高度 h_0、初始固相沉降速率 u、固液密度差 Δp 和初始固相浓度的压缩屈服应力 $P_y(\phi_0)$ 计算了受阻沉降函数 $R(\phi)$。当初始固体浓度低于凝胶点时，$P_y(\phi_0)$ 由平衡间歇沉降结果得到，见式（2-5）~式（2-7）。

$$u_0 = \frac{\Delta pg(1-\phi_0)^2}{R(\phi_0)}(1-\varepsilon) \tag{2-5}$$

$$\varepsilon = \frac{P_y(\phi_0)}{\Delta pg\phi_0 h_0} \tag{2-6}$$

$$R(\phi_0) = (1-\varepsilon)\frac{\Delta pg(1-\phi_0)^2}{u_0} \tag{2-7}$$

当初始固相体积分数高于凝胶点（$\phi_0 > \phi_g$）时，利用初始固相体积分数处的初始沉降速率和压缩屈服应力计算受阻沉降函数。当初始固相体积分数低于凝胶点（$\phi_0 < \phi_g$）时，仅从初始沉降速率即可计算受阻沉降函数。

2.4.7　重力渗透

通过重力渗透试验可以测定 $R(\phi)$。重力渗透试验可以弥补稀悬浮行为和浓悬浮行为之间的空缺。这种技术的主要优点是所需的样本量少。试验可以在室温下进行，也可以在高达 60℃ 的高温水浴下使用有机玻璃圆筒进行。但是该试验的实际局限性在于只能表征单一固体浓度下的 $R(\phi)$，该方法涉及液体通过填充悬浮床的稳态重力渗透。悬浮液上方的液体提供压头，受阻沉降函数可以由压力降 Δp、填料床高度 H、固体体积分数 ϕ、液体黏度 η、单位截面积的过滤容积率 dV/dt、电阻 α 和渗透率 $k(\phi)$ 得出，见式(2-8)~式(2-10)。

$$\frac{dV}{dt} = \frac{\Delta p}{\eta\left[\dfrac{H}{k(\phi)} + \alpha\right]} \tag{2-8}$$

$$k(\phi) = \frac{\eta}{R(\phi)} \cdot \frac{1-\phi}{\phi} \tag{2-9}$$

$$R(\phi) = \left(\frac{\Delta p}{\mathrm{d}V/\mathrm{d}t} - \eta\alpha\right)\frac{1}{H} \cdot \frac{1-\phi}{\phi} \tag{2-10}$$

2.4.8 分级压力过滤

通常表征，絮凝悬浮液的可压缩性和渗透性的实验过程，需要几天时间才能完成。标准的恒压过滤需要 5 项或更多的单独过滤试验来表征悬浮体在固体浓度范围内的特性。通过分级压力过滤实验可测定 $P(\phi)$、$R(\phi)$ 和 $D(\phi)$。而且一次分级压力过滤和一次截短阶梯压力渗透过滤试验即可测试出。$P_y(\phi)$ 由平衡固体体积分数决定。$R(\phi)$ 由 $\mathrm{d}(t/V)/\mathrm{d}V$ 确定。

在压缩性测定中，每个阶段的施加压力 P 和滤饼的固体体积分数 ϕ_∞ 有以下关系，见式（2-11）：

$$P_y(\phi_\infty) = P \tag{2-11}$$

利用 Landman 等人推导的方程，确定了每个施加压力的受阻沉降函数 $R(\phi)$，见式（2-12）：

$$R(\phi) = \frac{2}{\left(\dfrac{\mathrm{d}\beta^2}{\mathrm{d}P}\right)}\left(\frac{1}{\phi_0} - \frac{1}{\phi_\infty}\right)(1-\phi_\infty)^2 \tag{2-12}$$

β^2 是一个过滤参数，β^2 与施加压力 P 数据被拟合成函数形式，见式（2-13）：

$$\beta^2 = aP^b \tag{2-13}$$

固体扩散系数 $D(\phi)$ 可以直接从压力过滤输出数据中确定，见式（2-14）：

$$D(\phi_\infty) = \frac{\left(\dfrac{\mathrm{d}\beta^2}{\mathrm{d}\phi_\infty}\right)}{2\left(\dfrac{1}{\phi_0} - \dfrac{1}{\phi_\infty}\right)} \tag{2-14}$$

式中，β^2 由式（2-13）确定，利用渗透率测试输出数据，β^2 与 ϕ_∞ 数据将被拟合成一个函数形式，见式（2-15）：

$$\beta^2 = ae^{b\phi} \tag{2-15}$$

2.4.9 ϕ_∞ 估算

ϕ_∞ 估算法可用于确定压缩屈服应力 $P_y(\phi)$ 和固体扩散率 $D(\phi)$。这种方法可一定程度减少表征时间，表征时间在很大程度上取决于被表征的悬浮液的性质，根据过滤速度和程度的不同，悬浮液的表征时间可以从 1h 到大于 8h。该试验可以在与分级压力过滤相同的温度和压力范围内表征悬浮液。与分级压力过滤相比，ϕ_∞ 估算的显著限制是：每次测试只产生一次 $P_y(\phi)$ 基准点和一个 $D(\phi)$ 基准点。

根据前面研究，线性化过滤理论预测了过滤行为的两个阶段，包括滤饼的形成和滤饼的压缩。在滤饼形成过程中，理论根据以下关系预测线性 t 与 V^2 的行为，见式（2-16）：

$$t = \frac{1}{\beta^2}V^2 \tag{2-16}$$

式中 t——过滤时间；

V——滤液比体积；

β^2——常数过滤参数。

一旦滤饼接触到活塞，滤饼就开始压缩。Landman 和 White solution 预测了滤饼压缩区域的时间—体积关系，见式(2-17)～式(2-20)。

$$t = E_1 - E_2 \ln(E_3 - V) \tag{2-17}$$

$$E_2 = \frac{4h^2 \phi_0^2}{\pi^2 \phi_\infty{}^2 D(\phi_\infty)} \tag{2-18}$$

$$E_3 = h_0 \left(1 - \frac{\phi_0}{\phi_\infty}\right) \tag{2-19}$$

$$D(\phi_\infty) = \frac{4h^2 \phi_0{}^2}{\pi^2 \phi_\infty{}^2 E_2} \tag{2-20}$$

2.5 物理性质与污泥脱水性能的关系

2.5.1 电荷

羧基、氨基和磷酸基等基团水解电离，使得污泥表面的负电荷产生静电斥力，避免污泥絮凝和脱水。污泥胶体电荷特性用 Zeta 电位表征，城市污水处理厂的污泥胶体 Zeta 电位值在$-30\sim-10$mV 之间。Zeta 电位值的高低影响着污泥胶体颗粒凝聚和沉降的优劣，污泥负电性越强，絮体越稳定，脱水性越差。因此，在污泥絮凝调理过程中主要是通过电中和、压缩双电层作用降低污泥静电斥力，使污泥胶体脱稳，导致固液分离。

2.5.2 粒径分布

在污泥脱水过程中絮体经过压缩形成滤饼层，而絮体大小影响泥饼的表面积、絮体空隙率和滤饼层过滤阻力。因此，絮体特性是影响污泥脱水的关键因素。通常，污泥中细小的颗粒所占比重越大，造成单位固体浓度污泥的黏度增大、与水结合的能力增强，恶化污泥脱水过程。Sorensen 等发现污泥粒径太小会增加污泥脱水时过滤阻力。Feng 等指出，污泥粒径分布在 $80\sim90\mu$m 之间时，CST 和 SRF 同时达到最小。Coackley 和 Allos 将污泥粒径分级后发现，SRF 与粒径呈现相反的变化趋势。在污泥离心脱水系统中，污泥絮体强度过低会给脱水过程造成困难。在污泥过滤脱水过程中污泥絮体一旦破碎，破碎产生的细小颗粒将会堵塞滤饼形成的空隙结构，使污泥脱水性能恶化。

2.5.3 絮体强度

絮体强度过低往往会给污泥脱水带来困难。采用离心机对污泥进行脱水的过程中，污泥受高强度机械剪切力作用，絮体易发生形变，影响脱水效果。脱水过滤时絮体如果破碎，细小的絮体将进入滤饼层中堵塞孔隙结构，污泥脱水恶化。近年来采用分型维数表征污泥絮体强度成为研究热点之一。

2.5.4 污泥浓度

污泥中颗粒浓度影响着体系中的作用力、黏度、沉降性等。郑冰玉等人研究不同总悬浮固体（Total Suspended Solids，TSS）下污泥脱水性的变化，结果显示在常温下随着 TSS 的增大，污泥的毛细管吸收时间（Capillary Suction Time，CST）先增大后逐渐平缓，即污泥的脱水性能受 TSS 的影响恶化较强烈。Lene 在研究污泥流变特性和过滤性时，发现提高污泥体系固体浓度会导致污泥的脱水性能恶化。Miklas 发现污泥的含固率和胞外聚合物（Extracellular Polymeric Substances，EPS）浓度对污泥的脱水性有着显著的影响。张鹏等人建立了污泥浓度、黏度与温度等因素的关系。马增益等对 CST、污泥比阻（Specific Resistance of Sludge，SRF）、结合水（Bound Water，BW）、溶解性物质（Dissolved Organic Matter，DS）之间相关性进行了分析研究，发现 DS 与 CST 与 SRF 相关性显著，与其他两者相关性较弱。总而言之，污泥浓度对污泥的脱水性有重要影响。

2.5.5　分形维数

在 1982 年，Mandelbrot 推导出了罗盘维数的计算方法，这个方法可以用于分形维数的测定。罗盘维数表示一段粗糙曲线的长度，它可以通过不同尺度下的码尺计算而得。码尺尺度 ε 取决于码尺测定的次数，见式（2-21）：

$$N(\varepsilon) \propto \varepsilon^D \tag{2-21}$$

D 表示粗糙曲线的罗盘维数，曲线的长度和 ε 的关系见式（2-22）：

$$L = N(\varepsilon)\varepsilon \propto \varepsilon^{1-D} \tag{2-22}$$

研究表明，分形维数（D_F）为罗盘维数加 1。圆盘维数可以通过 Newscan 软件中的步进法进行计算。一般而言，分形维数值在 1～3 之间，其值越大，絮体结构也越规则。D_F 越接近 3 的絮体也就越密实，而结构越松散的絮体 D_F 值也更接近 1。

2.6　化学性质与污泥脱水性能的关系

EPS 和污泥脱水性的关系模型研究主要经历了从单纯认识污泥絮体、EPS 含量和 EPS 组成以及 EPS 分区等几个阶段：

（1）EPS 含量与污泥脱水性能的关系

最早，Mikkelsen 发现污泥絮体的化学组成是影响污泥脱水性的关键因素，而其中 EPS 对污泥脱水性的影响最为显著。而后，Houghton 进一步认识到每种污泥脱水性最佳时所对应着的特定 EPS 含量，同时 EPS 含量也决定着污泥的表面电荷密度、Zeta 电位、脱水泥饼干固体的含量和絮体结构的稳定性等。

（2）EPS 组成与污泥脱水性能的关系

Houghton 进一步认识到每种污泥脱水性最佳时对应着特定的 EPS 含量，同时 EPS 含量也决定着污泥的表面电荷密度、Zeta 电位、脱水泥饼干固体的含量和絮体结构的稳定性等。在此认识的基础上，Liu 等人提出了 EPS 组成影响说，认为 EPS 蛋白质和多糖的比例影响着污泥的脱水性。相比多糖，EPS 中蛋白质的组分对污泥脱水性的影响更为显著，高结合蛋白质的含量有利于污泥的脱水性，但 Murthy 和 Novak 发现污泥脱水性随着蛋白质含量的增加而恶化。

（3）双层 EPS

随着研究的不断深入，研究者不单以污泥中总体 EPS 的组成和含量来评判污泥的脱水性，而是将分层理论应用到污泥絮体的表征中，研究不同组分 EPS 对污泥脱水性的影响。

Li 等人利用两步热提取法将污泥 EPS 分为疏松结合型（LB-EPS）和紧密结合型（TB-EPS），高含量的 LB-EPS 会减弱细胞之间的结合强度，从而导致污泥絮凝和脱水性能不佳。在非稳态的运行条件下，污泥的絮凝特性、沉降性、压缩性和脱水性与 LB-EPS 的含量呈显著正相关，而与 TB-EPS 的含量无关。

（4）多层区域化

Yu 等人通过分析 14 家污水处理厂污泥样品中 5 个组分中蛋白质和多糖的含量，发现污泥脱水性（CST 和 SRF）与黏液层和清液中蛋白质以及多糖和蛋白质的比例相关。进一步地，他们还利用荧光光谱和平行因子分析（EEM-PARAFAC）对各层中的有机物进行了深入剖析，发现污泥脱水性与黏液层、LB-EPS 和 TB-EPS 中类蛋白、腐殖酸和富里酸物质的含量有关。Zhang 等人也发现 SEPS 和 LB-EPS 的组成会随着运行时间而发生季节性变化，而 TB-EPS 和细胞相的组成比较固定，均由蛋白类有机物组成（图 2-5）。污泥脱水性与溶解性 EPS 中蛋白质浓度呈显著负相关，说明溶解性 EPS 的动态变化是引起污泥脱水性波动的主要原因。

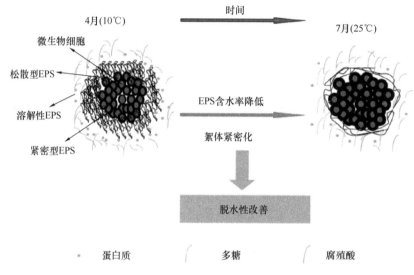

图 2-5　污泥絮体结构随运行时间的变化

（5）蛋白质组学在污泥 EPS 与脱水性能认识中的应用

Wu 等人利用蛋白质组学解析了污泥胞外蛋白质的组成与污泥脱水性能的关系。他们认为二级结构中的 α-helices 百分比表明水亲和力更多地依赖于亲水性官能团的空间分布而不是含量。通过去除二硫键来破坏由 α-helices 所代表的二级结构，并在水相中拉伸多肽聚集，可能是消除细胞外蛋白质是从污水活性污泥去除间隙水的抑制作用的关键。由此可见，EPS 作为剩余污泥的关键组分，深度解析 EPS 在污泥絮体中分布和组成与脱水性能的内在关联机制一直是本领域的前沿课题。

2.7　污泥调理技术概述

污泥中的胞外聚合物（EPS）可以形成一种稳定的类凝胶结构，通过空间位阻的作用下与水分子相结合，导致污泥具有黏弹性、机械脱水难度大，而认识污泥类凝胶结构特征与脱水性能的关联机制一直是本领域的挑战性难题。污泥调理是污泥处理的重要环节，也是提升污泥机械脱水效能的重要方式。

目前，污泥的深度脱水技术在我国已经得到了广泛重视及应用，其主要由化学调理和高压脱水两个部分组成。化学调理实质上是通过调理剂与污泥絮体在固液界面上一系列反应，从而实现污泥絮体结构定向调控，促进吸附水和结合水释放，降低污泥黏弹性，改善过滤脱水性能。污泥调理技术分为混凝/絮凝、物理调理、高级调理等三大类方式。混凝/絮凝、骨架助滤是最常用的污泥调理技术，常见的药剂包括无机混凝剂、有机高分子絮凝剂和骨架助滤材料等。物理调理主要包括超声、磁场、冻融、微波、电场辅助脱水等处理技术。高级调理主要是通过破坏污泥 EPS，促使污泥中结合水向自由水转化，从而实现污泥高效脱水的技术，主要包括氧化处理、酸碱处理、酶溶解和水热处理等手段。

2.7.1　污泥絮凝调理技术

污泥絮凝调理剂主要分为无机混凝剂、有机混凝剂及助滤剂三大类，其组成、作用机理及优缺点见表 2-1。以下分别对其进行详细阐述。

污泥絮凝调理技术的作用机制及优缺点　　　　　　　　　　表 2-1

调理技术		作用机制	优点	缺点
无机混凝剂	铁盐系（FeCl₃、硫酸铁、PFC 等）、铝盐系（AlCl₃、硫酸铝、PAC 等）	电中和、络合吸附和水解产物骨架支撑作用	成本低、效果稳定、操作简单	增加污泥泥饼无机盐含量、导致污泥酸化
有机絮凝剂	PAM 及其阴阳离子衍生物、天然高分子（淀粉、甲壳素、壳聚糖等）	架桥交联、电中和和网捕卷扫	成本低、效果稳定、操作简单	单一调理难以达到效果、PAM 影响污泥后续的土地利用
助滤剂	矿物质（石灰、硅藻土、粉煤灰、赤泥等）、碳基材料（焦炭、木屑、污泥碳、褐煤等）	构建硬质骨架强化释水通道，减低泥饼可压缩性	成本低、效果稳定、操作较简单	投加量大，影响污泥减量效果

1. 无机混凝剂

化学絮凝调理是指向污泥中加入适量的絮凝剂，通过压缩双电子层、电中和、吸附架桥和网捕卷扫四种作用，改变污泥颗粒的表面性质，致使污泥脱稳，并释放污泥的毛细结合水和表面结合水，从而改善其脱水性能。主要的絮凝剂包括无机絮凝剂、聚合物絮凝剂、微生物絮凝剂以及它们的复合产物。无机混凝剂按金属盐分类可分为铁系和铝系两大类。早期的污泥处理一般采用 FeCl₃、AlCl₃ 与石灰的联用来调理污泥，随着污泥脱水标准的提升，以铝盐、铁盐为主衍生出的一系列高分子絮凝剂（如 PFC、PAC 等），得到了广泛使用。其脱水的主要机理为溶液中的铝、铁等金属离子与水分子接触发生水化反应，生成多羟基络合离子，通过黏附、架桥和交联等作用，从而使污泥胶体失稳凝聚。Niu 等人利用 FeCl₃ 和 PAC 调理污泥，发现调理脱水后的泥饼含水率明显降低。同时，有研究表明铝系混凝剂水解生成的多羟基铝络合离子会与污泥中的负电颗粒产生静电引力，中和污泥颗粒表面的负电荷，降低污泥颗粒间的静电斥力，从而使其团聚成较大的絮状沉淀。PAC 是最常用的混凝剂，其混凝效能与其水解形态密切相关，通过 Ferron 法可以将羟基

铝的形态分为 Al_a、Al_b 和 Al_c。其中 Al_b 的主要形态为 Al_{13}，研究表明 Al_{13} 具有较高的表面电荷密度，难以被进一步水解，其通过电中和作用实现混凝沉淀，并与污泥絮体反应使得絮体结构进一步稳定，其是铝盐混凝剂中的优势铝形态。Al_c 的主要形态为高聚合态的铝（Al_{30}）和氢氧化铝胶体，Al_{30} 主要通过网捕卷扫和静电作用实现与污泥絮体结合。在 PAC 生产过程中，往往通过控制碱化度 B 值（$B=OH/Al$）来获得具有更多优势铝形态的混凝剂。一般 B 值越高，铝盐的预水解程度越高，铝盐会具有更高的表面电荷，因此碱化度直接影响着 PAC 中 Al_a、Al_b 和 Al_c 的含量。Cao 等人制备了不同碱化度的 PAC 来调理污泥，研究表明 Al_{13} 表现出了最佳的调理效能，同时具有良好的水解稳定性，可以避免污泥的酸化。无机混凝剂调理形成的污泥絮体结构强度高，因而常用于高压脱水过程。

2. 有机絮凝剂

与无机调理剂相比，有机絮凝剂具有用量少、pH 使用范围广、受环境因素影响小、污泥产量小、处理效果好等优点。有机絮凝剂的调理效能主要与分子结构和电荷性质有关。污泥调理使用的有机絮凝剂分为天然高分子改性型和合成型。天然高分子改性型絮凝剂是以淀粉、纤维素、甲壳素、多糖类和蛋白质等为主链，运用各种接枝共聚的方法，在其分子链上引入阳离子基团进行改性形成的。Caldwell 采用磷酸和淀粉反应得到了改性淀粉高分子絮凝剂。Asano 的研究表明壳聚糖溶解在酸性溶液中后调理污泥能够有效地改善污泥的脱水性。Lim 等人通过在壳聚糖的主链上引入阳离子单体，突破壳聚糖只能溶解于酸性溶液的限制，得到的改性产物相比壳聚糖具有更好的絮凝效果。天然改性絮凝剂可二次降解，而且产生的絮凝性能好，是一种理想的污泥调理剂，具有良好的发展前景。合成型的絮凝剂按其电荷类型可将其分为非离子型、阴离子型、阳离子型和两性型。由于污泥絮体带负电，阳离子絮凝剂可中和其负电荷，使污泥絮体脱水，因此阳离子型的絮凝剂调理污泥效果较好。阳离子聚丙烯酰胺（CPAM）是目前污水处理厂污泥处置的主要调理剂。有机高分子絮凝剂调理形成的絮体粒径大，但结构强度低，在污泥深度脱水前调理中有机高分子絮凝剂常与无机混凝剂联合使用。

3. 助滤剂

助滤剂主要通过形成骨架结构来支撑污泥絮体，一般分为矿物类和碳基材料类。矿物类助滤剂主要是工业废料，包括飞灰、水泥窑粉尘、石灰等；碳基材料类主要有焦炭、煤粉、褐煤、木屑、秸秆、甘蔗渣等。但这些惰性材料的添加增加了污泥的干固量，使得污泥的真实减量化程度受到了一定的限制。

2.7.2 污泥物理调理技术

物理调理主要包括超声、磁场、冻融、微波、电场辅助脱水等处理技术，其作用机理及优缺点见表 2-2。以下对超声处理和电厂辅助脱水进行详细阐述。

污泥物理调理技术

表 2-2

调理技术	作用机制	优点	优劣势
超声处理	超声空化效应	调理效果较差	成本高、系统较为复杂、需要与其他药剂联合使用
微波处理	电偶极子极化、能量转化	调理效果较差	成本高、系统较为复杂、需要与其他药剂联合使用

调理技术	作用机制	优点	优劣势
冻融处理	机械刺穿、晶格置换	调理效果好	成本高、系统较为复杂、需要与其他药剂联合使用
磁场处理	泥饼过滤迟滞效应、絮体定向排列，提高孔隙	调理效果不佳	成本高、尚未有中试
电渗透辅助脱水技术	电化学效应、电渗透、电迁移和电泳等	脱水效果好	能耗高、电极材料易腐蚀

1. 超声波处理

超声处理是分解污泥和提高污泥生物降解性的有效手段。超声波-CPAM 联合调理中超声波与 CPAM 存在明显的协同作用，是由于超声波具有降解污泥 EPS 和促使水分转移的作用。Bien 等人采用超声波联合 $Fe_2(SO_4)_3$ 处理污泥，污泥泥饼含水率降低近 20%。利用超声波调理改善污泥脱水性的研究结果还存在一定的差异性，该现象可能与超声强度有关。Wang 等人发现提高超声处理功率和延长超声时间会导致污泥脱水性的恶化。这可能是由于超声处理导致污泥絮体粒径的减小和 EPS 的释放，增大了污泥的比表面积和持水能力，从而堵塞了滤饼层。因此，控制超声强度和时间，实现污泥絮体的适度破坏，在絮凝剂的作用下再使污泥絮体团聚，是提高污泥脱水效率的关键。

2. 电渗透辅助脱水技术

与机械脱水工艺（20%～30%）相比，电渗透脱水工艺可实现更高的脱水率（40%～50%），而且电渗透脱水工艺的能耗低于干化技术（10%～25%），这使该工艺成为有前途的深度脱水技术。Cao 等发现在电渗透脱水过程中添加碳基材料可减少 24.7% 的能源消耗并增加 18.9% 的污泥热值，同时泥饼的含水率降至 50% 以下。最近的研究发现，阴极滤液中重金属（Zn、Cu、As、Cr、Pb、Ni 和 Cd）的含量高于阳极滤液。阴极处的反应加速了 EPS 的溶解，并加剧了重金属从稳定态到活跃态的变化。然而，高循环电流密度和旋转电极的使用加剧了阳极材料的腐蚀和磨损。Gronchi 等比较了各种阳极材料的耐蚀性，包括形态稳定的阳极（DSA）、裸露的不锈钢材料以及采用 TiN，AlTiN 和 DLC 的 PVD 技术涂覆的不锈钢材料。其中，DSA 电极显示出最佳的耐腐蚀性，而裸露的不锈钢电极的耐腐蚀性则最差。

电渗透脱水技术能耗较高，同时设备易腐蚀，将电渗透脱水与污泥资源化与无害化处理相耦合可以提升电渗透的应用范围。Cao 等人提出了污泥电渗透脱水耦合重金属去除/燃料化处理的工艺技术。针对较高浓度重金属污染的污泥，通过调节污泥溶液化学性质和投加有机酸络合剂，实现电化学效应与络合作用的协同耦合，达到污泥中重金属强化分离的目的。

2.7.3 高级调理技术

化学絮凝调理技术仅能够作用于污泥颗粒的外层结构，而无法破坏微生物的细胞结构，故常规的化学调理技术很难实现污泥深度脱水过程。因此，为了进一步提高污泥的脱水效率，使污泥含水率降低至 60% 以下。截至目前，已开发了许多具备初步实际应用潜力的高级调理技术，其包括 Fenton 氧化、高铁酸钾氧化、酸碱处理、复合酶处理和水热处理等，各技术的简要介绍见表 2-3。

污泥高级调理技术

表 2-3

调理技术		作用机制	优点	劣势
氧化调理	Fenton 试剂	自由基氧化、溶解污泥有机质、原位铁絮凝	调理效果好，同步降解有机污染物	成本高、操作复杂、增加泥饼无机盐、过氧化氢属于危险品
	高铁酸钾	高铁酸钾氧化、原位铁絮凝	调理效果一般，同步降解污泥中有机污染物	成本高、pH 酸性条件下效果好
	亚铁和次氯酸钠	自由基氧化溶解有机质和原位铁絮凝	调理效果较好，同步降解有机污染物	成本较高、pH 酸性条件下效果好
	亚铁活化过硫酸盐	自由基氧化溶解有机质和原位铁絮凝	调理效果好，同步降解有机污染物	成本高、操作较复杂、增加泥饼无机盐
酸碱处理	酸处理	EPS 阴离子官能团质子作用降低污泥表面电荷，提高絮体结构	调理效果一般	影响污泥后续处置、成本高
	碱处理	EPS 解离溶解导致脱水性能恶化		
酶处理	复合酶处理	蛋白质、多糖释放，脱水性能恶化	调理效果一般	单独调理难以达到良好效果、成本高、反应条件要求高
	溶菌酶	类絮凝作用		
水热处理	低温水热处理（80～160℃）	污泥溶解导致蛋白质和多糖释放，脱水性能恶化	高温水热调理效果好，同步杀灭污泥中有害微生物	成本高、系统控制复杂
	高温水热处理（160～180℃）	污泥水解转化为小分子，脱水性能显著改善		

1. 高级氧化技术

Fenton 氧化技术是一种典型的高级氧化技术，广泛应用于生活污水和工艺废水处理中。Fenton 氧化的原理是 Fe^{2+} 活化 H_2O_2 产生羟基自由基，从而引发和传递链反应，加快有机物和还原物质的氧化反应。Fenton 试剂可以氧化 EPS 甚至破解污泥细胞，引起污泥有机组分中的结合水释放，从而有效提高污泥的脱水性能。然而 H_2O_2 价格昂贵，使用量大，导致 Fenton 处理的成本较高。因此，可采用廉价的次氯酸钠或 $Ca(ClO)_2$ 在酸性水溶液中生成 HClO 来代替 H_2O_2，在 Fe^{2+} 的作用下对污泥进行预处理。Jamshid Behin 对比 H_2O_2/Fe^{2+} 和次氯酸钠/Fe^{2+} 氧化处理后的废水 COD 去除率分别为 88.7% 和 83.4%，与 H_2O_2/Fe^{2+} 氧化体系相比，次氯酸钠/Fe^{2+} 氧化体系受 pH 影响较小，操作简单且处理成本低。Yu 等人采用 $Ca(ClO)_2$ 和 H_2O_2 为氧化剂，以 Fe^{2+} 为活化剂，两者均可有效改善的污泥脱水性能，但 $Ca(ClO)_2/Fe^{2+}$ 调理效能低于 Fenton 试剂。

2. 水热处理

热处理法是通过加热使污泥结构和部分微生物的细胞结构被破坏，释放絮体内和细胞内的水分，同时，热处理会破坏污泥絮体结构中的氢键，从而使污泥中的间隙水成为游离水，进而改善污泥的脱水性能。污泥热处理后可以提高污泥的脱水效果，160℃以上水热处理污泥经过机械脱水后，泥饼含水率可以降至 50% 以下，同时还可杀灭污泥中致病的微生物与寄生虫卵。但热处理后污泥分离液中的 BOD_5、COD 浓度较高，会增加回流处理的负荷，设备易腐蚀，且调理的成本较高，与厌氧消化结合是一种较好的选择。

3. 酸碱溶解

活性污泥中含有的阴离子基团（氨基、羧基和磷酸基）的离子化作用使得污泥带负电，絮体表面负电荷产生的静电斥力使污泥呈介稳体系。酸碱处理使污泥发生离子化作用，破坏污泥絮体释放有机物和结合水，改善污泥的脱水性。酸处理会引起污泥中阴离子基团的质子化过程，从而降低絮体表面的电荷，导致污泥脱稳。Raynaud 等人研究显示，适度的酸处理有助于污泥过滤脱水，但会增加污泥的脱水时间。而污泥过度酸化会导致体系中的有机物浓度升高，脱水性能恶化。

4. 复合酶处理

生物酶处理污泥可以在比较温和的条件下使污泥的 EPS 溶解，使污泥后续的处理与处置过程得到改善。采用生物酶与絮凝剂复合调理污泥，可破坏污泥的絮体结构，提高污泥的脱水性能。Chen 等人采用复合酶和无机混凝剂重絮凝联合调理，研究表明，酶处理后污泥絮体结构疏松，利用混凝剂对污泥进行絮凝重建，污泥脱水的过滤速率明显提高，泥饼含水率相比原污泥下降了 15.5%。

2.7.4　污泥调理对后续处理的影响

污泥调理—深度脱水具有减少污泥体积、降低污泥处理处置成本、提升后续处理处置效率，降低综合成本等。调理过程也会对污泥后续处理处置产生影响，而该方面的研究较为匮乏，也是急需开展的重要研究方向。例如，无机盐调理会带入过量金属阳离子（如 Al^{3+}、Fe^{3+}）和无机阴离子（SO_4^{2-}、Cl^-）可能影响污泥的后续处置和资源化利用；例如，铝离子会对植物产生毒性，同时大量的金属离子和无机阴离子会导致土壤盐渍化。此外，在焚烧过程中，加入的无机阴离子（如 SO_4^{2-}、Cl^-）会对焚烧炉产生腐蚀作用。PAC 调理导致污泥 pH 变化，泥饼中的铝元素主要以 $Al(OH)_3$ 的形式存在，Al_2O_3 含量很低，焚烧使大部分氢氧化铝高温分解成为 Al_2O_3，还有学者尝试将焚烧残渣回收制备为混凝剂。然而，在污水处理过程中有可能引入无机或有机的氯元素，一般市政污泥的氯含量约为 0.1%～0.2%，显著高于煤中的氯含量。氯元素主要以可溶性氯存在，并且在 200～800℃ 以 HCl 的形式析出，在炉膛中形成高温腐蚀，导致金属表面氧化膜疏松多孔，附着性差。硫酸盐处理污水导致污泥含硫量增加，而污泥焚烧过程中的重金属迁移分布与硫元素密切相关。氧化环境下 S 和 Na_2S 促使 Cd、Pb 向底泥迁移，而 Na_2SO_3 和 Na_2SO_4 使 Cd、Pb 向飞灰迁移。研究表明，当含硫量增加时会使 Cd 由易挥发性氯化物向较难挥发的硫酸盐转化。因此，开发基于污泥中低电导率控制的新型调理剂是一项具有挑战性的工作。

堆肥处理产生的发酵产物通常作为肥料返回到田间，堆肥产物中有害污染物的环境风险是限制其土地利用的关键所在。好氧堆肥过程中的有机质分解，会导致重金属含量的"相对浓缩效应"，需要添加钝化剂缓解。铁基混凝剂增加了污泥中铁的含量，有利于土地利用中氨氮的吸附和氮的转化。PAC 调理后的脱水泥饼对 Cr（Ⅵ）污染土壤具有修复能力，提高了土壤 pH，促使 Cr（Ⅵ）向 Cr（Ⅲ）转化，抑制铬离子毒性和污染。含纳米 TiO_2 污泥的土地利用对番茄植株的食品安全没有影响。使用传统混凝剂（PAC，$FeCl_3$，

$FeSO_4$ 等）调节的污泥在土地上的使用不可避免会导致土壤盐分的增加。

有机高分子混凝剂调理产生的污染物可能导致环境污染和健康威胁，如未反应单体（丙烯酰胺、亚乙基亚胺）以及聚合物与污泥的反应副产物。厌氧消化过程可以降解 46％的 CPAM，降解产物中的 50％为丙烯酰胺、丙烯酸和聚丙烯酸。丙烯酰胺具有高毒性，导致厌氧消化过程中的甲烷产率降低了 37.7％。通过土壤中的物理化学和生物作用，PAM 的降解率每年最多为 10％，因而污泥土地利用过程中会导致 PAM 在土壤中的残留积累，而其转化机理与毒性效应研究报道较少。

2.8　本章总结

污泥深度脱水具有减少污泥体积、降低污泥处理处置成本、提升后续处理处置效率、降低综合成本等优点，在我国已经得到大规模应用。常见的污泥深度脱水系统主要由化学调理和高压脱水设备构成，高压脱水设备以隔膜压滤机最为常见。污泥调理也是污泥处理的重要环节，是提升污泥机械脱水效能的重要方式，主要包括絮凝和骨架助滤、物理调理、高级调理三大类方式。污泥调理—脱水过程对后续处理处置产生影响研究较为匮乏，也是急需开展的重要研究方向。

第 3 章　污泥絮凝及其耦合调理技术

3.1　絮凝调理机理

混凝/絮凝是污泥调理最常用的方法之一，其目的在于调控污泥的絮体结构，促使污泥水分释放，提高污泥的脱水效率。污泥絮凝调理作用机理主要有 3 种：电中和作用、络合吸附作用、水解产物的骨架支撑作用。

3.1.1　电中和作用

污泥表面含有丰富的阴离子官能团，如酰胺基、磷酸基、羧基等，这些阴离子官能团的电离作用导致污泥表面带有负电。污泥絮体之间存在的静电斥力使得体系具有动态稳定性，具有类胶体特性。电中和-压缩双电层是通过向污泥类胶体体系中投加混凝剂或絮凝剂，消除或降低胶粒的 ζ 电位，促使污泥微粒碰撞聚结，失去稳定性，脱稳的胶粒相互聚结。

3.1.2　络合吸附作用

铝盐、铁盐及其他无机高分子混凝剂加入水中之后，会通过污泥 EPS 中羧基、磷酸基等负离子官能团发生配位反应，调控 EPS（尤其是胞外蛋白质）的分子结构，提升 EPS 中生物大分子的疏水性，降低 EPS 的亲水能力，进而改善污泥的脱水性能。

3.1.3　水解产物的骨架支撑作用

铝盐或铁盐等混凝剂通过水解作用生成沉淀物，这些沉淀物在自身沉淀过程中，能卷积、网捕水中的胶体等微粒，使胶体凝聚。此外，无机盐水解产生的氢氧化物可以通过增强絮体强度，进而提升污泥的絮体结构强度，降低泥饼的可压缩系数。这样，在污泥受压条件下，泥饼中存在有比较丰富的过水通道，实现污泥高效压滤脱水。

3.2　污泥调理过程中的挑战

相比于水处理过程中浊度、溶解性有机物的絮凝过程，污泥絮凝调理存在以下挑战：

（1）污泥的固体浓度很高，浓缩后可以达到 $20000 \sim 50000 \mathrm{mg/L}$，颗粒物与混凝剂之间的相互作用与传统混凝过程不同，故需要探究高固体浓度体系下的混凝过程。

（2）污泥中的有机物含量高、成分复杂。有机质含量通常在 $30\% \sim 80\%$ 之间，并含有高浓度的蛋白质、腐殖酸和多糖等大分子有机物，另外，在季节、工艺等条件不同的变化下，还需要提高混凝剂在复杂体系下的适应性。

（3）污泥溶液的化学性质变化极大，其化学性质受到污泥中微生物的代谢过程和处理工艺的影响。比如水处理过程中 pH 和碱度的变化会引起污泥溶液中 COD 和无机阴离子的浓度的变化，故需要解析溶液的化学性质对调理过程的影响。

3.3 污泥絮凝及其耦合调理技术

3.3.1 氯化铁和石灰

氯化铁和石灰是污泥调理最常用的方法之一。铁盐可以通过与污泥有机质（尤其是 EPS）结合，降低污泥的亲水性。然后投加石灰后，形成 $Ca(OH)_2$ 沉淀可以起到骨架支撑作用，调理后溶液的 pH 一般要大于 12。

有研究采用透射电子显微镜观察氯化铁调理下污泥的超薄切片，发现污泥絮体并没有改变，也没有显示污泥聚集状态的变化。Rose 等人使用延伸 X 射线吸收精细结构谱（EXAFS）证明，在含有少量天然有机物（通常约 10mg/L）时，铁盐的水解仅限于三聚体。此外，另有研究表明有机物和磷酸根离子在活性污泥中充当了有效的金属离子清除剂，其阻碍了铁盐的水解。因此，大多数铁的阳离子物质可能与带负电荷的生物聚合物基团强烈结合，并形成了不溶性的含铁沉淀物。同时，向铁离子调理后的污泥中添加石灰促进了沉淀物的形成，使得絮体上缀满了约 $0.5\sim1\mu m$ 的针状晶体团块。X 射线光电子能谱（XPS）分析表明晶体团块主要由 Fe、Ca 和 P 元素组成，并且由于替代磷酸钠缓冲液的二甲胂酸盐缓冲液不含任何磷，因此晶体团块中的磷来自污泥溶液。对从冷冻干燥后的污泥中分离的晶体进行能谱（EDS）分析，表明沉淀物主要含有 Fe、P、Ca、Si、Al、K、S 和 Cl 元素。对经过氯化铁、石灰联合调理后的 10 多个样品上进行 Fe/P 和 Fe/Ca 元素比率分析，发现比值非常稳定，分别接近 $2.8\sim3.0$ 和 $1.1\sim1.3$。此外，沉淀物中发现的 Fe/Ca 比率远大于从各自的化学调理剂剂量所估计的值，这表明在沉淀物形成时石灰可能过量。

$FeCl_3$ 调理后的污泥颗粒小但结构更加紧实，其产生的 EPS 压缩效应是污泥脱水性能改善的主要机理，与石灰复合调理后，虽然会使得污泥脱水性能得到进一步提升，并且使得污泥更加无害化，但过高的石灰投加量会降低污泥深度脱水的减量效果，同时会影响污泥后续资源化利用，如堆肥、热解等工艺。

3.3.2 聚合氯化铝

聚合氯化铝（PAC）与传统混凝剂相比具有许多优点，包括对温度和 pH 变化不敏感、有机物配位络合能力强、电荷中和能力强等特点。PAC 中含有一系列 Al(Ⅲ) 的水解产物。通过 ^{27}Al 核磁共振(NMR)光谱学和 Ferron 比色等方法，可以将 Al(Ⅲ) 的水解产物分为三种：单体铝和铝二聚体，$Al_{13}O_4(OH)_{24}^{7+}$（简称 Al_{13}）和高聚合态铝以及固相 $Al(OH)_3$。

1. 不同碱化度 PAC 调理后污泥的脱水性能

（1）不同碱化度 PAC 中的铝形态

不同铝盐絮凝剂形成的羟基铝形态对污泥的絮凝过程有着重要影响。在本小节中，通过表征不同碱化度的 PAC 与污泥 EPS 的变化来研究其相互作用机理。不同碱化度 PAC 的制备过程如下：根据 PAC 的碱化度计算出 OH/Al 的摩尔比，然后在固定浓度的 $AlCl_3$ 溶液中加入相应量的 $NaCO_3$ 固体，而 Al_{13} 是通过从 PAC 中提纯出来的。首先测定 5 种试剂总铝含量，用 Ferron 法时间扫描测其 Al 形态，其中，高碱化度的 PAC 中的主要成分是中等聚合物（Al_b）和高等聚合物（Al_c），低碱化度的 PAC 主要成分是单体聚合物

（Al$_a$），中等聚合物和高等聚合物相比单体铝会有更高的正电荷密度，所以它们有更强的电中和能力，铝形态分布见表 3-1。

不同碱化度的 PAC 的铝含量和铝形态分布　　　　表 3-1

	Al$_a$	Al$_b$	Al$_c$	Al 含量（g/L）
AlCl$_3$	94.88%	5.22%	0	5.38
Al$_{13}$	4.30%	91.30%	4.40%	9.22
PAC（碱化度 0.5）	87.76%	12.24%	0	5.24
PAC（碱化度 1.5）	46.03%	47.81%	6.16%	5.19
PAC（碱化度 2.5）	0	60.03%	39.97%	5.16

（2）不同碱化度 PAC 调理后的污泥脱水性能指标

对 PAC 调理后污泥的脱水性能指标进行表征，其中，毛细吸水时间（CST）采用英国 Triton 公司的 CST304B 测定。将 5mL 活性污泥倒入直径为 18mm 的不锈钢圆柱中，通过随仪器附带的 Whatman 滤纸产生的毛细吸水压力从污泥中吸收水分，以滤液润湿半径从 1cm 上升到 3cm 所需时间为 CST 值。CST 值除以污泥浓度得到标准化 CST，以消除污泥浓度对 CST 的影响，单位为"s·L/gSS"。通常 CST 值越大，则污泥脱水性能越差。如图 3-1 所示，污泥的 CST$_n$ 值随着 PAC 的投加量的增加而降低，在投加量为 0.05gAl/gTSS 时达到最低，即此时脱水效果最好，投加量继续增大即大于 0.05gAl/gTSS 时 CST 值没有明显的变化。聚合铝在污泥脱水方面比单体铝的效果好。高碱化度 PAC 的主要成分是中等聚合物（Al$_b$）和高等聚合物（Al$_c$），低碱化度 PAC 的主要成分是单体聚合物（Al$_a$），中等聚合物和高等聚合物相比单体铝有着更高的正电荷密度，所以它们有更强的电中和能力，更容易将污泥絮体凝聚，从而使得污泥更容易脱水。

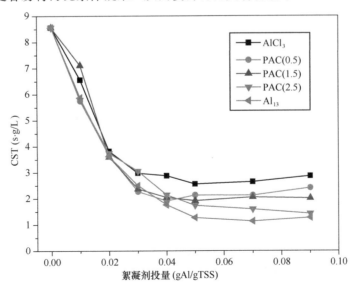

图 3-1　不同碱化度的 PAC 调理后对污泥脱水性能的影响

（3）不同碱化度 PAC 调理后的污泥絮体变化

不同碱化度 PAC 调理后的污泥絮体大小有着明显的差别。污泥粒径和分形维数用激光光散射射装置（Malvern Mastersizer 2000，Malvern，UK）测定。高碱化度PAC的主要成分Al_b和Al_c具有水解稳定性，故其会迅速与污泥颗粒作用，形成稳定的絮体，基本没有发生絮体生长的时间，因此在慢速搅拌阶段，污泥絮体的尺寸大小是$PAC_{1.5}>$ $PAC_{0.5}>PAC_0（AlCl_3）>PAC_{2.5}≈Al_{13}$，即$PAC_{2.5}$和$Al_{13}$调理后的污泥絮体尺寸最小。

强度因子（S_F）的增加表示絮体能够更好地承受剪切破坏作用，因而认为强度因子（S_F）值高的颗粒比强度因子（S_F）低的颗粒絮体结构强度更高。其使用$S_F = d_b/d_a$进行计算，其中d_a（μm）为絮体破碎前平衡阶段的平均絮体粒径，d_b（μm）为絮体破裂后的平均粒径。经$AlCl_3$调理后的污泥絮体结构强度最大，其强度因子S_F为64.41，而经$PAC_{2.5}$和Al_{13}调理后的污泥絮体结构强度最小，其强度因子分别为42.58和44.73。絮体具有多级结构，最终的絮体是由初级絮体形成的聚集体，而强度因子的分析对象是初级颗粒物之间的作用强度，并非絮体本身的强度，这说明经单体铝调理的絮体结合更紧密，更不容易被打碎，而Al_b和Al_c形成的絮体结构强度低更容易被打碎。

分形维数是目前描述絮体特性的一个有效的方法，其值越大代表絮体形状越规则，絮体结构强度越大。从图3-2中可以看出经$AlCl_3$调理后形成的絮体分形维数最小，说明经$AlCl_3$调理后的絮体形状最不规则，而且絮体结构强度最低，经$PAC_{2.5}$和Al_{13}调理后的絮体分形维数较大，即形成的絮体形状较规则，而且絮体结构强度高，这个结果与强度因子的分析结果相反。

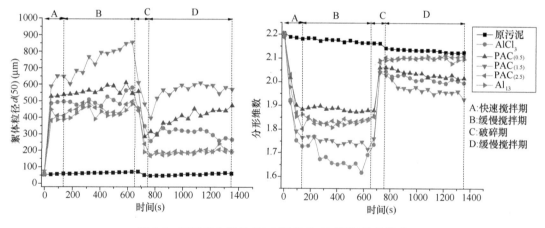

图3-2　不同碱化度的PAC调理后对污泥絮体的影响

（4）不同碱化度PAC调理脱水后的污泥泥饼

污泥泥饼结构和可压缩性对污泥的过滤有非常大的影响，在污泥过滤脱水的时候，过滤效果恶化的主要原因是污泥滤饼中孔隙的堵塞，而不是过滤介质本身。如图3-3和图3-4所示，经$AlCl_3$调理后所形成的絮体结构强度最大，絮体的尺寸也最大，但其絮体整体结构是松散的，因此更容易被压缩。而经$PAC_{2.5}$和Al_{13}调理后的絮体结构强度较低，形成的絮体尺寸较小，但絮体整体结构更紧密，不容易被压缩。另外，经$PAC_{1.5}$、$PAC_{2.5}$和Al_{13}调理后的污泥泥饼有很多蜂窝状的结构，这种蜂窝状结构中的小孔道可以使水分穿过。

（5）不同碱化度PAC调理后污泥EPS的变化

污泥EPS在脱水过程中扮演了非常重要的角色，有必要研究调理过程中污泥EPS的

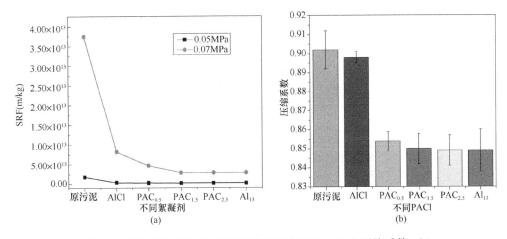

(a)　　　　　　　　　　　　　(b)

图 3-3　不同碱化度的 PAC 调理后污泥的 SRF（a）和压缩系数（b）

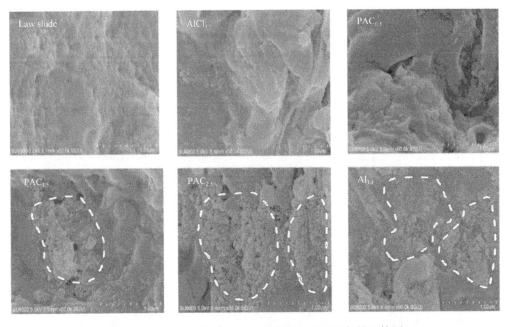

图 3-4　不同碱化度的 PAC 调理后污泥泥饼的扫描电镜图

成分变化。EPS 分为溶解性 EPS（SEPS）、疏松结合型 EPS（LB-EPS）和紧密结合型（TB-EPS）三种，采用 EPS 分离提取结合热提取法对不同组分 EPS 进行分离。首先，将污泥悬浊液置入 50mL 离心管中进行离心分离（5000g）10min，上清液中有机物即为 SEPS。然后，将污泥颗粒重新悬浮在 15mL、0.05％NaCl 溶液中，在 20kHz 条件下超声 2min，在 150rpm 转速下水平摇晃 2min，在 5000g 离心力下 10min 分离出上清液，则为 LB-EPS。将剩余的污泥颗粒重新悬浮于 15mL 0.05％NaCl 溶液中，超声 3min 后 60℃加热 30min，最终在 5000g 下离心 20min，收集上清液，即为 TB-EPS。在相同投加量的情况下，不同碱化度的 PAC 和 Al_{13} 调理后的污泥 EPS 组分有明显的变化（图 3-5）。其中，由于 $PAC_{2.5}$ 和 Al_{13} 具有更强的混凝效果，会使得污泥絮体更加紧密，而污泥絮体越紧密，结合型 EPS 越难提取出来，其含量也越高。

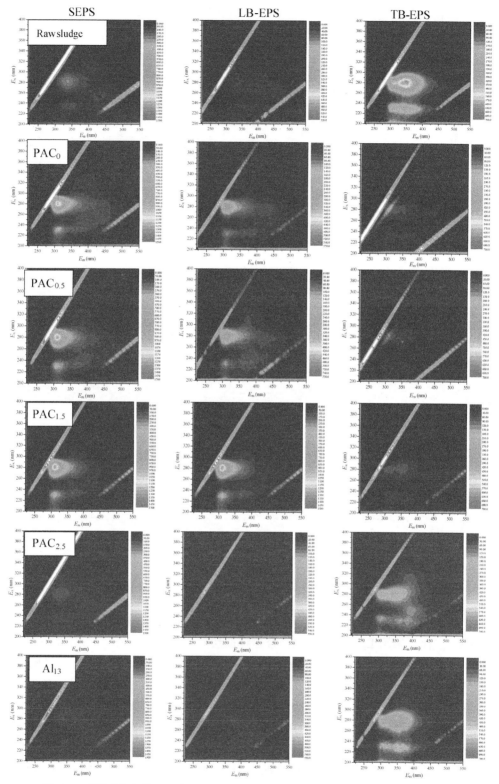

图 3-5　不同碱化度的 PAC 调理后污泥 SEPS、LB-EPS 和 TB-EPS 的荧光光谱图
（SEPS 和 LB-EPS 样品稀释 10 倍，TB-EPS 样品稀释 100 倍）

三维荧光光谱是一种高灵敏度的、可以检测有机物种类的分析手段，三维荧光光谱采用荧光光度计（Hitachi F 4500，Japan）测定。激发波长区间为 $200\sim400$，波长间距为 10nm，发射波长区间为 $280\sim500$nm，波长间距亦为 10nm。光谱的扫描速度为 12000nm/min。且在荧光分析之前，样品有机物浓度采用 MilliQ 稀释至 10mg/L 以下。在三维荧光分析下，原污泥 SEPS 和 LB-EPS 光谱中有 PeakA（$\lambda_{ex/em}=280/335$）—色氨酸类蛋白、Peak B（$\lambda_{ex/em}=225/340$）—芳香类蛋白、PeaksC（$\lambda_{ex/em}=330/410$）—腐殖酸和 Peak D（$\lambda_{ex/em}=275/425$）—富里酸四个荧光峰，而 TB-BEPS 中仅有 Peak A 和 Peak B 两个峰，这说明 EPS 中有机物的主要成分为蛋白质。经 $AlCl_3$、$PAC_{0.5}$ 和 $PAC_{1.5}$ 调理后的 SEPS 中 Peak A 和 Peak B 荧光峰强度变化并不大，但经 $PAC_{2.5}$ 和 Al_{13} 调理后这两个峰强度明显变小，而 Peak C 和 Peak D 的荧光峰强度随 PAC 碱化度的增加而减小。此外，TB-EPS 中 Peak A 和 Peak B 的荧光峰强度，随着 PAC 的碱化度的增加而增加。

污泥的脱水性能通常与 SEPS 中蛋白质类物质的浓度、污泥的可压缩性和污泥泥饼的结构有关。根据以上研究，不同形态羟基铝调理后的污泥絮体变化模型总结如图 3-6 所示。如上所述，无机混凝剂调理污泥的主要机制很可能是对 EPS 的压缩，同时，铝盐的水解产物也可以起着骨架作用来支持滤饼结构并降低污泥的可压缩性。

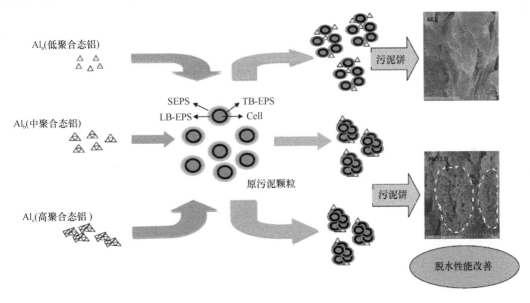

图 3-6　不同羟基铝形态调理后污泥絮体理化性质的变化

2. 污泥泥质条件对 PAC 调理污泥过程的影响

由于操作的不稳定性和污泥特性的变化，深度脱水过程中污泥的固体浓度变化很大。以前的研究很少涉及污泥的固体浓度与污泥脱水性能的关系。Mikkelsen 和 Keiding 发现，污泥的质量浓度与毛细吸水时间（CST）之间存在很强的相关性。Dammel 和 Schroeder 发现提高污泥絮体的密度有助于提高污泥的脱水性能。Li 等人发现污泥的固体浓度影响污泥絮体的内部结构。一般来说，随着污泥固体浓度的增加，悬浮颗粒会更频繁地碰撞，故可以有效改善污泥的絮凝效果，但孔隙曲折也是阻碍絮凝沉降速度最重要的几何因素，其值越大脱水速率越低。此外，在废水处理过程中，许多生化反应过程（如反硝化和厌氧消化）都会产生碱度，从而导致污泥液中碱度变化范围很大（200～5000mg/L）。许多研究表明，高碱度在水处理的化学絮凝中起重要作用。Duan 和 Gregory 详细回顾并总结了絮凝的主要机制，发现高碱度影响了铝盐的水解行为并导致絮凝性能的恶化。然而，关于极端碱度条件使用 PAC 作为调节剂的污泥脱水影响的研究很少。

（1）固体浓度对污泥脱水性能的影响

仅当固体浓度一致时，CST 才是污泥过滤性能的良好指标。通过除以初始 TSS 浓度将 CST 值归一化为 CST_n（s·L/g）。图 3-7 为不同固体浓度下 CST 和 CST_n 的变化，CST 与污泥固体浓度正相关，而 CST_n 与固体浓度负相关，这表明固体浓度的增加有利于提升污泥的脱水性能，故浓缩是提高污泥脱水性能的有效途径。此外，SEPS 中的蛋白质类物质黏性很强，容易导致过滤介质孔隙的堵塞，从而降低污泥的过滤脱水性能。但污泥颗粒在高固体浓度下会更频繁地碰撞，以提高絮凝效率，因此机械浓缩能够通过提高污泥固体浓度来除去可溶性生物聚合物，从而提高污泥的脱水性能。

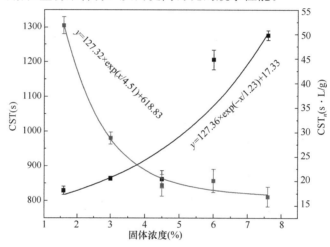

图 3-7　PAC 调理过程中不同固体浓度对 CST 和 CST_n 的影响

（2）固体浓度在 PAC 调理过程中对污泥过滤性能的影响

图 3-8 和图 3-9 为 PAC 调理不同固体浓度污泥后的 CST 和 CST_n，所有固体浓度下 CST 和 CST_n 都保持下降，并且在 PAC 投加量为 1.54gAl/L 时达到最小值。CST、CST_n 和 SRF［图 3-9(a)］的变化表明，随着 PAC 投加量的增加，特别是在低固体浓度下，污泥的脱水性能恶化。对于不同的 PAC 投加量，CMC［图 3-9(b)］没有出现明显变化。这是因为电中和及络合吸附是 PAC 调理污泥改善其脱水性能的原因，过量的铝离子会导致胶体所带电荷电性反转并且再次趋于稳定，从而在低固体浓度下，随着 PAC 投加量的增加，污泥的 CST 和 CST_n 增加。而在较高的固体浓度下，污泥的脱水性能在高 PAC 投加量下不会恶化，这是因为羟基铝有更多的结合位点。值得注意的是，PAC 絮凝形成的污泥絮体在高固体浓度下表现出更好的脱水性，原因是污泥浓缩过程中去除了可溶性生物聚合物。除电中和作用外，网捕和静电吸附作用也可能在 PAC 调理高固体浓度污泥中有着重要影响。因此，固体浓度的增加可以减少污泥调节所需的 PAC 投加量，这对于实际应用中的成本节省是十分重要的。

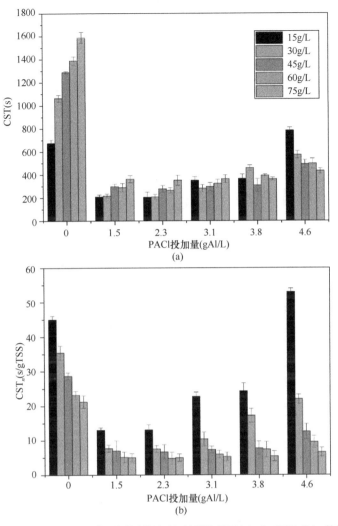

图 3-8 PAC 调理过程中不同固体浓度对污泥 CST(a) 和 CST$_n$(b) 的影响

（3）固体浓度对 PAC 调理后污泥絮体形态的影响

一般来说，在混凝剂调理的过程中，污泥絮体的变化主要分为三个阶段：①无机混凝剂水解产物与体系中的污泥颗粒通过吸附架桥和电中和作用使得污泥颗粒和悬浮物脱稳，从而使得污泥絮体平均粒径增大；②压缩双电层作用使得絮体中水分排出，污泥平均粒径逐渐降低；③聚合速率和压缩速率平衡时，在特定的剪切力作用下，污泥絮体大小变得稳定。如图 3-10 所示，无机混凝剂加入后污泥絮体粒径变化较大，当 PAC 投加量为 0.057mol/L 时，15～75g/L 的污泥固体浓度相对应的污泥粒径分别为 31.145～68.004μm。相同混凝剂投加量下随着污泥固体浓度的增大，相应的污泥粒径逐渐减小。结合不同固体浓度污泥 CST$_n$ 的结果发现污泥粒径越小，污泥的脱水性能越好，即混凝调理后的高浓度污泥虽然絮体粒径较小，但絮体结构紧密，不易被压缩，在污泥脱水形成泥饼时会起到骨架作用，形成小孔道，从而保持良好的过滤效果。需要指出的是，在 PAC 调理后污泥的粒径先增大然后减小，是因为已被中和的带负电的胶体粒子可能重新吸附而带正电，使得胶体脱稳，导致絮体粒径减小，该结果与污泥的脱水性变化一致。

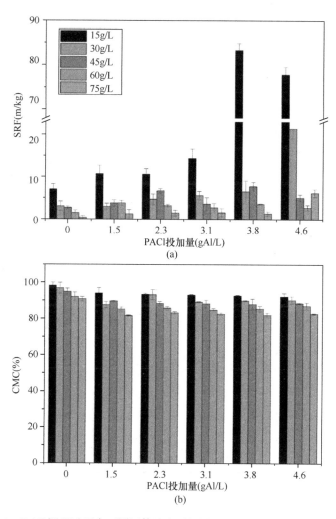

图 3-9　PAC 调理过程中不同固体浓度对污泥 SRF(a) 和 CMC(b) 的影响

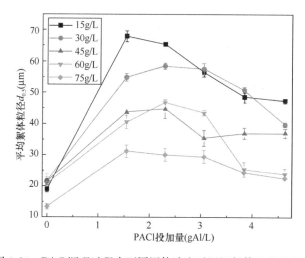

图 3-10　PAC 调理过程中不同固体浓度对污泥絮体粒径的影响

（4）固体浓度对 PAC 调理后污泥 EPS 性质的影响

如前所述，三维荧光光谱可以有效地表征污泥 EPS 中有机物的种类分布。研究表明，当 DOC＜10mg/L 时，荧光强度与污泥 EPS 浓度呈线性关系，即一定程度上荧光强度可以反映有机物的浓度。三维荧光不同区域代表不同物质，激发波长和发射波长（E_x/E_m）位于 225.0nm/350.0nm 和 275.0nm/350.0nm 的峰分别表示芳香类蛋白质（Aromatic Protein，APN）和色氨酸类蛋白（Tryptophan Protein，TPN），位于 335.0nm/420.0nm 和 235.0nm/415.0nm 的峰分别表示腐殖酸（Humic Acid，HA）和富里酸（Fulvic Acid，FA）。此外，荧光区域整合（FRI）可直接观察污泥中有机物的分布情况，图 3-11 是

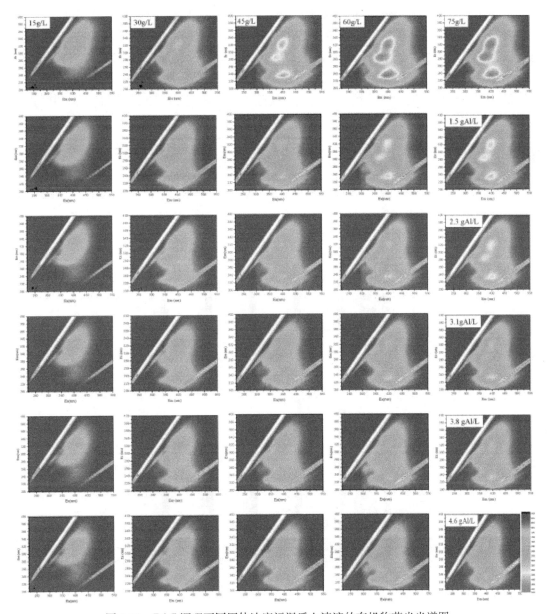

图 3-11 PAC 调理不同固体浓度污泥后上清液的有机物荧光光谱图

（所有样品稀释 300％）

PAC 调理不同固体浓度污泥后的三维荧光区域整合结果，PAC 调理后污泥上清液中的有机物含量明显降低。不同固体浓度的污泥在 PAC 调理后，上清液中有机物的种类明显不同。PAC 调理后上清液中的有机物含量先降低后增大，投加量高于 $1.54gAl/L$ 后，有机物含量逐渐降低，即随着投加量的增大，APN、TPN、HA 和 FA 的浓度逐渐下降，这是因为 PAC 通过电中和及络合吸附作用去除了 HA、FA 和蛋白质类物质。值得注意的是，污泥浓度越高，污泥上清液中的有机物含量越高，且 PAC 调理后污泥上清液中有机物的变化趋势与污泥的 CST_n 变化趋势保持一致，说明污泥上清液中的有机物浓度过高会导致污泥脱水性的恶化。

由于污泥过滤性能主要取决于 SEPS 的含量，故通过 PAC 调理来去除污泥的 SEPS 可改善污泥的过滤性和脱水性。如图 3-12 所示，随着 PAC 投加量的增加，SEPS 含量降低。而当污泥固体浓度低于 $45g/L$ 时，随着 PAC 投加量的增加，LB-EPS 和 TB-EPS 含量先增加后降低，污泥固体浓度高于 $45g/L$ 时，随着 PAC 投加量的增加，两者含量均不断降低。这些结果表明 SEPS 在污泥液相中被除去并转化为 LB-EPS，并且 LB-EPS 进一步与羟基铝相互作用，引起 EPS 的压缩和污泥絮体的致密化。

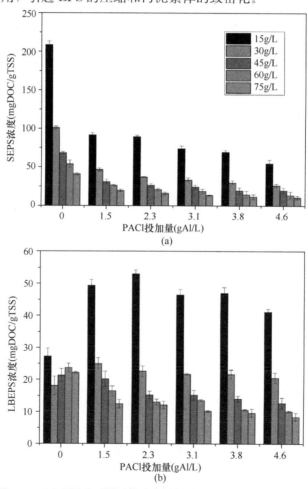

图 3-12　PAC 调理不同固体浓度污泥后 EPS 含量的变化（一）

（a）SEPS；（b）LB-EPS

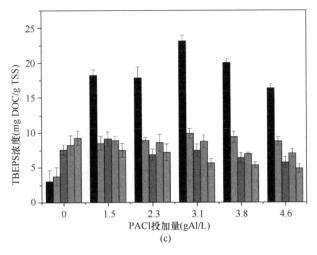

图 3-12 PAC 调理不同固体浓度污泥后 EPS 含量的变化（二）

(c) TB-EPS

此外，如表 3-2 所示，PAC 调理污泥的过程中污泥的固体浓度与 SEPS、LB-EPS 和 TB-EPS 负相关。在 PAC 最优投加量 1.54gAl/L 的条件下，随着固体浓度从 15g/L 增加至 75g/L，SEPS 和 LB-EPS 浓度分别从 91.88mg DOC/g TSS 和 49.39mg DOC/g TSS 降至 19.74mg DOC/g TSS 和 12.53mg DOC/g TSS。即在 PAC 调理过程中，污泥絮体中 SEPS 和 LB-EPS 含量随着固体浓度的增加而降低，这表明形成的絮体强度更强。如前所述，SEPS 和 LB-EPS 对污泥脱水性有重要影响，它们的减少是污泥脱水性能改善的重要原因。综上所述，在 PAC 调理污泥的过程中，高固体浓度污泥可以产生更紧凑的絮体，其改善了污泥的脱水性能。

PAC 调理过程中不同固体浓度污泥与脱水性、EPS 特性的相关性   表 3-2

Al^{3+} （mol/L）	CST_n	SRF	$D_{0.5}$	SEPS	LBEPS	TBEPS	PN	PS
Control	−0.746	−0.607	−0.542	−0.895 •	−0.213	0.958 •	−0.902 •	−0.870
0.057	−0.898 •	−0.790	−0.981 • •	−0.898 •	−0.894 •	−0.759	−0.917 •	−0.838
0.085	−0.886 •	−0.888 •	−0.957 •	−0.863	−0.841	−0.754	−0.900 •	−0.782
0.113	−0.863	−0.877	−0.864	−0.885 •	−0.874	−0.818	−0.894 •	−0.946 •
0.142	−0.932 •	−0.750	−0.939 •	−0.875	−0.875	−0.837	−0.925 •	−0.771
0.171	−0.879 •	−0.807	−0.972 • •	−0.901 •	−0.893 •	−0.848	−0.968 • •	−0.828

注：•相关性在 0.05 水平显著；• •相关性在 0.01 水平显著。

SEPS 浓度是影响污泥脱水性能的重要因素，SEPS 浓度的变化导致污泥过滤性能的变化，高 SEPS 浓度始终与较差的污泥过滤性能相关。如图 3-13 所示，随着 SEPS 浓度从 0mg DOC/g TSS 提高到 7.32mg DOC/g TSS，相应的 CST_n 和 SRF 分别从 0.68s•g/L 和 1.68×10^{-8} m/kg 增加到 0.96s•g/L 和 3.16×10^{-8} m/kg，这表明污泥絮体的过滤性能在逐渐恶化。根据扩展的 DLVO 理论，高浓度的 SEPS 与污泥絮体的能阻有关，当 SEPS 浓度高时，分散的污泥需要有足够的能量来克服这种絮凝障碍。PAC 的水解产物首先与可

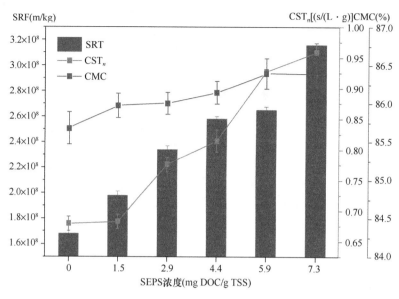

图 3-13　PAC 调理过程中 SEPS 浓度对污泥脱水性能的影响

溶性有机物质相互作用，然后迁移到污泥表明并与 EPS 部分结合，这种扩散方式似乎是合理的，故降低 SEPS 浓度可改善污泥的脱水性能。通常，活性污泥的厌氧储存在废水处理中非常常见并且会导致污泥分解并释放 SEPS，因此缩短厌氧储存期可以避免污泥分解并保持脱水性。此外，污泥浓缩工艺可以去除 SEPS，同时增加固体浓度。

（5）污泥碱度对 PAC 调理效能影响

图 3-14 是不同碱度条件下 PAC 调理对污泥脱水性能的影响。可以看出，随着 PAC 投加量的增大，调理后污泥的 CST_n 逐渐下降，并在 PAC 投加量为 0.020g Al/g TSS 时逐渐达到平衡。原污泥的碱度分别为 5135mg/L、4137mg/L、3259mg/L、2256mg/L 和 1114mg/L，在 PAC 投加量为 0.020g Al/g TSS 时，调理后污泥的 CST_n 分别为 9.84s·g/L、6.85s·g/L，6.23s·g/L，4.78s·g/L 和 4.30s·g/L。相同 PAC 投加量条件下，随着碱度的下降，CST_n 逐渐降低。而在高碱度条件下，羟基铝的调理效能显著降低。

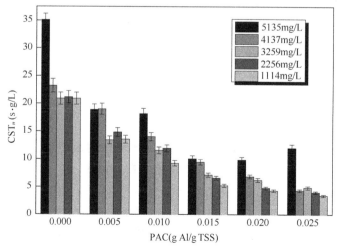

图 3-14　PAC 调理过程中碱度对污泥脱水性能的影响

（6）碱度对 PAC 水解过程的影响

为了进一步明确碱度对羟基铝形态的影响作用，采用核磁共振解析了不同碱度条件下羟基铝的最终水解产物。如图 3-15 所示，PAC 在不同碱度条件下的化学位移在 0ppm、63ppm 和 80ppm 处出现了三个峰，其分别代表$[Al(H_2O)_6]^{3+}$，$[AlO_4Al_{12}(OH)_{24}(H_2O)_{12}]^{7+}$ 和 $[Al(OH)_4]^-$。PAC 溶液只在 0ppm 和 63ppm 处出现峰，代表了 PAC 溶液中只含有 Al^{3+} 和 Al_{13}，并未有 $Al(OH)_3$ 的出现。而随着碱度的上升，在 0ppm 处的峰逐渐消失，63ppm 处的峰大幅度降低后也最终消失，这表明碱度上升导致了 Al^{3+} 发生水解反应，转化为了 $Al(OH)_3$。同样，Al_{13} 也由于碱度的升高发生了进一步的水解，优势铝形态的含量降低。碱度为 4000mg/L 和 5000mg/L 时，在 80ppm 处出现了峰，说明不同形态的羟基铝水解并变为胶体态 $Al(OH)_3$，这也说明了碱度通过影响 PAC 中羟基铝的水解转化过程，进而影响污泥絮凝调理过程。

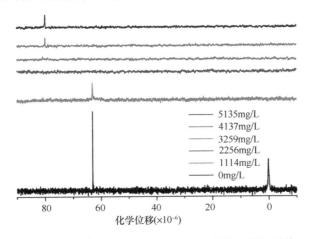

图 3-15　不同碱度条件下羟基铝形态的核磁共振图谱

（7）碱度对 PAC 调理后污泥絮体性质的影响

图 3-16 是在 PAC 调理过程中碱度对污泥絮体粒径和 Zeta 电位的影响。在高碱度条件下（碱度＞3259mg/L）时，随着 PAC 投加量的升高，絮体粒径变大并在 PAC 投加量为 0.015g Al/g TSS 时达到平衡。低碱度条件下（碱度＜2256mg/L）随着 PAC 投加量的升高，粒径不断上升。以上现象表明碱度可以改变 PAC 中羟基铝的水解形态，进而影响了其混凝作用机理，在高碱度条件下，PAC 中的铝发生进一步水解，形成了无定型态的氢氧化铝，此时混凝主要依靠 $Al(OH)_3$ 的网捕卷扫作用，故形成的絮体粒径较大。而在低碱度的条件下，PAC 中的 Al_{13} 不会被快速水解，其保持了较高的絮凝调理效果。另外，随着 PAC 投加量的上升，Zeta 电位逐渐趋向于电中性。但在低碱度条件下，PAC 中的 Al_{13} 含量更高，电中和作用更强，使其可以高效地与污泥絮体中的负电官能团作用，形成更稳定的絮体颗粒。

（8）碱度对 PAC 调理后泥饼微观形貌的影响

图 3-17 是在 PAC 投加量为 0.02g Al/g TSS 时，污泥在不同碱度条件下调理后的污泥微观结构。由图 3-17(a) 可以看出，原污泥表面光滑且密实，污泥的孔隙结构较少。PAC 调理后的污泥表面变得粗糙，污泥絮体颗粒团聚后出现丰富的孔隙，其有助于水分

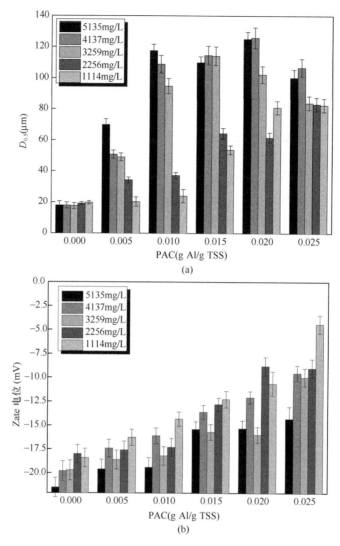

图 3-16　PAC 调理过程中碱度对絮体粒径和 Zeta 电位的影响

（a）絮体粒径；（b）Zeta 电位

子的扩散和释放。在不同碱度条件下，污泥絮体颗粒微观结构存在差异。污泥絮体颗粒的孔状结构随着碱度的下降逐渐增多，说明低碱度下以电中和为主导形成的污泥絮体的孔隙结构更加丰富，这些孔隙为水分子的释放提供了通道。因此，碱度通过影响 PAC 的水解行为和絮凝特性，进而影响到污泥泥饼的微观形貌。

（9）碱度对 PAC 调理后污泥 EPS 分布的影响

污泥 EPS 高度含水，且具有结合大量水的能力，EPS 含量与组成会显著影响污泥的脱水性能。图 3-18 是不同碱度条件下 PAC 调理后污泥 EPS 的含量变化。随着 PAC 投加量的增加，三层 EPS 浓度均不断下降。化学调理实质上是通过絮凝剂与 EPS 相互作用，从而改变污泥的类凝胶结构特征，降低其持水能力，最终改善污泥的脱水性能。同样，PAC 的调理主要通过与 EPS 结合，从而提升污泥的类凝胶结构强度，降低污泥的可压缩系数。在相同的 PAC 投加量下，碱度越低，调理后 EPS 的含量越低，从而类凝胶压缩程

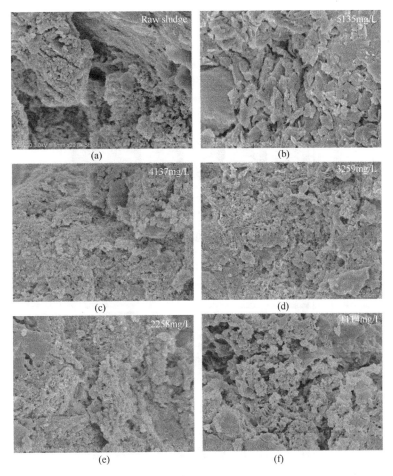

图 3-17　PAC 调理过程中碱度对污泥饼微观结构的影响

(a) 原污泥；(b) 5135mg/L；(c) 4137mg/L；

(d) 3259mg/L；(e) 2258mg/L；(f) 1114mg/L

度越高。除结合型 EPS 外，SEPS 也会对污泥脱水性能产生重要影响。如图 3-18(a) 所示，SEPS 在低碱度条件下更容易被羟基铝吸附絮凝。另外，碱度可以影响 PAC 的水解反应，不同的水解产物与 EPS 的结合能力不同。低碱度条件下，结合型 EPS 更容易被 Al_{13} 迅速絮凝和压缩，SEPS 更容易被电中和及络合吸附作用去除。而高碱度条件下，PAC 中的 Al_{13} 优势形态会转化为无定形的氢氧化铝胶体，其电中和能力和络合能力明显降低，因而其与 EPS 的结合能力也随之下降，导致调理效能降低。

(10) 碱度对 PAC 调理后污泥 EPS 组成的影响

随着 PAC 投加量的增加，EPS 中蛋白质（图 3-19）、多糖（图 3-20）、腐殖酸（图 3-21）含量均呈下降趋势，这归因于 PAC 混凝过程中羟基铝对有机物的絮凝作用。随着碱度的降低，SEPS、LB-EPS 和 TB-EPS 中蛋白质和多糖含量均逐步下降。即低碱度条件下，提高 PAC 投加量可以增强有机物的凝聚能力。电中和作用能够提高有机物的絮凝去除效果，而高碱度条件下，优势的羟基铝形态会转化为氢氧化铝胶体，显著削弱了羟基铝对蛋白质和多糖等有机物的絮凝作用。

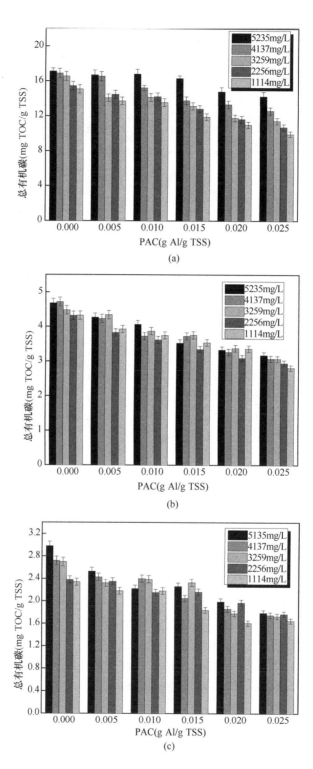

图 3-18 PAC 调理过程中碱度对污泥 EPS 分布的影响

（a）SEPS；（b）LB-EPS；（c）TB-EPS

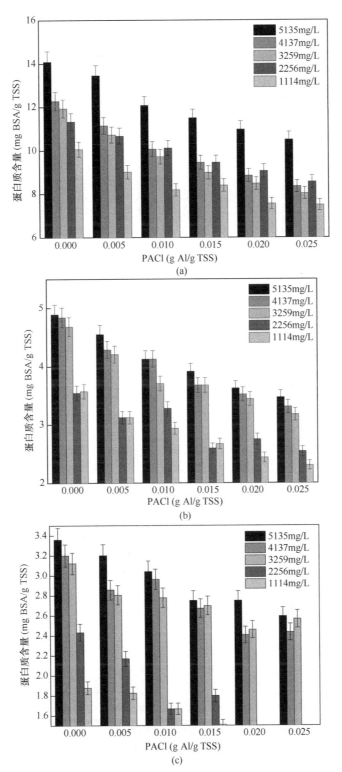

图 3-19 PAC 调理过程中碱度对污泥 EPS 中蛋白质分布的影响

(a) SEPS；(b) LB-EPS；(c) TB-EPS

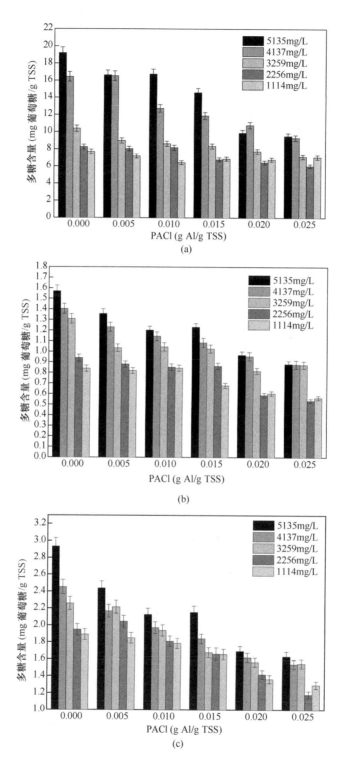

图 3-20　PAC 调理过程中碱度对污泥 EPS 中多糖分布的影响

(a) SEPS；(b) LB-EPS；(c) TB-EPS

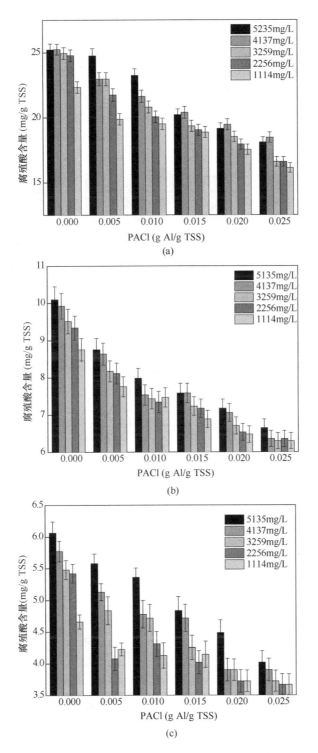

图 3-21　PAC 调理过程中碱度对污泥 EPS 中腐殖酸分布的影响

(a) SEPS；(b) LB-EPS；(c) TB-EPS

图 3-22 是在 PAC 投加量为 0.20g Al/g TSS 时，不同碱度条件下对污泥有机物三维荧光进行分析的结果。经过平行因子分析处理后，可以分为三个特征峰：C1：（235，325）/395nm——富里酸和腐殖酸类物质、C2：（225，280）/355nm——芳香族蛋白质和色氨酸蛋白质和 C3：（270，350）/440nm——腐殖酸类物质。随着碱度的降低，SEPS 中 C1、C2 和 C3 含量变化不大，在 LB-EPS 和 TB-EPS 中，三种组分含量随着碱度的下降而下降，说明在低碱度条件下三种组分更容易被混凝，使 EPS 更加紧密。因此，低碱度条件下，羟基铝絮凝后污泥中蛋白质和腐殖酸的结合更加紧密，絮体结构强度更高，从而泥饼的可压缩性更低。

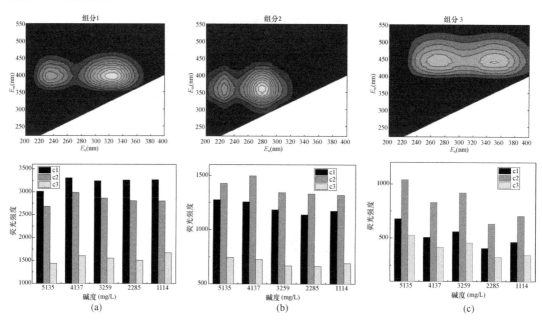

图 3-22　PAC 调理过程中碱度对污泥 EPS 中荧光组成的影响

（a）SEPS；（b）LBEPS；（c）TBEPS

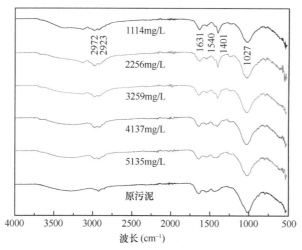

图 3-23　PAC 调理不同碱度污泥液后泥饼的红外光谱图

（11）碱度对 PAC 调理后污泥 EPS 中蛋白质结构的影响

图 3-23 为不同碱度条件下 PAC 调理污泥后泥饼的红外光谱图，其表征了污泥固相中有机物的官能团变化。位于 2969cm⁻¹ 和 2925～2935cm⁻¹ 的吸收峰表明多糖、蛋白质和腐殖酸类等物质脂肪链的存在，2930cm⁻¹ 和 1650cm⁻¹ 之间的特征吸收峰代表了伸缩振动 C＝C 键的存在，即腐殖酸类物质，位于 1635～1655cm⁻¹ 之间的特征峰表明了 C＝O 键和蛋白质氨基酸 I

中 C-N 键的存在。位于 1545cm⁻¹ 的吸收峰代表了蛋白质中氨基酸 I 和氨基酸 II 的存在，位于 1405cm⁻¹ 的吸收峰代表了 C=O 的对称拉伸振动，位于 1015～1045cm⁻¹ 之间的吸收峰是 EPS 中多糖的特征峰（O-H 基团的对称伸展振动）。综上所述，随着污泥体系碱度的下降，羟基铝调理后的絮体中 1401cm⁻¹ 的峰值明显增加，这说明在低碱度条件下含有 C=O 双键的有机物（蛋白质和腐殖酸）更容易与羟基铝结合，使絮体中有机物结合地更加紧密，导致其相对含量上升。

如图 3-24 所示，红外光谱中 1600～1700cm⁻¹ 的吸收峰可以反映酰胺 I 带中的蛋白质二级结构，其中，1610～1640cm⁻¹ 对应 β-sheets 结构，1640～1650cm⁻¹ 对应 random coil

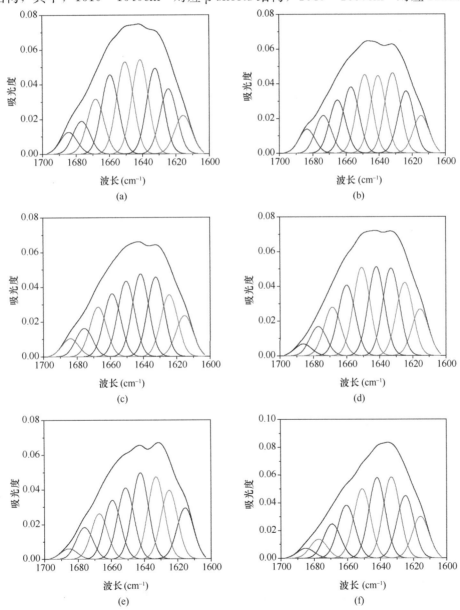

图 3-24　PAC 调理不同碱度污泥液后的红外光谱图 [酰胺 I 带（1600-1700cm⁻¹）]
（a）原污泥；（b）5135mg/L；（c）4137mg/L；（d）3259mg/L；（e）2258mg/L；（f）1114mg/L

结构，$1650\sim1660\mathrm{cm}^{-1}$对应 α-helices 结构，$1669\sim1695\mathrm{cm}^{-1}$ 对应 β-turns 结构。在不同碱度条件下，PAC 调理后的污泥中均存在四种蛋白质二级结构峰值，但其相对含量不同。如表 3-3 所示，随着碱度降低，α-helices 向 β-sheets 转化，α-helices/（β-sheet＋random coil）从 0.21 降低到 0.16。Wang 等人研究表明 α-helices/（β-sheet＋random coil）越小，蛋白质分子疏水性的越强。这一现象说明碱度通过影响羟基铝的水解形态，进而影响了羟基铝与蛋白质的作用机制。在低碱度条件下，以 Al_{13} 和 Al^{3+} 为主的羟基铝使污泥 EPS 中蛋白质的二级结构发生更加显著的变化（α-helices 向 β-sheets 转化），蛋白质凝胶化反应程度提高，使得 EPS 中蛋白质的疏水基团更多的暴露出来。

PAC 调理不同碱度污泥液后污泥中蛋白质二级结构的相对含量　　表 3-3

	原污泥	5135mg/L	4137mg/L	3259mg/L	2258mg/L	1114mg/L
β-sheet（%）	33.49	34.75	36.48	35.25	39.92	41.04
Random coil（%）	33.01	30.19	31.67	31.82	31.14	33.18
α-helices（%）	14.03	12.83	12.61	13.40	11.60	11.76
β-turn（%）	19.47	22.23	19.24	19.53	17.34	14.02
α-helices/（β-sheet＋random coil）	0.21	0.20	0.19	0.2	0.16	0.16

（12）碱度对 PAC 调理后污泥絮体中蛋白质、多糖分布的影响

激光共聚焦显微镜可以观察蛋白质和多糖在污泥固相中的分布，如图 3-25 所示，图中绿色荧光区域代表蛋白质，红色荧光区域代表多糖。原泥中蛋白质和多糖荧光相应区域位置重合，而且蛋白质和多糖呈现均匀分布的趋势，其表明了污泥中的部分蛋白质和多糖是以糖蛋白的形式存在。而图 3-25（b）～（f）中蛋白质荧光均略强于多糖荧光，说明 PAC 与蛋白质的作用更强。此外，在高碱度条件下，PAC 调理后污泥絮体大而松散，这与絮体形态和 EPS 的分析结果相一致，这可能是因为氢氧化铝通过氢键作用与蛋白质弱连接，通过网捕卷扫作用形成了疏松的絮体。而在低碱度条件下，PAC 调理后絮体粒径较小，但蛋白质和多糖结合更加紧密，说明此时形成的絮体结构强度较高，这对于降低污泥的可压缩性至关重要。

3. 不同形态羟基铝与 EPS 的相互作用机理

（1）不同形态羟基铝调理后的污泥絮体性质

采用离子交换树脂提取 EPS，然后研究不同形态羟基铝与 EPS 的相互作用。图 3-26 是不同羟基铝盐混凝后 EPS 粒径和 Zeta 电位变化，结果表明 $AlCl_3$、Al_{13} 和 Al_{30} 调理之后的样品 Zeta 电位趋向于中性，$Al(OH)_3$ 调理后的样品 Zeta 电位仍呈电负性（$-13.7\mathrm{mV}$）。这一现象表明羟基铝的电荷密度与其形态密切相关，优势形态的羟基铝（Al_{13} 和 Al_{30}）通过电中和作用发挥混凝效果，而 $Al(OH)_3$ 胶体由于水解程度过高，主要通过氢键吸附去除有机物颗粒。需要指出的是，Al_{13} 调理后的絮体颗粒最小，只有 $99.0\mu m$，小于 Al_{30} 和 $Al(OH)_3$ 调理后的絮体粒径。Al_{13} 被认为是铝盐混凝剂中优势铝形态，具有较高的电荷密度，主要通过电中和作用团聚絮体并沉淀。Al_{30} 是高聚态的羟基铝，主要通过静电作用和氢键作用吸附颗粒物质形成絮体，其形成的絮体粒径高于 Al_{13}。絮体粒径的差异证明了两种典型的混凝机理在调理过程中发挥的作用，同时说明了 Al_{13} 和 Al_{30} 通过电中和作用形成的絮体粒径均小于以网捕絮凝为主导机理的 $Al(OH)_3$ 形成的絮体粒径。此外，$AlCl_3$ 形成

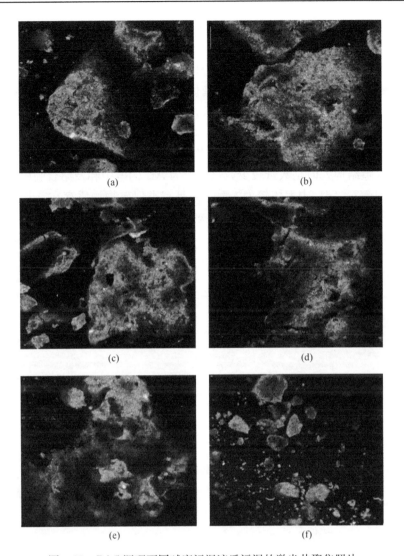

图 3-25　PAC 调理不同碱度污泥液后污泥的激光共聚焦照片

（a）原污泥；（b）5135mg/L；（c）4137mg/L；（d）3259mg/L；（e）2258mg/L；（f）1114mg/L

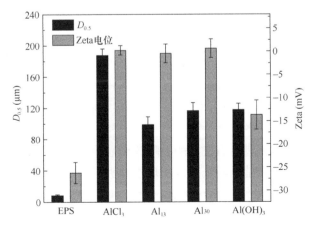

图 3-26　不同形态的羟基铝对 EPS 粒径和 Zeta 电位的影响

絮体颗粒粒径比较大，可能是因为 Al^{3+} 的水解稳定性较差，在混凝过程中发生水解，形成新的氢氧化铝造成絮体的生长。

（2）不同形态羟基铝与 EPS 作用后凝聚体的微观形貌

图 3-27 是不同羟基铝与 EPS 作用形成絮体的微观表面结构。图 3-27（a）是经 $AlCl_3$ 调理后的 EPS 结构，此时 EPS 仍呈大块团状存在，颗粒表面相对粗糙但没有太多孔隙结构存在。图 3-27（b）中絮体表面变得粗糙，并形成了大量的孔隙结构，这是由于 Al_{13} 的电中和作用促使絮体颗粒团聚，压缩 EPS 结构使絮体更为密实的结果。图 3-27（c）中絮体颗粒较大，孔隙结构大但是数量较少，这是因为 Al_{30} 的电中和及络合吸附作用团聚絮体颗粒导致的。图 3-27（d）中絮体较为松散，而且有类似矿物物质存在，其可能是氢氧化铝的颗粒，故通过氢键作用形成的絮体大而松散。

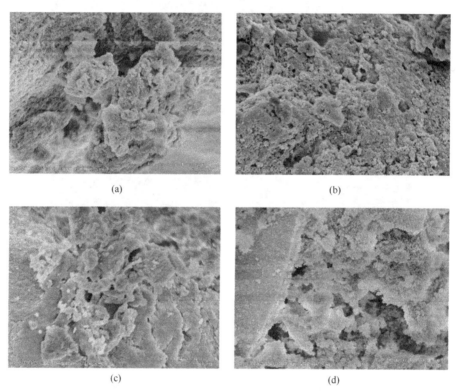

图 3-27　不同形态的羟基铝对 EPS 微观结构的影响

(a) $AlCl_3$；(b) Al_{13}；(c) Al_{30}；(d) $Al(OH)_3$

（3）不同形态羟基铝对 EPS 的结合能力

从图 3-28 可以看出，EPS 经 $AlCl_3$、Al_{13} 和 Al_{30} 调理后，液相中的有机物含量均有大幅度下降，EPS 浓度分别下降至 2.38mg TOC/g TSS、2.36mg TOC/g TSS 和 2.27mg TOC/g TSS，而 $Al(OH)_3$ 调理后有机物的去除效果最差，为 4.55mg TOC/g TSS，这是因为 $Al(OH)_3$ 与 EPS 的结合能力较弱。以上现象表明了不同形态的羟基铝对 EPS 的絮凝作用有着显著的差异性。此外，EPS 中蛋白质、腐殖酸和多糖的变化见图 3-28，从图 3-28（b）中可以看出，经 Al_{13} 和 Al_{30} 调理后，EPS 上清液中蛋白质含量分别降至 1.56mg/g TSS 和 1.70mg/g TSS，这说明蛋白质通过静电作用和络合作用团聚到了固相当中，Al(OH)$_3$ 主要通过网捕卷扫作用，使蛋白质絮凝到固相当中，因此作用效能有限，而 Al^{3+} 主要通过与蛋白质形成络合物的形式压缩有机物，由于其电中和能力较弱，故与蛋白质的结合能力较 Al$_{13}$ 和 Al$_{30}$ 弱。多糖浓度［图 3-28（c）］的变化与蛋白质类似，在铝盐混凝剂的水解过程中，多糖易与羟基铝形成配合物并最终影响絮体的结构。此外，Al(OH)$_3$ 对多糖的去除效率高于蛋白质，但 Al(OH)$_3$ 对腐殖酸几乎没有絮凝效果［图 3-28（d）］，说明网捕卷扫作用对 HA 等小分子有机物去除效果有限。Al$_{13}$ 对腐殖酸的去除效果最佳，这与 Liu 等人的研究一致，他们发现 Al$_{13}$ 的电中和及配位作用在腐殖酸混凝方面表现出协同效应。

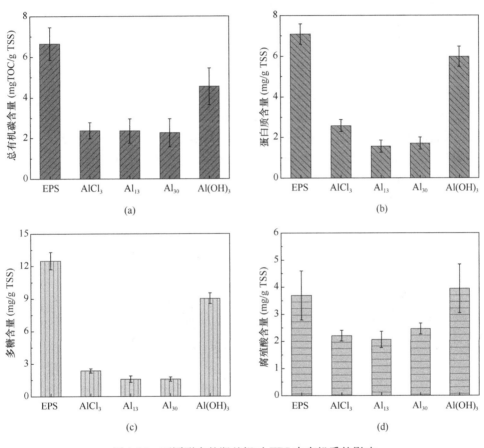

图 3-28　不同形态的羟基铝对 EPS 中有机质的影响

（a）TOC；（b）蛋白质；（c）多糖；（d）腐殖酸

（4）不同形态羟基铝对不同 EPS 组成的结合能力

将不同形态的羟基铝调理后的 EPS 三维荧光光谱用平行因子分析（图 3-29），发现 EPS 中主要存在 3 种组分，分别是 C1（E_m/E_x＝360nm/265nm，溶解性微生物产物）、C2（E_m/E_x＝295nm/230nm，蛋白质类物质；E_m/E_x＝295nm/280nm，溶解性微生物产物）和 C3（E_m/E_x＝315nm/270nm，溶解性微生物产物；E_m/E_x＝435nm/270nm，腐殖酸类物质）。经 AlCl$_3$、Al$_{13}$ 和 Al$_{30}$ 调理后的荧光响应值较低，表明低聚合态羟基铝对 C1、C2、C3 组分有着良好的絮凝效能。在高碱度条件下，低聚合态的铝水解转化为 Al(OH)$_3$ 胶

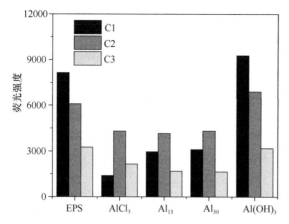

图 3-29　不同形态的羟基铝对 EPS 中荧光成分的变化

体，对蛋白质和腐殖酸的絮凝能力大幅下降。因此，控制污泥体系碱度，避免优势形态的羟基铝进一步水解是提高 PAC 絮凝调理效能的关键所在。

（5）不同形态羟基铝对各种分子量 EPS 的结合能力

如图 3-30 所示，EPS 原液中含有大量的高分子有机物 [图 3-30（a）]，经过 $AlCl_3$、Al_{13}、Al_{30} 和 $Al(OH)_3$ 四种不同形态的羟基铝絮凝后 [图 3-30（b）]，分子量超过 1000 Da 的生物聚合物被有效去除，说明羟基铝对大分子生物聚合物的絮凝效果良好。Al_{13} 絮凝对各种分子量的物质均表现出了良好的效果，Al_{30} 和 Al^{3+} 对 4000 Da 的生物聚合物絮凝能力较弱，而 $Al(OH)_3$ 除对分子量超过 10000 Da 的生物大分子絮凝效果较好外，对其他分子量的絮凝能力较弱。大分子有机物往往是影响污泥脱水性能和过滤性能的关键组分，黏性大分子的去除有助于脱水性能的改善。由于羟基铝与 EPS 的相互作用是污泥调理的主要驱动因素，而 Al_{13} 对不同分子量的生物聚合物均表现出最强的结合能力，因而调理效果最好。

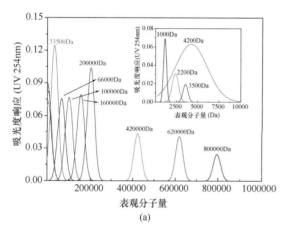

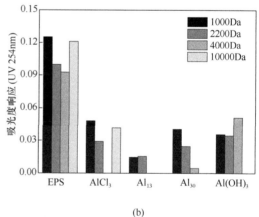

图 3-30　不同形态羟基铝 [$AlCl_3$、Al_{13}、Al_{30}、$Al(OH)_3$：200mg/L] 对 EPS 上清液中有机物分子量的影响

（a）原始数据；（b）统计数据

（6）不同形态羟基铝与 EPS 的配位反应机理

如图 3-31 所示，在 EPS 和羟基铝复合物的 XPS 图谱中存在 3 个峰（74.4eV，75.0eV 和 75.7eV），其分别对应 Al-N 键、Al-O 键和 $Al(OH)_3$。结果显示，经 Al_{13} 和 Al_{30} 调理后样品的 Al-N 峰含量明显高于经 $AlCl_3$ 和 $Al(OH)_3$ 调理后的样品，其中 $Al(OH)_3$-EPS复合物中 Al-N 峰值最低。Al-N 键的含量变化代表了羟基铝与氨基的相互作用程度，Al_{13} 和 Al_{30} 具有高电荷密度，同时还具有较强的配位络合能力，强化了其与蛋白质氨基的结合能力。同样，$AlCl_3$ 也可以与蛋白质中 C-N 键发生配位反应，样品中出现

的 Al(OH)$_3$ 峰表明了 AlCl$_3$ 的混凝和水解是同步发生的，这与前面的讨论一致。Al(OH)$_3$ 可能与蛋白质等物质通过氢键等弱作用力结合，因为其配位结合能力最弱。Al-O 键含量在 4 种羟基铝调理后变化不大，Al-O 键的两个主要来源分别是羟基铝与羧基的相互作用和 Al(OH)$_3$ 的 Al-O 键，可以推测的是，Al$_{13}$ 和 Al$_{30}$ 调理时，羟基铝通过电荷作用与羧基（蛋白质和腐殖酸的功能基团）发生配位反应，促使 Al-O 峰值上升。此外，羟基铝形态还会影响调理后样品中 Al(OH)$_3$ 的生成量。Al$_{13}$ 和 Al$_{30}$ 经过预水解反应，具有较好的水解稳定性，并且在高碱度条件下，仍然难以进一步水解形成 Al(OH)$_3$ 胶体，故可以发挥其电荷作用、络合作用以及配位作用。此外，AlCl$_3$ 中的 Al^{3+} 会发生原位水解，形成 Al(OH)$_3$ 胶体。为了验证羟基铝与蛋白质中官能团的配位反应对蛋白质结构的影响，随后进一步分析了 EPS 中的官能团和蛋白质二级结构的变化。

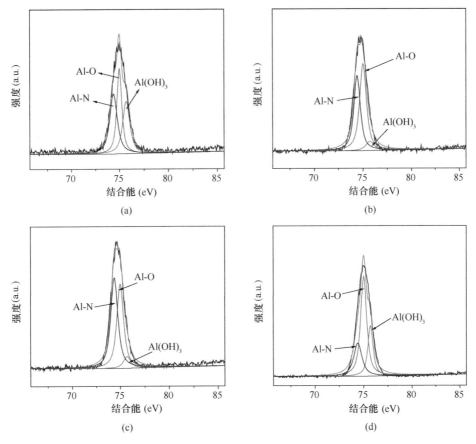

图 3-31　不同形态羟基铝调理后 EPS 的 Al 2p XPS 光谱分析

(a) AlCl$_3$；(b) Al$_{13}$；(c) Al$_{30}$；(d) Al (OH)$_3$

（7）EPS-羟基铝结合后胞外蛋白质分子构型变化

图 3-32 是对 EPS-羟基铝复合物絮体中的官能团结构分析结果。经过 AlCl$_3$、Al$_{13}$ 和 Al$_{30}$ 调理后，1647cm^{-1}、1541cm^{-1}、1458cm^{-1}、1405cm^{-1} 和 1004cm^{-1} 的吸收峰明显增强，证实了蛋白质被羟基铝的电荷作用和络合作用团聚后进入到了固相中。SEPS 被羟基铝絮凝压缩后迁移转化到了结合态 EPS 中，促使结合水释放的同时改善了过滤性能，这

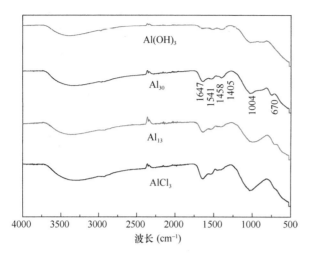

图 3-32　不同形态羟基铝调理后 EPS 组成变化的红外图谱

一结论与前述 EPS 的分析结果相一致。不同羟基铝絮凝后 EPS 中蛋白质的 4 种二级结构均存在（图 3-33）。如表 3-4 所示，经过 Al(OH)$_3$ 絮凝后的 α-helices 的比例最高，β-sheet 比例最低，AlCl$_3$ 和 Al$_{13}$ 调理后 α-helices 的相对比例较低，β-sheet 比例最高。另外，经过 AlCl$_3$、Al$_{13}$、Al$_{30}$ 和 Al（OH）$_3$ 调理后 α-helices/（β-sheet＋random coil）比值分别为 0.29、0.31、0.34 和 0.34。羟基铝的加入促使了 EPS 中蛋白质的凝胶化反应，其抵消了蛋白质的表面电荷，使得分子间吸引力占据了主导地位，从而与蛋白质形成了凝结物，疏水性变强，使水分从凝胶基体中排出。AlCl$_3$ 和 Al$_{13}$ 加入后 α-helices 减少幅度和 β-sheet 增加幅度最大，表明蛋白质发生凝胶化反应的程

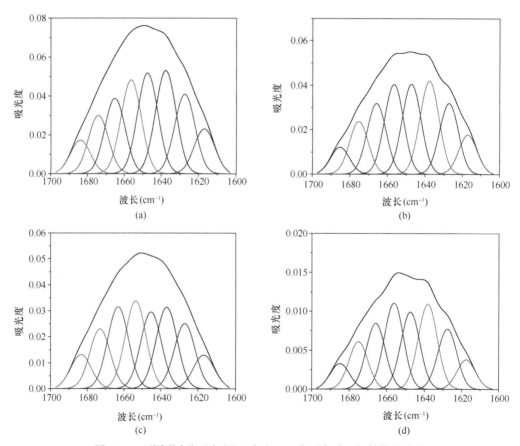

图 3-33　不同形态羟基铝调理后对 EPS 中蛋白质二级结构的影响
（a）AlCl$_3$；（b）Al$_{13}$；（c）Al$_{30}$；（d）Al（OH）$_3$

度最高，这与 Bouraouri（1997）结论一致。蛋白质凝胶化形成的主要原因是氢键和疏水作用，氢键是形成 β-sheet 的主要因素，因此，羟基铝（尤其是 AlCl₃ 和 Al₁₃）的加入强化了 β-sheet 分子间的氢键结合能力，促使了蛋白质凝胶反应的发生。综上，羟基铝通过电荷作用和配位作用促使蛋白质发生凝胶反应，蛋白质的二级结构发生变化，疏水性增强，污泥脱水效能随之改善。

不同形态羟基铝调理后对 EPS 中蛋白质二级结构的相对含量 [Amide I components：β-sheet，1640-1610cm⁻¹；Random coil，1650-1640cm⁻¹；α-helices，1660-1650cm⁻¹；β-turn，1695-1660cm⁻¹，α-helices/（β-sheet+random coil）]　表 3-4

	AlCl₃	Al₁₃	Al₃₀	Al（OH）₃
β-sheet（%）	38.62	38.10	34.63	36.61
Random coil（%）	17.09	16.88	14.71	16.15
α-helices（%）	15.92	16.83	16.90	18.07
β-turn（%）	28.37	28.19	33.76	29.15
α-helices/（β-sheet+random coil）	0.29	0.31	0.34	0.34

图 3-34 是 AlCl₃、Al₁₃、Al₃₀ 和 Al(OH)₃ 调理后 EPS 固相的 XRD 图。经 JCPDS 分析比对发现，AlCl₃、Al₁₃ 和 Al₃₀ 调理后的样品在以下位置出现峰值，主要为 SiO₂（PDF card：99-0038）、Al₂O₃（PDF card：99-0036）和 Al(OH)₃（PDF card：99-0017）。SiO₂ 可能来自于 EPS 提取过程中污泥中所含有的硅酸盐矿物。而 Al₃₀ 调理后形成的峰数量最多，可能是因为 Al₃₀ 更容易与二氧化硅反应形成晶体。而铝、硅结合后导致晶胞间距增加，因此峰位置蓝移 [图 3-34（b）]。而 Al(OH)₃ 胶体较为稳定，没有与 SiO₂ 互相结合形成沉淀到固相当中，所以固相中没有 SiO₂ 的峰值出现。

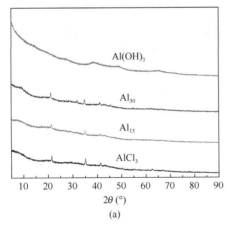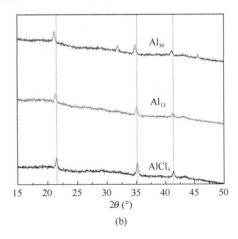

图 3-34　不同形态羟基铝调理后 EPS 固相的 XRD 图
(a) 原始数据；(b) 15°～50°放大图

（8）不同形态羟基铝与 EPS 凝聚体中蛋白质和多糖的分布特征

图 3-35 是 AlCl₃、Al₁₃、Al₃₀ 和 Al(OH)₃ 调理后 EPS 中蛋白质（绿色）及多糖（红色）的空间分布情况，调理后的 EPS 在蛋白质荧光分子响应值均有着不同程度的增加，EPS 絮体由大而松散变为小而密实的结构。经 Al₁₃ 和 Al₃₀ 调理后样品中蛋白质具有强烈荧

光的分子簇，说明在电中和作用下，蛋白质被羟基铝絮凝而团聚，这一现象与 EPS 中蛋白质变化情况一致。这是因为 Al_{13} 和 Al_{30} 电荷密度和配位能力高于 $AlCl_3$ 和 $Al(OH)_3$，电中和作用絮凝蛋白质的效果更强。同时，Al_{13} 和 Al_{30} 絮凝后，电中和作用促使絮体中生物聚合物更加紧密，减弱了 EPS 的水化作用，有利于结合水的释放，从而表现出更优的调理效果。此外，经 $AlCl_3$ 和 $Al(OH)_3$ 絮凝后的蛋白质荧光分子簇相对较弱，说明 $AlCl_3$ 和 $Al(OH)_3$ 与蛋白质的结合能力较弱。其中，Al^{3+} 与蛋白质形成络合物的形式压缩 EPS 中的有机物，而 $Al(OH)_3$ 与生物聚合物等通过氢键等弱相互作用连接，两种作用均导致蛋白质分子的团聚效应较弱。由此可见，不同羟基铝与蛋白质作用方式的不同导致调理后的蛋白质含量与絮体结构存在显著差异，进而产生了不同的絮凝调理效果。

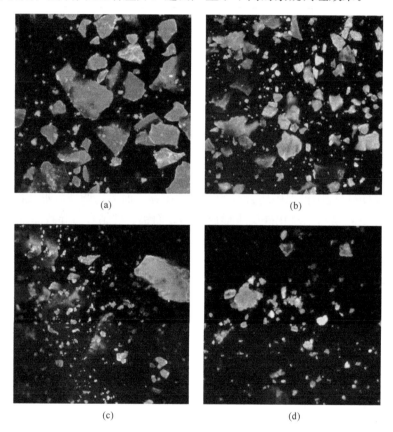

图 3-35　不同形态羟基铝调理后 EPS 的激光共聚焦照片

(a) $AlCl_3$；(b) Al_{13}；(c) Al_{30}；(d) $Al(OH)_3$

3.3.3　钛盐混凝剂及其联合磁性纳米颗粒物调理改善污泥脱水性能

近年来，由于四氯化钛（$TiCl_4$）没有毒性且具有良好的混凝能力，受到人们的广泛关注。Shon 等人使用 $TiCl_4$ 作为混凝剂对废水进行混凝处理，发现 $TiCl_4$ 与铝盐和铁盐混凝剂相比具有絮体沉降速度更快、形成的絮体更大，投加量较二者少等优点。同时，有研究指出，钛盐混凝剂（TSC）调理后的污泥絮凝效果良好、污泥脱水性能显著提升。此外，经 $TiCl_4$ 调理后的污泥通过高温煅烧还可以制备出 TiO_2 材料，这是一种良好的光催化剂。

1. 不同碱化度 TSC 调理后污泥脱水性能的变化

（1）不同碱化度 TSC 调理后污泥的脱水指标

不同碱化度的 TSC 是用慢速滴碱法制备的，将配制好的 NaOH（200g/L）溶液在磁力搅拌的条件下逐滴滴加到 TiCl$_4$ 溶液（20%）的稀溶液中，其中，滴入 NaOH 后要等待白色沉淀消失后才能滴入第二滴，以上过程都是在冰水浴的条件下完成的。制备出的 4 种不同碱化度（OH/Ti^{4+}，B 值）TSC 对污泥脱水性能的影响如图 3-36 所示。根据污泥比阻（SRF），可将污泥的脱水性能分为较差（SRF$>1\times10^{13}$ m/kg），中等 [SRF$=$（0.5～0.9）$\times10^{13}$ m/kg] 和良好（SRF$<0.4\times10^{13}$ m/kg）。从图 3-36（a）中可知，经 TSC 调理后，SRF 逐渐下降，当 TSC 投加量为 0.001～0.005g/g TSS 时 SRF 剧减，大于0.005g/g TSS 时 SRF 基本保持不变。图 3-36（b）中泥饼含水率变化规律基本与 SRF 变化一致，随着 TSC 投加量的增大泥饼含水率逐渐下降。此外，随着 B 值的上升，污泥的脱水性能下降，TSC$_{0.5}$ 混凝效果最佳，污泥脱水性最好。这可能是因为钛的水解度会随着

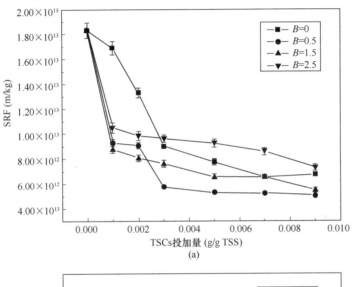

(a)

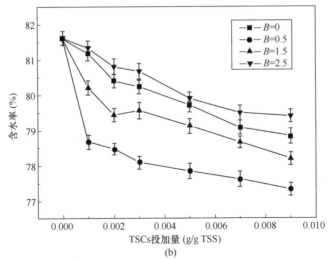

(b)

图 3-36　不同碱化度 TSC 调理后对污泥脱水性能的影响

（a）SRF；（b）泥饼含水率

B 值的升高而增高，当 B 值大于 1.5 时钛的聚合物变得不稳定，会出现一定程度的分解。与 $TiCl_4$ 相比，TSC 在混凝过程中释放 H^+ 较少，混凝效果强于 $TiCl_4$，这在一定程度上解决了 $TiCl_4$ 处理后出水 pH 较低的问题。

（2）不同碱化度 TSC 调理后的污泥絮体性质

不同碱化度 TSC 调理后对污泥可压缩性的影响如图 3-37 所示。污泥可压缩性的变化规律与 SRF 一致，$TSC_{0.5}$ 调理后污泥可压缩性系数最低为 1.24，故经 $TSC_{0.5}$ 调理后污泥泥饼比其他 B 值 TSC 调理后结构更坚实，更容易压缩，因此更易脱水。

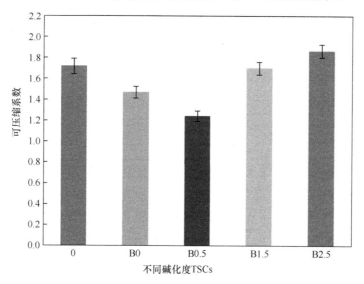

图 3-37 不同碱化度 TSC 调理后对污泥可压缩性的影响

不同碱化度 TSC 调理后的污泥平均絮体粒径（$d_{0.5}$）和分形维数（D_F）的变化见图 3-38。不同碱化度 TSC 调理后 $d_{0.5}$ 的变化差异很大，絮凝反应初期 $d_{0.5}$ 逐渐增大，缓慢搅拌结束后达到平衡，表明污泥絮体破碎和聚集处于动态平衡。当速度达到 400rpm/min 后，$d_{0.5}$ 急剧下降，然后在 40rpm/min 之后逐渐增加。$TSC_{1.5}$ 和 TSC_0 调理后的 $d_{0.5}$ 大于

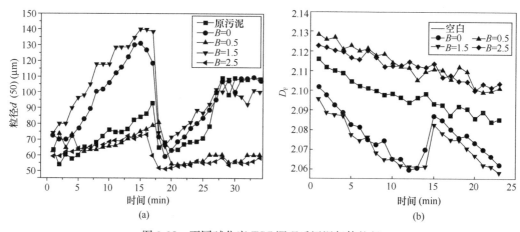

图 3-38 不同碱化度 TSC 调理后污泥絮体粒径
（a）分形维数；（b）随时间的变化

TSC$_{0.5}$和 TSC$_{2.5}$，沉降性能更好，加入 TSC$_{1.5}$、TSC$_0$、TSC$_{0.5}$ 和 TSC$_{2.5}$后，$d_{0.5}$分别从 90.05μm、72.31μm、73.34μm 和 62.02μm 增加到 140.07μm、130.87μm、80.96μm 和 73.24μm。污泥絮体的 D_F 在 TSC$_{0.5}$ 和 TSC$_{2.5}$ 调理后增加，在 TSC$_{0.5}$ 和 TSC$_{1.5}$ 调理后下降 [图 3-38（b）]，TSC$_{0.5}$ 调理后的 D_F 达到最大值 2.10。这表明，较好的污泥脱水性能与较高的絮体结构强度和较致密的聚集体有关。

（3）不同碱化度 TSC 调理后的污泥 EPS 的组成变化

如前所述，EPS 是污泥系统中最重要的成分，会影响污泥的沉降、絮凝和脱水行为。如图 3-39 所示，不同碱化度 TSC 调理后污泥 EPS 的所有组分浓度均明显降低，由于 EPS 的压缩是无机絮凝剂调理污泥的主要机制，故污泥絮体强度得到了增强。此外，值得注意的是，TSC$_{0.5}$ 在压缩 EPS 方面比其他 TSC 更好，SEPS、LB-EPS 和 TB-EPS 组分中有机浓度从 1.20mg DOC/g TSS、0.81mg DOC/g TSS、13.26mg DOC/g TSS 下降至 0.65mg DOC/g TSS、0.5mg DOC/g TSS、7.84mg DOC/g TSS。

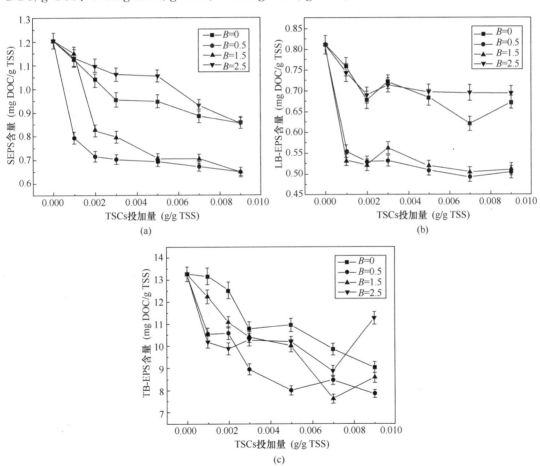

图 3-39　不同碱化度 TSC 调理后对污泥 EPS 含量的影响
(a) SEPS；(b) LB-EPS；(c) TB-EPS

此外，TSC 调理后会使污泥发生酸化，高投加量的低碱度 TSC 导致的酸化更为明显（表 3-5）。酸化会改变有机质（如蛋白质）的化学结构，可能导致污泥 EPS 和阳离子（如

Ca^{2+}、Mg^{2+}、Al^{3+} 和 Fe^{3+} 等）的溶解，这些作用将影响随后的污泥处理和处置。许多研究表明，污泥过滤性能主要取决于 SEPS 组分的性质，其中高浓度蛋白质不利于污泥脱水性能的改善。可溶性 EPS 浓度的降低有助于提高污泥的过滤性，显然 $TSC_{0.5}$ 在去除可溶性 EPS 部分方面更有效。为了深入了解化学成分的变化，将 EPS 样品用 EEM 和 HPSEC 进行表征。

不同碱化度 TSC 调理后污泥絮体的 pH   表 3-5

TSC 投加量 （g/g TSS）	TSC_0	$TSC_{0.5}$	$TSC_{1.5}$	$TSC_{2.5}$
0.01	6.50	6.60	6.71	6.76
0.02	6.37	6.42	6.52	6.63
0.05	6.09	6.15	6.44	6.56
0.07	5.43	5.78	6.18	6.46
0.09	4.91	5.40	5.93	6.29
0.12	4.38	5.05	5.66	6.17

（4）不同碱化度 TSC 调理后的污泥 EPS 的有机物组成变化

如图 3-40，调理后的 EPS 中有 4 个主荧光峰：峰 A（$\lambda_{E_x/E_m}=280/335nm$，色氨酸类蛋白质）、峰 B（$\lambda_{E_x/E_m}=230/330nm$，芳香类蛋白质）、峰 C（$\lambda_{E_x/E_m}=275/455nm$，富里酸）和峰 D（$\lambda_{E_x/E_m}=350/420nm$，腐殖酸）。相比原泥，各碱化度 TSC 调理后 SEPS 中峰 A 荧光强度变化情况为：TSC_0、$TSC_{0.5}$、$TSC_{1.5}$、$TSC_{2.5}$ 从 126.1 分别降为 74.33、52.74、66.15、123.4，峰 B 荧光强度从 105.8 降为 58.01、27.91、47.76、119.5，同时，峰 C 和峰 D 荧光强度也略微减弱。有研究表明，当样品中溶解性有机碳的浓度小于 10mg/L 时，EPS 的浓度可以用三维荧光光谱中的荧光强度来定量。因此，以上数据说明 TSC 能有效去除 EPS 中的蛋白质，其中，$TSC_{0.5}$ 去除能力最强，之后依次为 $TSC_{1.5}$、TSC_0 和 $TSC_{2.5}$。

SEPS、LB-EPS 和 TB-EPS 中峰 A 和峰 B 的荧光强度与 CST 表现出很好的相关性。这表明，污泥脱水性能依赖于 LB-EPS 和 TB-EPS 组分中的蛋白质类物质，特别是经 $TSC_{0.5}$ 处理后，SEPS 和 LB-EPS 中的峰 B 几乎检测不到，这表明 $TSC_{0.5}$ 很容易与蛋白质类物质结合。已有研究发现 SEPS 中蛋白质类物质的浓度对污泥脱水性能有显著影响。因此，TSC 调理后蛋白质的去除是污泥脱水性能改善的主要原因。

（5）不同碱化度 TSC 调理后污泥 SEPS 中不同分子量有机物含量变化

如图 3-41 和图 3-42 所示，使用高效液相色谱（HPSEC）在 SEPS 组分中可以检测到 8 个分子量（MW）峰：125Da、400Da、700Da、1200Da、3000Da、4000Da、5000Da 和 45000Da。Lyko 等人提出利用分子量区分有机化合物的种类：蛋白质和多糖组成的高分子量有机化合物（>5000Da）、腐殖质组成的中分子量化合物（1000-5000Da）和小分子量有机物（<1000Da）。在 TSC 处理后，每个分子量物质峰强度显著减弱，尤其是高分子量峰（25000Da）。此外，$TSC_{0.5}$ 在去除中、高分子量有机物方面最有效，SEPS 中高分子量蛋白质的去除证实 $TSC_{0.5}$ 调理提高污泥脱水性能的原因主要与 $TSC_{0.5}$ 和蛋白质类物质的结合能力较强有关。

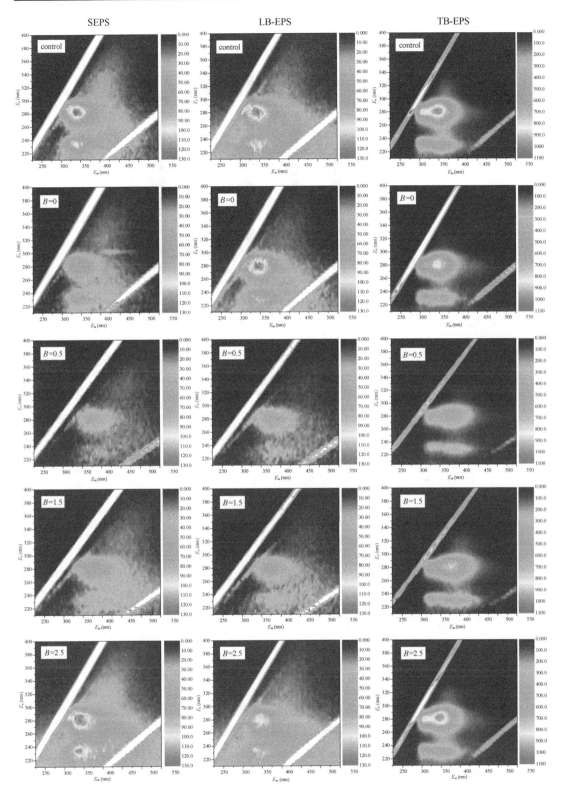

图 3-40　不同碱度 TSC 调理后的污泥 EPS 组分的 EEM 谱（SEPS 样品稀释 10 倍，LB-EPS 和
TB-EPS 样品稀释 50 倍）

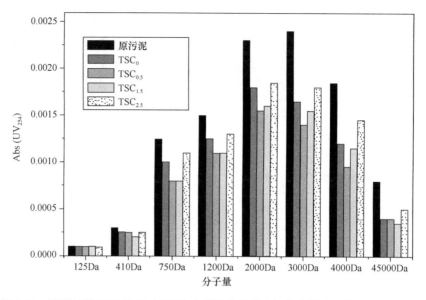

图 3-41　不同碱度 TSC 调理对 SEPS 中不同分子量有机物的影响（样品稀释 10 倍）

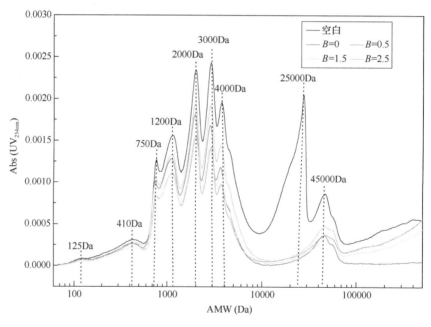

图 3-42　不同碱度 TSC 调理对 SEPS 组分分子量分布的影响

2. 纳米 Fe_2O_3 和 $TSC_{0.5}$ 复合调理对污泥脱水性能的影响

（1）纳米 Fe_2O_3 和 $TSC_{0.5}$ 复合调理后的污泥脱水性能指标

图 3-43（a）是纳米 Fe_2O_3 和 $TSC_{0.5}$ 复合调理后污泥过滤压力分别为 0.05MPa 和 0.07MPa 下 SRF 的变化。随着纳米 Fe_2O_3 添加量的增加，SRF 先下降后上升，投加量为 0.03g/g TSS 时降到最小值，降低了 56%。污泥可压缩系数如图 3-43（b）所示，当 Fe_2O_3 的投加量为 0.03g/g TSS 时也降到了最小值，从 1.24 降至 0.91，这与 SRF 确定的结果一致。

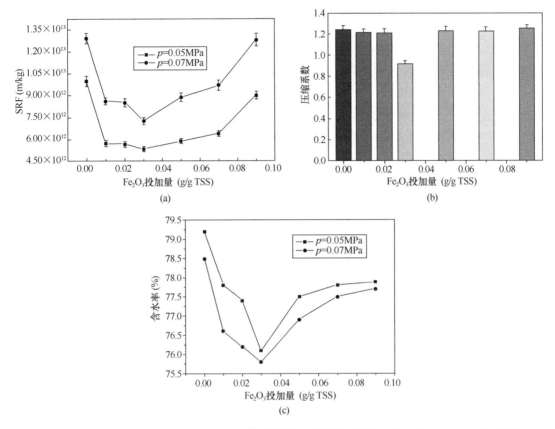

图 3-43　纳米 Fe_2O_3 和 $TSC_{0.5}$ 复合调理对污泥压缩性的影响（$TSC_{0.5}$ 投加量为 0.005g /g TSS）

（2）纳米 Fe_2O_3 和 $TSC_{0.5}$ 复合调理后的污泥絮体性质

图 3-44 为 Fe_2O_3 和 TSC 复合调理后污泥絮体 $d_{0.5}$ 和 D_F 的变化。从图 3-44（a）中可以看出，复合调理后的絮体尺寸远大于单一 $TSC_{0.5}$ 调理下的絮体，这表明通过添加纳米 Fe_2O_3 可显著改善颗粒聚集的能力。当混合速度达到 400 rpm/min 时，污泥絮体的大小随着混合速度的降低、反应时间的增加而明显增加，且絮体的破碎程度急剧下降。在搅拌速度降至 40 rpm/min 后，由于污泥絮体的再絮凝，絮体尺寸又开始增加。

值得注意的是，当纳米 Fe_2O_3 投加量从 0.01 增加到 0.09g/g TSS 的过程中，絮体尺寸先增大后减小，在 0.03g/g TSS 的投加量时达到最大值。这是因为加入 $TSC_{0.5}$ 后 pH 降至 6.5 左右，而纳米 Fe_2O_3 在 pH 小于 7 时带正电荷，过量的纳米 Fe_2O_3 导致电荷反转，使得污泥系统不稳定，从而导致了污泥脱水性能的恶化。同时，从图 3-44（b）也可以看出，污泥絮体 D_F 在低混合速度阶段降低，在高速过程中增加，这与污泥絮体尺寸形成对比。当纳米 Fe_2O_3 的用量为 0.01g/g TSS 时，污泥絮体 D_F 首先从 2.08 降低到 1.92，然后增加到 2.07。可以看出，复合纳米 Fe_2O_3 和 TSC 复合调理后的污泥絮体结构在聚集过程中变得松散，而当絮体破碎时，其结构又变得更加紧密。

（3）纳米 Fe_2O_3 和 $TSC_{0.5}$ 复合调理后的污泥絮体形态

泥饼的层状结构在污泥过滤过程中起着非常关键的作用，从图 3-45 中可以看出，原

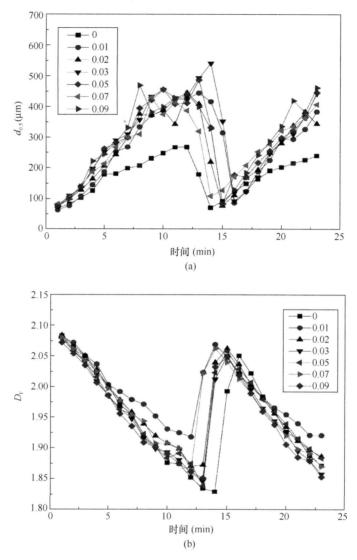

图 3-44　纳米 Fe_2O_3 和 $TSC_{0.5}$ 复合调理下污泥絮体粒径和 D_F 随时间的变化
（a）粒径；（b）D_F

泥泥饼的表面相对光滑。相比之下，调理后的污泥饼上形成了更多的微小通道，这可能有助于在过滤脱水下释放水。如上所述，由于 $TSC_{0.5}$ 调理后形成的污泥絮体更加坚硬并且耐压，层状结构在 $TSC_{0.5}$ 调理后的泥饼表现得更为明显。同样，由 $TSC_{0.5}$ 与纳米 Fe_2O_3 复合调理后的污泥饼与 $TSC_{0.5}$ 处理后的泥饼具有相似的结构性质。

（4）纳米 Fe_2O_3 和 $TSC_{0.5}$ 复合调理后污泥 EPS 含量的变化

图 3-46 为纳米 Fe_2O_3 和 $TSC_{0.5}$ 复合调理后污泥 EPS 组分中有机物的变化。纳米 Fe_2O_3 投加量增加后，SEPS 和 TB-EPS 的含量均降低，在 $0.03g/g$ TSS 的剂量下降到最小值，而 LB-EPS 没有明显变化。该结果与 SRF 一致，较低的可提取 EPS 总是与较强的絮体结构和较好的污泥脱水性能相关。

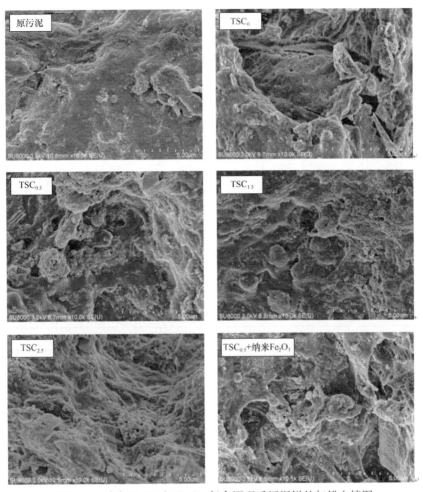

图 3-45　纳米 Fe_2O_3 和 $TSC_{0.5}$ 复合调理后污泥饼的扫描电镜图

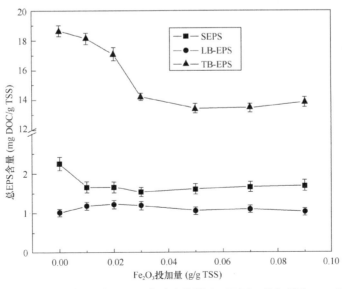

图 3-46　纳米 Fe_2O_3 投加量对 EPS 组分浓度的影响（$TSC_{0.5}$ 投加量为 0.005g/g TSS）

如表 3-6 所示，$TSC_{0.5}$ 单一调理时，EEM 中没有检测到化学组成的明显变化，但在添加纳米 Fe_2O_3 后，蛋白质和腐殖质的荧光强度出现一定程度的降低。有研究表明，纳米 Fe_2O_3 可与蛋白质类物质结合，通过疏水和静电相互作用与高分子量生物聚合物形成了复合物。

纳米 Fe_2O_3 和 $TSC_{0.5}$ 复合调理对 EPS 荧光强度的影响　　　　　　表 3-6

	Fe_2O_3 投加量 (g/g TSS)	Tryptopha protein λ_{E_x/E_m} (280/335)	Aromatic protein λ_{E_x/E_m} (230/330)	Fulvic acid λ_{E_x/E_m} (275/455)	Humic acid λ_{E_x/E_m} (350/420)
SEPS	0.01	65.26	12.69	16.61	15.17
	0.02	75.37	23.94	14.96	11.77
	0.03	97.17	27.84	17.28	18.66
	0.05	112	37.85	18.56	19.95
	0.07	99.72	48.48	19.12	16.16
	0.09	79.88	26.64	12.22	19.32
LB-EPS	0.01	71.60	43.6	15.43	14.97
	0.02	110.4	57.44	15.74	14.81
	0.03	148.9	80.64	25.36	20.71
	0.05	144.2	76.26	24.04	20.89
	0.07	200.4	115.2	48.59	26.13
	0.09	236.5	132.7	60.31	32.07
TB-EPS	0.01	614.66	314.3	74.35	21.66
	0.02	598.6	299.9	93.48	29.16
	0.03	645.7	346.7	71.91	24.65
	0.05	588.4	260.6	96.13	23.96
	0.07	642.90	322.4	67.44	20.04
	0.09	673.7	315.6	82.38	21.31

注：SEPS、LB-EPS 样品稀释 10 倍；TB-EPS 样品稀释 50 倍。

（5）纳米 Fe_2O_3 和 $TSC_{0.5}$ 复合调理后污泥中不同分子量有机物的含量变化

纳米 Fe_2O_3 与 $TSC_{0.5}$ 复合调理对污泥分子量峰强度和分布的影响，分别如图 3-47 和图 3-48 所示。在纳米 Fe_2O_3 和 $TSC_{0.5}$ 调理后，SEPS 组分中观察到的 4000Da、3000Da、2000Da 和 1200Da 的四个分子量峰值显著减弱。对于 LB-EPS，60000Da 的峰消失，4000Da 和 3000Da 峰的强度明显降低。随着纳米 Fe_2O_3 投加量的增加，分子量分布在 180Da 到 1000Da 的小分子物质逐渐增加，当纳米 Fe_2O_3 的用量为 0.03g/g TSS 时达到最大值。

3.3.4　高炉渣基水滑石矿物调理剂

水滑石类化合物（Layered Double Hydroxides，LDH）的基本结构式为：$[M^{2+}_{1-x}M^{3+}_x(OH)_2]A^{n-}_{x/n} \cdot mH_2O$，M＝metal，A＝anion。LDH 的结构与层状水镁石的结构类似，在其结构单元层中，三价阳离子（M^{3+}）替代部分二价阳离子（M^{2+}），导致单元层中正电荷增多，因此需要从环境中引入阴离子进入层间平衡正电荷，维持稳定的晶型结构。

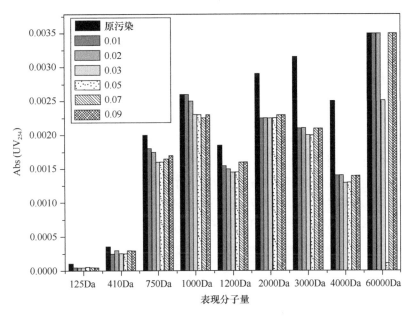

图 3-47　纳米 Fe_2O_3 和 $TSC_{0.5}$ 复合调理对 SEPS 部分中不同分子量的
有机物质的影响（样品稀释 10 倍）

LDH 具有高比表面积和优异的阴离子交换能力，分散性良好，这些性质使其成为各种污染物絮凝和吸附的优秀材料，近年来得到了广泛的研究和应用。Kim 等人研究了 LDH 与藻类絮凝之间的关系，发现 LDH 的正表面电荷与藻类细胞之间的相互作用具有重要意义。Zou 等人发现氧化纳米石墨烯可以通过静电和氢键作用结合到 LDH-Cl 和 LDH-CO_3 上，形成具有二者特性的复合材料。此外，有机物也可以和 LDH 进行络合制备新型材料，如 Hussein 等人通过离子交换将阴离子有机物质掺入 LDH 中，最终形成 organo-LDH。

1. 高炉渣基水滑石矿物调理剂的制备

与传统絮凝剂不同，LDH 可以从工业废物中合成，其结构和功能可以通过改变制备条件来确定，因此利用典型固体废弃物——水淬高炉渣，制备了 3 种具有典型结构特征的三元水滑石材料（Ca/Mg/Al-LDH），分别为 LDH_a、LDH_b 和 LDH_c。其制备方法为：配制一定浓度的 NaOH 和 Na_2CO_3 溶液；利用 NaOH 低饱和共沉淀法制备 LDH_a，取高炉渣酸溶后上清液至锥形瓶中，并向其中同时滴入制得的碱溶液，不断搅拌并控制 pH＝11±0.5，在 65℃下磁力搅拌 24h，得到的产物用去离子水洗 3～4 遍，冷冻干燥后备用；利用水热合成法制备 LDH_b，取高炉渣酸溶后上清液至锥形瓶中，并向其中同时滴入制得的碱溶液，不断搅拌并控制 pH＝11±0.5，在 65℃下搅拌 1h 至混合液均匀，将混合液转移至反应釜中，在 110℃下反应 30h 后取出，将得到的产物用去离子水洗 3～4 遍，冷冻干燥后备用；利用 NaOH 和 Na_2CO_3 高饱和共沉淀法制备 LDH_c，取制得的 Na_2CO_3 溶液转移至锥形瓶中，并向其中同时滴入高炉渣酸溶后上清液和 NaOH 溶液，不断搅拌并控制 pH＝11±0.5，待上清液滴完，将混合液在 65℃下磁力搅拌 24h，将得到的产物用去离子水洗 3～4 遍，冷冻干燥后备用。

2. 高炉渣基水滑石矿物调理剂的材料表征

从扫描电镜图（图 3-48）可以看出，三种 LDH 都展现了清晰光滑的表面和明显的片层状结构，形态良好，相互堆叠，结晶程度良好，其形态特征与典型的滑石类矿物相似。其中，LDH_a 的形态不是很均匀且相对较薄，排列也有些许散乱，部分有重叠和交错聚集，粒径为 2～10μm。LDH_b 晶体大小和形状比较均匀，片层状结构排列整齐有序，部分可以看见较为规则的六边形结构，粒径为 11.7μm。LDH_c 的形态和粒径与前两种有着较为明显的差异，其片层结构更为突出，呈现更宽的层间距，粒径为 27.5μm，合成的方式和层间阴离子组成的不同导致了其与前两种 LDH 之间较为明显的差异。其表面覆着着较多的絮状物，这是在碳酸钠共沉淀的过程中生成了一系列碳酸盐类物质（如 $CaCO_3$）依附在层板表面并堵塞在层板间。表 3-7 给出了 LDH 的表面物理化学性质，从 BET 的数据当中我们可以看见，结晶程度更好的 LDH_b 有着更高的比表面积。

(a)　　　　　　　　　　　　　(b)

(c)

图 3-48　Ca/Mg/Al-LDH 的扫描电镜图

(a) LDH_a；(b) LDH_b；(c) LDH_c

Ca/Mg/Al-LDH 的表面理化性质　　　　　　　　　　　表 3-7

	Zeta 电位 (mV)	粒径 (μm)	pH	晶面间距（Å） (003)	比表面积 (m^2/g)	孔隙体积 (cm^3/g)
LDH_a	14.1	6.94	7.56	7.84	23.25	0.0152
LDH_b	2.04	11.7	11.1	7.84	29.47	0.1131
LDH_c	−6.04	27.5	12.2	7.91	20.74	0.0082

在 XRD 的图中（图 3-49）可以看见，三种 LDH 的结晶程度较高，呈现典型的晶体

结构。根据衍射数据中心的标准衍射图谱 PDF♯78-1219 和 PDF♯89-460，可以将三种材料 XRD 峰鉴定为类水滑石相。如图 3-49 所示，（003），（009）和（110）峰显示出 LDH 的层状结构，（100）、（015）和（018）显示出 LDH 的类水滑石结构。在这当中，（003）表示 LDH 当中层板之间的距离，通过计算得到 LDH$_a$、LDH$_b$ 和 LDH$_c$ 分别为 7.84Å，7.84Å 和 7.91Å（表 3-7）。值得一提的是，LDH$_c$ 由于合成方式不同使得其层间的阴离子插层不同于 LDH$_a$ 和 LDH$_b$，所以其层间距相对较大，颗粒粒径较大。除此之外，LDH$_c$ 图中 36°处有一个新的峰，这个结果表示金属离子被碳酸根沉淀形成的盐类阻碍了常规的层状结构的合成，使得其与 LDH$_a$ 和 LDH$_b$ 有着一定的结构差异。

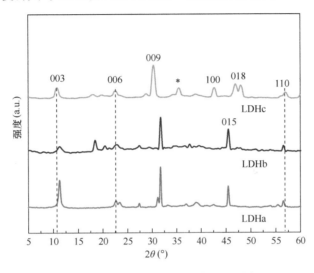

图 3-49　Ca/Mg/Al-LDH 的 XRD 图

通过红外光谱与 XPS 分析我们可以得到三种 LDH 当中的元素与化学键的类型，从图表中的数据我们可以看见，LDH 主要由 O、C、Ca、Mg 和 Al 组成（表 3-8，图 3-50）。从 XPS 的 O1s 谱中我们可以得到 LDH 当中主要的三个金属与氧之间的共价键为 Ca-O、Al-O 和 Mg-O。另外，从红外光谱中（图 3-51），得到了 LDH 中主要的官能团种类，3470、3630cm^{-1} 处为晶格水和 O-H 的拉伸振动引起的峰，同时，在 LDH$_a$ 和 LDH$_b$ 的图谱中，1600~1650cm^{-1} 处的峰为层间水分子当中 H-OH 的弯曲振动引发的。而 LDH$_c$ 的图谱相较前两者有着一定的区别，其强峰主要集中于中间层，582cm^{-1}、792cm^{-1} 处的峰为金属与氧和羟基形成的共价键弯曲振动所引发，875cm^{-1} 和 1460cm^{-1} 处的峰则是因为 NaOH-Na$_2$CO$_3$ 的不对称拉伸所引起的峰。

以上的结果表明，利用高炉渣可以合成较为典型的三种类水滑石矿物材料，并且合成条件的不同使得三种材料拥有了不同的结构与化学特征，而不同的结构形态与理化性质将会在后面污泥的调理效果中表现出较为明显的差异。

Ca/Mg/Al-LDH 的元素组成　　　　　　　　　　　　　　　　表 3-8

	C1s（%）	O1s（%）	N1s（%）	Ca2p（%）	Al2p（%）	Mg2p（%）
LDH$_a$	33.0	40.2	0.80	9.19	6.56	10.2
LDH$_b$	25.4	44.2	1.03	8.38	6.75	14.2
LDH$_c$	30.3	47.0	0.67	5.24	6.65	10.2

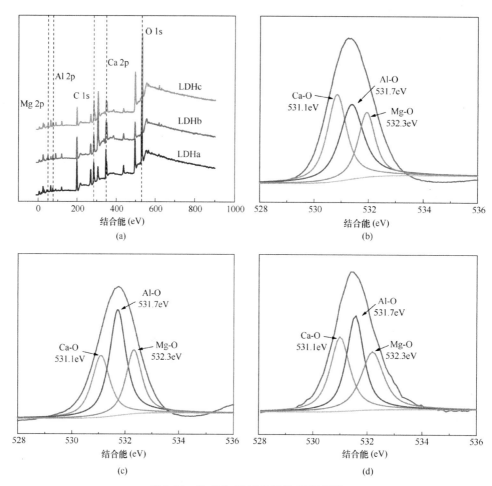

图 3-50 Ca/Mg/Al-LDH 的 XPS 图谱

（a）原始图谱；（b）LDH$_a$；（c）LDH$_b$；（d）LDH$_c$

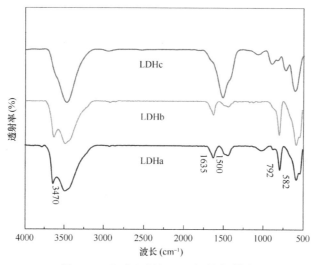

图 3-51 Ca/Mg/Al-LDH 红外光谱图

3. 三种 Ca/Mg/Al-LDH 的污泥调理效能

(1) 三种 Ca/Mg/Al-LDH 调理后的污泥脱水性能指标

从 CST 和 SRF 的变化中可以较为明显地看出随着 LDH 投加量的上升，污泥的脱水性有了较大幅度的提高。当 LDH 投加量从 0.025g/g TSS 增加至 0.2g/g TSS 时，SRF 降低然后达到平衡 [图 3-52 (a)]，其中，SRF 值分别从 3.56×10^{13} m/kg 降至 2.23×10^{13} m/kg (LDH$_a$)、1.65×10^{13} m/kg (LDH$_b$) 和 2.52×10^{13} m/kg (LDH$_c$)。CST 也有类似的变化 [图 3-52 (b)]。随着不同 LDH 用量的增加，CST 值显著降低，LDH$_b$ 调节的污泥从最初的 225s 降到最低值 80.6s (投加量为 0.2g/g TSS 时)。污泥絮体较高的可压缩性使得其在压力下有着较高的可塑性，从而使得其压力脱水能力很差，而 LDH 构成的絮体骨架作用使得污泥压缩性提高，从而增强了污泥的机械脱水性能，从图中我们可以看见 [图 3-52 (c)]，经过 LDH 调理后的污泥可压缩系数一定程度降低，这说明 LDH 在调理过程中形成了骨架，增大了絮体的内聚力。综上，LDH$_b$ 的调理效果要明显优于 LDH$_a$ 和 LDH$_c$，LDH$_c$ 的效果次于另外两种。三种 LDH 不同的结构与理化性质在调理过程中的不同表现导致了调理后脱水能力的差异。

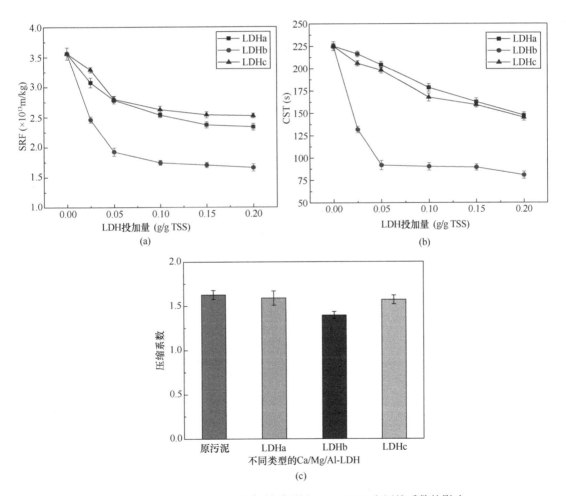

图 3-52 Ca/Mg/Al-LDH 投加量对污泥 SRF、CST 和压缩系数的影响

（2）三种 Ca/Mg/Al-LDH 调理后的污泥絮体性质

污泥胞外聚合物中氨基、羧基以及磷酸盐等其他阴离子基团的存在使得污泥絮体带有负电荷，由于电荷之间的排斥作用，污泥絮体通常难以聚集且具有较高的可压缩性。混凝剂的电中和作用能减弱污泥絮体的负电性，使絮体颗粒间的静电斥力减小，污泥絮体失稳，相互碰撞形成更大的絮体颗粒，污泥絮体颗粒的增大，使其间的结合水和间隙水释放出来。并且，使用混凝剂调理的过程中，污泥中的结合水含量随混凝剂投加量的增加而减少，混凝剂的吸附架桥作用提高了絮体的可压缩性，从而提高了污泥的机械脱水能力。当 LDH 投加后，LDH 主层板上带的正电荷与带有负电荷的污泥絮体相互作用，使得污泥絮体的 Zeta 电位开始升高（图 3-53）。此外，LDH 的表面络合作用对胞外聚合物当中的阴离子型化合物有着良好的吸附效果，

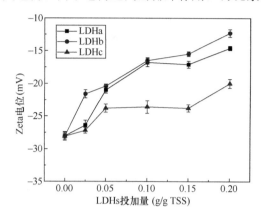

图 3-53 Ca/Mg/Al-LDH 投加量对污泥 Zeta 电位的影响情况

以磷酸盐为代表物质证明了这个观点（图 3-54），以上过程都取决于 LDH 主层板中的正电荷与带负电性的污泥絮体的电中和作用。在这当中我们可以看见投加 LDHa 和 LDHb 的污泥絮体的 Zeta 电位变化要大于 LDHc，这是因为 LDHc 在合成过程一直保持在较高的 pH 环境中，金属元素会被 OH⁻ 和 CO₃²⁻ 沉淀，在水滑石类物质表面析出，这对具有活性位点的主层板与可交换位点的层间产生了一定的影响，从而使得 LDHc 的层板上带有的正电荷相对较少。经三种 LDH 调理后的污泥絮体颗粒的粒径略微增大（图 3-55），由此可以推断絮凝和吸附架桥并不是 LDH 调理的主要机制。

（3）三种 Ca/Mg/Al-LDH 调理后的污泥絮体形态

通过扫描电镜（图 3-56）可以观察到污泥调理前后絮体的形态变化。可以看出，原

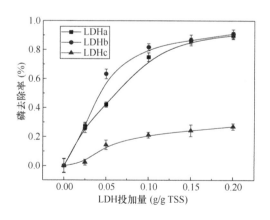

图 3-54 Ca/Mg/Al-LDH 对污泥当中磷酸盐的去除

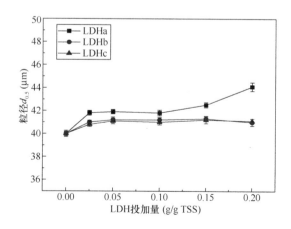

图 3-55 Ca/Mg/Al-LDH 调理后污泥粒径的变化

污泥表面比较完整，层块较为明显，整体性较好。在调理之后，污泥絮体上有着大量片状 LDH 的堆积，絮体得到较好的凝聚，结构强度增大，孔隙发育良好。孔隙的发育使得其在机械脱水作用下有着更多的失水通道，结构紧凑的污泥絮体更易凝聚、沉降，从而进行脱水。

图 3-56　扫描电镜下各污泥絮体的形态（50000 倍）

（a）原污泥；（b）LDH$_a$ 调理后；（c）LDH$_b$ 调理后；（d）LDH$_c$ 调理后

（4）三种 Ca/Mg/Al-LDH 调理后的污泥 EPS 变化

在 LDH 的作用下，各层 EPS 含量都明显降低（图 3-57）。如前所述，LDH 对 EPS 当中的某些物质有着络合以及吸附作用，这使得 EPS 的含量随着 LDH 投加量的上升而降低。经过 LDH 调理后，污泥 S-EPS 和 LB-EPS 组分的减少使得污泥絮体的凝聚力增加，其改善了污泥的脱水性能。其中 LDH$_b$ 对于 EPS 的作用效果最好，这也与污泥脱水效果的测试相符合。

本研究对各层 EPS 首先进行了三维荧光测试，再通过平行因子分析得到 EPS 当中各主要组分的荧光强度。EPS 当中主要有三种成分：位于 E_x/E_m（230，280）/350nm 的峰（C1），位于（235，315）/405nm 的峰（C2）和位于（255，360）/430nm 的峰（C3）。C1 表示酪氨酸和色氨酸蛋白样物质（TPN），C2 表示芳香族蛋白样物质（APN II）和 TPN，C3 表示腐殖质样物质（HA）和富里酸有关类化合物（FA）。将这三种物质的含量随

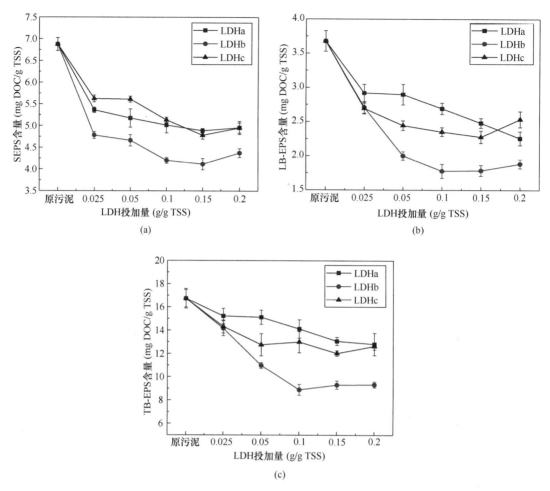

图 3-57 Ca/Mg/Al-LDH 调理对于 EPS 含量的影响（以 DOC 作指标）
(a) SEPS；(b) LB-EPS；(c) TB-EPS

LDH 投加量的增加的变化情况绘制成柱状图（图 3-58）。可以看出，随着投加量的增大，S-EPS 当中的 C1 类物质的含量明显下降，说明 LDH 更趋向于吸附 EPS 当中的蛋白质类化合物。其中，LDH_b 的效果要优于其他两种 LDH，说明 LDH 吸附有机物的能力取决于其结构特性。相较于 S-EPS 的变化情况，LB-EPS 的变化不够显著，这说明 LDH 对于 S-EPS 作用更多。

电中和、表面络合和阴离子交换作用是 LDH 与 EPS 当中的有机物相结合的主要作用机理。因此，不同的结构与理化特性使得三种 LDH 的作用能力有着一定的区别，对于 EPS 中有机物的吸附效果就有了一定的差异。阴离子交换能力取决于层间的阴离子插层的组成，CO_3^{2-} 与金属元素之间更为紧密的结合使得 LDH_c 的阴离子交换能力有限。此外，LDH_c 的 Zeta 电位较低，故 LDH_c 的在调理过程中的主要作用是表面络合，所以其调理污泥的能力受到了较多的限制，调理效果相对较差。另一方面，具有更好的阴离子交换能力更高电中和能力的 LDH_a 和 LDH_b 调理效果要优于 LDH_c，而拥有更好的结晶度、更丰富的正电荷和活性位点的 LDH_b 调理效果最佳。

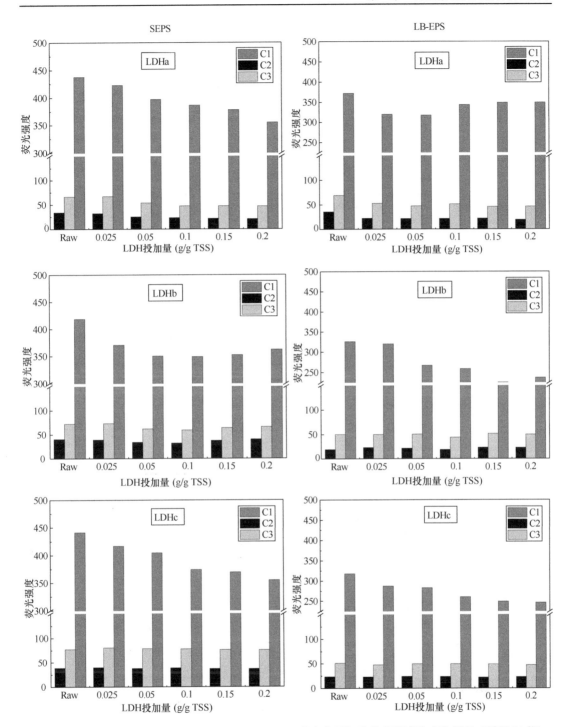

图 3-58 Ca/Mg/Al-LDH 调理后 S-EPS 和 LB-EPS 当中主要组分荧光强度的变化情况（稀释 50 倍）

4. Ca/Mg/Al-LDH 与 EPS 的作用机理

（1）Ca/Mg/Al-LDH 与 EPS 作用后蛋白质结构的变化

通过红外光谱分析，得到了 LDH 与 EPS 作用之后的主要官能团的变化情况（图 3-59），原始 EPS 当中 $1067cm^{-1}$、$1654cm^{-1}$ 和 $3650 \sim 3400cm^{-1}$ 出现的峰分别与多糖、蛋白质和碳氢化合物相关，1654cm^{-1}、1417cm^{-1}、1067cm^{-1}、869cm^{-1}和792cm^{-1}处出现的峰与-NH$_2$、C=O、C-OH、C-O-C 和-CO-NH 等官能团之间的键的弯曲振动相关。在 EPS-LDH 结合物质当中也可以检测到相应的峰，说明 LDH 对 EPS 当中的有机物有吸附作用。其中，LDH$_b$-EPS 结合物所能够检测到的峰最为全面，证明 LDH$_b$的作用效果最好。与 LDH 的红外光谱对比，可以得到在与 EPS 作用后，LDH 当中的某些峰有着明显的减弱甚至消失，说明了 LDH 当中的一些主要官能团例如 O-H、H-OH 等的减少，由此可以推断出其为与 EPS 作用的相应基团。

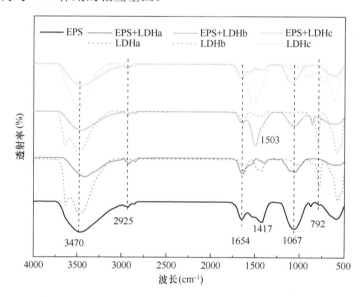

图 3-59 Ca/Mg/Al-LDH 与 EPS 结合前后的红外光谱图

为了更好地理解 LDH$_x$絮凝后 EPS 中蛋白质结构和酰胺 I 基团的变化，使用 Buijs 等人描述的方法进行测定和拟合蛋白质的二级结构。图 3-60 为 EPS 和 EPS-LDH$_x$复合物中酰胺 I 区域的曲线拟合。表 3-9 显示 EPS 由 β-折叠和 α-螺旋，3-turn 螺旋，反平行 β-折叠和聚集链组成。在 LDH 絮凝后，所有 EPS-LDH$_x$复合物中 β-折叠的百分比略有下降，而所有 EPS-LDH$_x$复合物中 α-螺旋的比例增加。Hou 等人曾证明增加的 α-螺旋含量和降低的蛋白质 β-折叠含量将造成较松散的蛋白质分子结构，这增加了分子的疏水性，从而增加了污泥的脱水性。Bellezza 等人还发现 LDH 诱导生物分子中蛋白质的构象变化，这改变了氨基酸环境。因此，羧基和 LDH 之间的相互作用显著改变了蛋白质的二级结构并增加了污泥的脱水性。

EPS 和 EPS-LDH$_x$ 中蛋白质二级结构的含量占比　　　　表 3-9

二级结构	Aggregated strands（%）	β-sheets（%）	α-helices（%）	3-turn helices（%）	Antiparallel β-sheets（%）
Wavenumber（cm^{-1}）	1625－1610	1645－1630	1657－1648	1666－1659	1695－1680
EPS	10.82	23.36	29.52	28.51	7.79
EPS+LDH$_a$	11.09	24.50	24.76	30.75	8.90
EPS+LDH$_b$	15.07	24.04	20.91	22.58	17.4
EPS+LDH$_c$	13.28	23.69	27.81	15.33	19.89

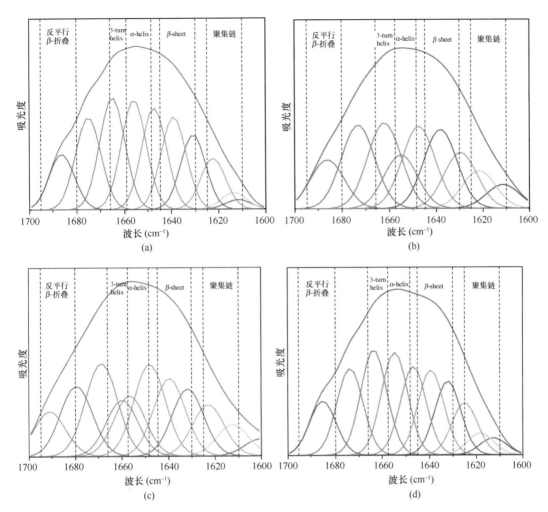

图 3-60　EPS、EPS-LDH$_a$、EPS-LDH$_b$ 和 EPS-LDH$_c$ 中蛋白质酰胺 I 区域的衍生光谱和
曲线拟合（1700-1600cm^{-1}）
（a）EPS；（b）EPS-LDH$_a$；（c）EPS-LDH$_b$；（d）EPS-LDH$_c$

（2）Ca/Mg/Al-LDH 与 EPS 作用后元素及化学键的含量变化

通过 XPS，可以得到 LDH 与 EPS 作用后的絮体当中的各种元素、化学键及相对含量的情况（图 3-61）。通过对 Cls 谱的分析我们可以得到四个特征峰，其中，289.1eV、286.6eV 和 284.7eV 分别代表 O=C-OR（或 O=C-OH）、C-O 和 C-C 基团。C-O 基团和 O=C-OR 表明存在羰基、羧基、酰胺、缩醛或半缩醛基团，其代表了蛋白质、多糖、腐殖酸等有机物质的存在。与 LDH 结合之后的 C-O 和 O=C-OR（或 O=C-OH）的峰面积显著增加，C-O 峰之间的结合能升高。C-C 峰的面积没有明显的变化，说明其相对含量变化不大。所以 LDH 与 EPS 的结合主要是与其中含氧官能团的相互作用。

通过以上的结果，可以分析推断出 LDH 与 EPS 的具体作用情况，LDH 对 EPS 当中的有机物质有良好的去除作用，发生在主层板上的吸附作用为主要的作用机理。主层板上的 M-O（M 为金属元素 Ca、Mg、Al）会与 EPS 当中的物质相互作用、络合，从而使得有机物质向主层板上聚集。S-EPS 由多肽和低分子量（<100kDa）的腐殖质组成，而结

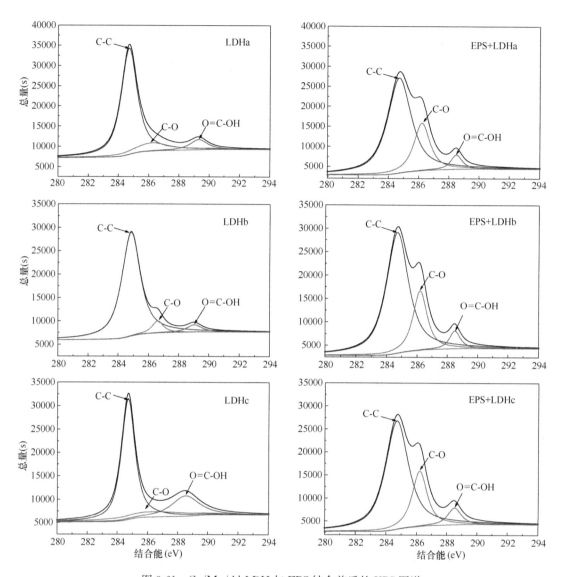

图 3-61　Ca/Mg/Al-LDH 与 EPS 结合前后的 XPS 图谱

合 EPS（LB-EPS 和 TB-EPS）主要由高分子量（100kDa-300kDa）的蛋白质组成。所以，在吸附过程中，小分子的有机物（多肽、游离氨基酸、腐殖酸等）可以进入主层板间的插层与层间阴离子进行置换，从而嵌入插层当中，这个过程与 LDH 的分子大小、层板间距有较大的关系，LDH 中较小的层间距使得只有小分子类有机物可以进入插层，大分子类有机物（如蛋白质）的吸附则主要发生在层板上。总的来说，LDH 对于 EPS 当中的有机物有着较为良好的吸附作用，LDH 与 EPS 的相互作用使其结构遭到破坏，含量减少，胞外聚合物的减少使得污泥更容易聚集、沉降，从而使得污泥脱水性增大。此外，一些亲水性有机物的凝聚与沉淀，使得结合水转化为游离水，使得这部分水分更容易脱离。从 LDH 对 EPS 的吸附情况上看，LDH_b 的效果最好，这也是其调理效果较好的重要原因。

（3）Ca/Mg/Al-LDH 与 EPS 作用后蛋白质及多糖的分布变化

通过 CLSM 分析以确定不同 Ca/Mg/Al-LDH 调理对 EPS 絮体的影响。在图 3-62 中，绿色区域为蛋白质，红色区域为多糖。图 3-62（a）显示 EPS 组分中的蛋白质和多糖零散分布且不均匀。经 Ca/Mg/Al-LDH 吸附后，在不同的 EPS-LDH 絮体中观察到的絮体中 ［图 3-62（b）～（d）］，蛋白质和多糖的丰度都有所增加。蛋白质和多糖的相同荧光图像表明 EPS 中富含糖蛋白复合物。经 LDH 吸附后，蛋白质和多糖均匀分布在 LDH_a 和 LDH_c 的外层，其中，LDH_b 上的荧光簇强度最高，这证实了 LDH_b 在聚集 EPS 方面更有效，因为它的表面具有更多活性位点、更大的比表面积和更易交换的层间阴离子（Cl^- 和 OH^-）。

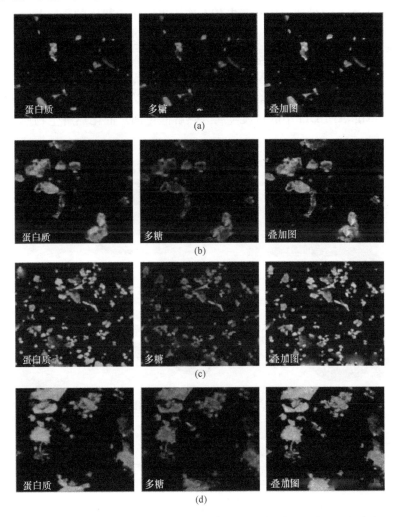

图 3-62　使用 CLSM 观察到的 EPS 絮体中的蛋白质和多糖的空间分布
(a) EPS；(b) EPS+LDH_a；(c) EPS+LDH_b；(d) EPS+LDH_c

综上所述，由高炉渣制备的类水滑石矿物（Ca/Mg/Al-LDH）调理污泥后，增加了其脱水性能，但不同的 Ca/Mg/Al-LDH 具有不同的调理效果。层板带正电荷的 LDH_a 在电中和方面是有效的，在调理后也形成了支持污泥絮体的骨架。LDH_c 在表面络合方面更有效，因为它具有更大的表面积和较差的阴离子交换性能。LDH_b 是比 LDH_a 和 LDH_c 更好的絮凝剂，因为它具有表面络合和电中和的复合作用。

将三种形态的 Ca/Mg/Al-LDH 用于吸附提取的 EPS，经过全面分析得到了决定

Ca/Mg/Al-LDH和污泥相互作用中有机分子行为的潜在机制，其主要为两种机制：首先，Ca/Mg/Al-LDH外表面上丰富的O-H基团通过表面络合与EPS中的大分子有机物相互作用，优先吸附高分子量蛋白质和含有羧基的腐殖质。其次，许多低分子量的肽和腐殖酸与Ca/Mg/Al-LDH层间阴离子进行交换反应，该反应取决于层间阴离子的离子强度和生物分子的分子结构。值得注意的是，可溶性EPS与Ca/Mg/Al-LDH的相互作用主要是通过蛋白质的表面络合，且可溶性EPS的去除可以有效改善污泥的过滤性能。另外，Ca/Mg/Al-LDH外表面上的骨架形成和静电相互作用也压缩了絮体的凝胶状结构，增加了污泥絮体的内聚力，这些机制的综合作用提高了污泥的脱水性能。

（4）Ca/Mg/Al-LDH调理污泥的工程意义

在实际工程应用中，Ca/Mg/Al-LDH调理与催化热解两种方式相结合可以促进污泥的循环再利用（图3-63）。污泥制备多功能碳基材料可以用作吸附剂以去除水中的有机污染物，且用Ca/Mg/Al-LDH中的过渡金属（热解催化剂）催化热解生物质污泥可得到生物油等产物。

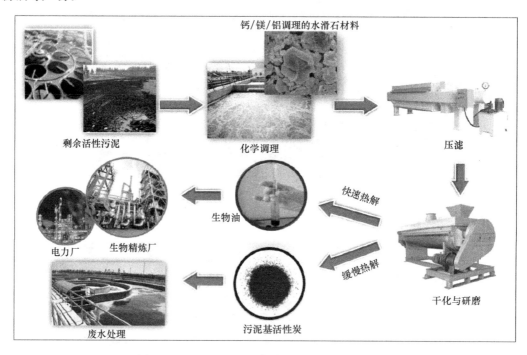

图3-63　LDH调理污泥耦合催化热解工艺流程图

3.3.5　不同改性壳聚糖絮凝调理改善高级厌氧消化污泥的脱水性能

天然有机高分子絮凝剂如淀粉、纤维素、甲壳素等，虽然来源广泛但由于自身的特性，在工程应用上会有一定程度上的限制，因此对天然的高分子絮凝剂进行改性来应用于污泥脱水过程是十分必要的。天然高分子絮凝剂以甲壳素、淀粉或纤维素单体为主链，运用化学方法进行其改性，从而引入阳离子基团。由于改性的高分子絮凝剂是采用可生物降解的淀粉、壳聚糖等单体进行合成的，因此在合成过程中不会引入新的污染物。新合成的絮凝剂易分解且不会引起污泥的二次污染，是一种理想的絮凝剂。

壳聚糖（CTS）是天然的高分子絮凝剂之一，其分子内有强烈的氢键作用，且仅溶于稀酸不溶于中性或者碱性的水溶液中，同时，电荷密度小、容易降解失去絮凝活性等缺点使其应用受到一定的限制。壳聚糖类高分子物质分子链上的氨基或羟基等活性基团，通过醚化、酯化、交联、接枝共聚等化学方法改性后，发生了化学功能改善、可溶性提高、电荷密度增加及分子结构多样化等改变。本节主要介绍壳聚糖结构单元上的氨基和羧基经过化学改性的方法接枝共聚生成一种季铵化的壳聚糖，引入的季铵盐基团提高了其水溶性、阳离子度促使电中和能力加强，并将合成的季铵化壳聚糖作为絮凝剂调理污泥，研究了不同改性壳聚糖对高级厌氧消化污泥的调理效能，通过探究污泥絮体特性与 EPS 的演变过程揭示了调理反应机理。

1. 季铵化壳聚糖（CTS-DMDAAC）的合成

CTS-DMDAAC 的制备：将脱乙酰度大于 90％的 CTS 粉末溶解在 200mL 的 3％乙酸水溶液中，将混合物在水浴中恒温搅拌加热 30min，之后通入 N_2 30min，接下来将 2％（w/w）的硝酸铈铵引发剂和二甲基二烯丙基氯化铵（DMDAAC）加入溶液中，壳聚糖和二甲基二烯丙基氯化铵（DMDAAC）的质量比控制在 3∶2，反应 3h 后停止，将壳聚糖-DMDAAC 在丙酮中沉淀，通过溶解-沉淀过程处理几次纯化后产物，最终得到 CTS-DM-DAAC。此外，下文中 CTS 及羧基化 CTS（C-CTS）材料皆为购置的化学品。

2. 季铵化壳聚糖（CTS-DMDAAC）的表征

如图 3-64（a）所示，CTS 及其改性产物热重图显示出不同的热分解特征。CTS-DM-

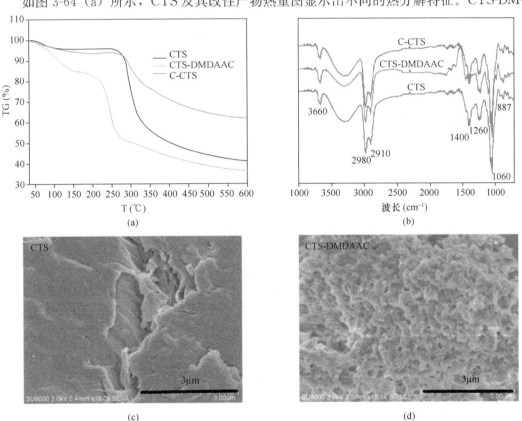

图 3-64　CTS-DMDAAC 表征
（a）TG 曲线；（b）FT-IR 光谱；（c）SEM（CTS）；（d）SEM（CTS-DMDAAC）

DAAC 的热稳定性比 CTS 低，随着温度从 50℃ 增加到 150℃，CTS-DMDAAC 的重量减少了 20%，这归因于 CTS-DMDAAC 中结合水的流失。所有改性后的 CTS 在 250~450℃ 时重量明显减轻，这是由于 CTS 分子的热分解，但材料中的碳和无机盐保留了下来，另外，C-CTS 较另外两者比在高温下表现出更好的热稳定性。

如图 3-64 (b) 所示，出现在 3442cm^{-1} 处的强吸收峰源于 O-H 的拉伸、氨基中的 N-H 或者是 CTS 分子中的氢键。CTS-DMDAAC 与 CTS 相比，位于 1640cm^{-1} 和 1531cm^{-1} 处的新吸收峰与 C=C 的伸缩振动有关，并且在嫁接反应过程中 -NH$_2$ 的吸收峰转化为 =N-H 的吸收峰。此外，2910cm^{-1} 的新吸收峰与 CTS-DMDAAC 的 C=NH$^+$ 的特征峰相关。因此，FT-IR 分析证实单体 DMDAAC 已成功接枝到 CTS 中。

图 3-64 (d) 显示 CTS-DMDAAC 表面呈现多孔和不规则结构，而 CTS 表面更光滑 [图 3-64 (c)]，表明 DMDAAC 的掺入增加了 CTS 的比表面积，这可能会提供更多的絮凝活性部位。表 3-10 为三种 CTS 絮凝剂的凝胶色谱分析结果，三种 CTS 的平均分子量分别为 4376000Da、141400Da 和 1755Da，表明 CTS 聚合物非常复杂并且含有一些高分子量的聚合物。CTS-DMDAAC 的平均分子量降低至 49630Da，因为 DMDAAC 掺入 CTS 分子中增加了分子间的静电排斥，并因此增加了聚合抗性，使形成更大的聚合物更加困难。同样地，C-CTS 的分子量进一步降低，因为 CTS 的分子链在羧化后已被破坏。

CTS 絮凝剂的凝胶色谱分析　　　　　　　表 3-10

样品	时间	分子量（MW）
CTS	7.893~10.416	4376000
	11.030~16.486	141400
	16.982~19.037	1755
CTS-DMDAAC	10.015~18.763	49630
C-CTS	15.261~19.492	1540

3. CTS 及其改性产物对污泥脱水性能的影响

(1) CTS 及其改性产物调理后污泥的脱水指标

图 3-65 (a) 表明，当 CTS-DMDAAC 投量增加到 35mg/g TSS 时，CST$_n$ 从 29.88s·g/L 降至 1.31s·g/L，CTS-DMDAAC 投量进一步增加后 CST$_n$ 变化很小。将 CTS 投量增加至 35mg/g TSS 的过程中，CST$_n$ 逐渐降低并达到最小值 2.45s·g/L。然而，CST$_n$ 在 C-CTS 调理后没有显示出明显的变化，表明 C-CTS 在污泥脱水改善方面基本无效。此外，将 CTS-DMDAAC 投加量提高至 35mg/g TSS 时，SRF 从 2.38×10^9 m/kg 降至 2.64×10^8 m/kg [图 3-65 (b)]，而 CTS 和 C-CTS 的投加量超过 35mg/g TSS 时，污泥脱水性能恶化，这是由于过量使用 CTS 和 CTS-DMDAAC 引起的电荷逆转。另外，当 CTS-DMDAAC 和 CTS 的投加量为 40mg/g TSS 时，分别得到了最小滤饼含水量（CMC）81.7% 和 88.3%，但在 C-CTS 调理后 CMC 没有显著变化。CTS-DMDAAC 在改善污泥过滤性和降低 CMC 方面表现更好，并且过量投加后的影响较小。

(2) CTS 及其改性产物调理后污泥的絮体性质

如图 3-66 (a) 示，加入了羧基的 C-CTS 调理后没有表现出絮体电荷性质的明显变化。而通过将 CTS-DMDAAC 的投加量提高至 30mg/g TSS，污泥的 Zeta 电位从

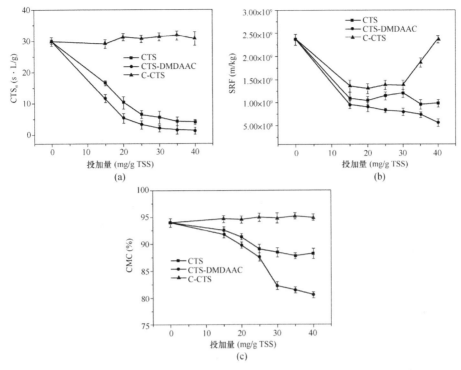

图 3-65 不同 CTS 絮凝剂调理对污泥脱水性能的影响

(a) CST; (b) SRF; (c) CMC

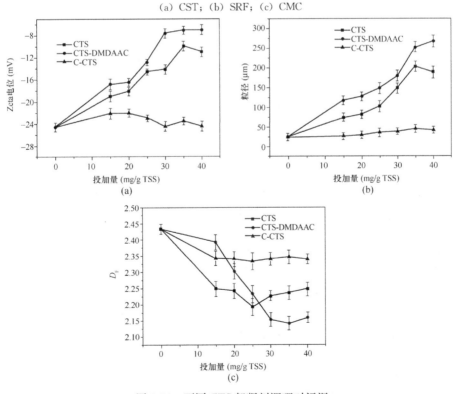

图 3-66 不同 CTS 絮凝剂调理对污泥

(a) Zeta 电位; (b) 絮体粒径; (c) 分形维数的影响

－24.6mV显著增加至－8.69mV，表明 CTS-DMDAAC 在电中和作用中表现出了更好的性能，这是由于 CTS 中-OH 基团的电离，通常使其带正电，且在季铵化改性后，CTS 变成具有更高电荷密度的水溶性聚电解质，而且其良好的扩散性和高正电荷密度，会使 CTS-DMDAAC 通过电中和作用后，絮凝效果更好。

如图 3-66（b）所示，添加 C-CTS 后污泥絮体粒径没有明显变化，说明 C-CTS 对污泥絮凝没有影响，而当 CTS-DMDAAC 投加量提高时絮体粒径显著增加，原污泥絮体粒径为 17.0μm，当 CTS-DMDAAC 用量为 40mg/g TSS 时，絮体粒径最大，为 210.9μm，表明 CTS-DMDAAC 促进了污泥颗粒的聚集。带正电荷的聚合物可以通过电中和作用中和污泥颗粒中的负表面电荷，因此悬浮颗粒的连接变得更加紧密。分形维数（D_f）是分形概念中最重要的定量参数之一，它代表了絮体的空间填充能力。在颗粒絮凝中，反应限制聚集（不利条件）与致密球状聚集体的形成有关，而扩散限制聚集（有利条件）与松散的分形絮体形状相关。C-CTS 对污泥絮凝形态的影响有限。当 CTS 和 CTS-DMDAAC 用作化学调理剂时，絮体粒径的 D_f 减小，表明 CTS 和 CTS-DMDAAC 絮凝形成的污泥絮体变得更不规则。Chakraborti 等人提出，随着絮体的形成，絮体孔隙率的增加，占聚集体标准体积的原始污泥颗粒数量减少，这将导致不规则聚集体的产生和污泥絮体 D_f 的降低。此外，由于污泥含有高浓度的生物聚合物并且显示出差的扩散性，因此絮凝反应很可能归因于扩散限制聚集。

（3）CTS 及其改性产物调理后污泥泥饼结构

污泥饼的 SEM 如图 3-67 所示。原始污泥絮体表面相对光滑，CTS 和 CTS-DMDAAC 调理后的泥饼表面出现了更多的通道和孔隙，这有助于排水。图 3-67 清楚地显示出由 CTS 和 CTS-DMDAAC 调理的污泥絮体结构比 C-CTS 更紧凑。此外，絮体之间存在大的

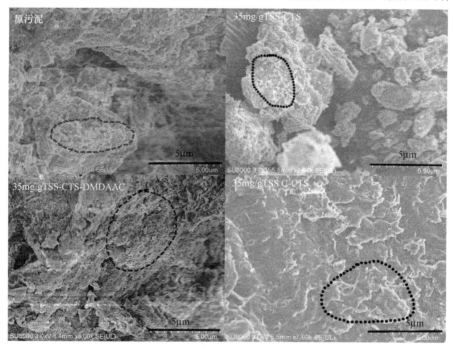

图 3-67 不同 CTS 絮凝剂调理后的污泥饼 SEM 图像

裂缝，这些裂缝能够在机械压缩下提供用于释放水的通道。

（4）CTS 及其改性产物调理后污泥 EPS 含量变化

图 3-68（a）显示在用 CTS 和 CTS-DMDAAC 絮凝调理后，SEPS 和 LB-EPS 中蛋白质的含量均降低。而通过提高 C-CTS 的投加量，SEPS 的蛋白质浓度略微降低然后增加。蛋白质样物质的游离氨基与 CTS 中羟基的相互作用（氢键、共价键或配位键）可能导致 SEPS 和 LB-EPS 组分中蛋白质的沉淀和致密化。由于 CTS-DMDAAC 有着更强大的电中和能力，其在与蛋白质结合方面表现出良好的性能，在加入 40mg/g TSS 的 CTS 和 CTS-DMDAAC 后，SEPS 中多糖浓度分别从 10.13mg/g TSS 降至 4.87mg/g TSS 和 4.43mg/g TSS，LB-EPS 的多糖含量分别从 2.96mg/g TSS 降至 1.45mg/g TSS 和 0.98mg/g TSS。另一方面，C-CTS 调理后的多糖含量随着投加量的增加先降低后升高，从图 3-68（c）可以看出，在加入 25mg/g TSS 的 CTS 和 30mg/g TSS 的 CTS-DMDAAC（最优投加量）时，SEPS 中的腐殖酸含量分别从 16.54mg/g TSS 降至 11.66mg/g TSS 和 16.07mg/g TSS，而加入 C-CTS 后腐殖酸浓度没有显著变化。以上结果表明，在 CTS 和 CTS-DMDAAC 调理后，总 EPS 的浓度降低，这两种絮凝剂调理后会有效的压缩污泥颗粒中的凝胶状结构。

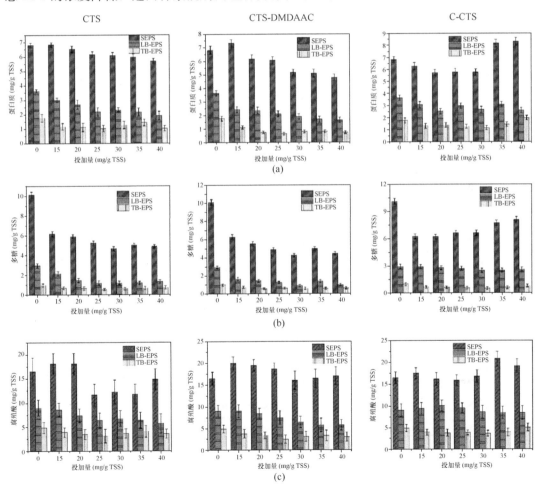

图 3-68　不同 CTS 絮凝剂调理后对不同 EPS 组分中的有机质含量

（a）蛋白质；（b）多糖；（c）腐殖酸的影响

（5）CTS 及其改性产物调理后污泥 EPS 组分变化

图 3-69（a）可以看出，C1、C2 和 C3 三种主要组分的峰分别位于 E_x/E_m：（225，280）/340nm、（225，330）/405nm 和（255，380）/445nm。C1 与酪氨酸蛋白质和色氨酸蛋白质（TPN）有关，C2 分别与芳香族蛋白样物质（APNⅡ）和 TPN 有关，C3 对应腐殖酸类物质（HA）和富里酸类物质（FA）。用不同 CTS 基絮凝剂调理后，EPS 中不同组分的最大荧光强度（FImax）的变化如图 3-71 所示。从图 3-69（b）可以看出，SEPS 的荧光强度几乎没有明显变化，这意味着 SEPS 中的生物聚合物难以用 CTS 基聚合物絮凝。图 3-69（c）表明，在 CTS 最佳投加量为 35mg/g TSS 时，LB-EPS 中 C1 和 C2 的

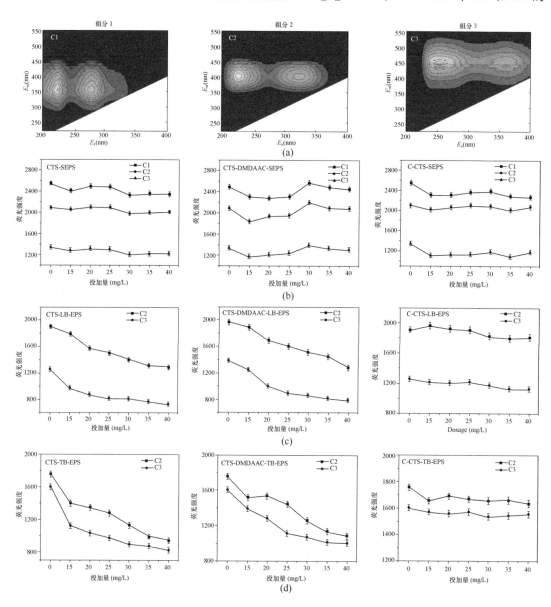

图 3-69　不同 CTS 絮凝剂调理后 EPS 中荧光成分的荧光强度变化
（a）EEM 光谱中的荧光成分；（b）SEPS；（c）LB-EPS；（d）TB-EPS

FImax 水平降低了 32％ 和 43％。TB-EPS 的荧光成分显示出与 LB-EPS 相似的变化 [图 3-69（d）]。此外，在 C-CTS 调理后，C1 和 C2 的荧光强度没有明显变化，表明 C-CTS 对污泥絮凝没有影响。对于特定的絮凝剂，生物聚合物的絮凝效果取决于它们的分子结构，更高疏水性和分子量的天然有机物质（NOM）更容易与聚合物絮凝。

（6）CTS 及其改性产物调理后污泥 EPS 中不同分子量有机物含量变化

根据聚苯乙烯磺酸钠标准品的洗脱时间和表观分子量（AMW）之间的关系对 EPS 的分子量（MW）分布进行分类。图 3-70 显示了 SEPS 和 LB-EPS 组分中存在 7 个峰，在 TB-EPS 中存在 6 个峰。EPS 组成与分子量分布有关：大分子生物聚合物（＞ 4000Da）由多糖和蛋白质组成，中分子部分（1000～4000Da）由腐殖质和肽组成，低分子量（＜ 1000Da）主要为有机酸。图 3-71 表明 SEPS 和 LB-EPS 的分子量降低并在热水解下转化为中分子和低分子。SEPS 和 LB-EPS 中的生物聚合物在使用不同 CTS 絮凝剂调理后降低。很明显，与 C-CTS 相比，CTS 和 CTS-DMDAAC 可以更有效地与污泥絮体相互作用。此外，SEPS 和 LB-EPS 中分子量高于 1800 Da 的生物聚合物在污泥上清液中可以与 CTS 基絮凝剂更有效地结合。Lyko 等人发现高分子量生物聚合物对污泥的过滤性能有着重要影响，因此高效去除 SEPS 中的大分子物质有利于污泥脱水。另外，TB-EPS 中的所有 MW 峰强度均显著降低，特别是在 CTS-DMDAAC 调理后 MW 为 5489 Da 和 6699 Da 的高分子量生物聚合物峰。Caudan 等人发现 EPS 可提取性与絮凝强度有关，低 EPS 含量

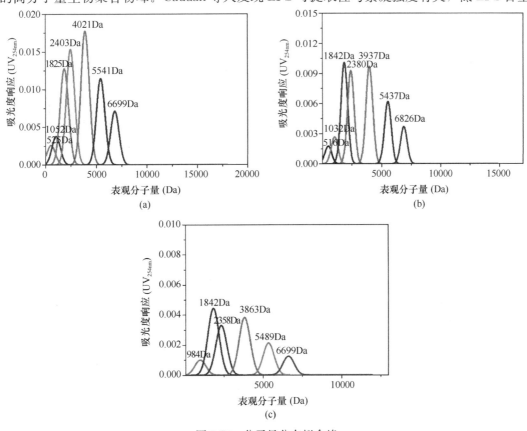

图 3-70　分子量分布拟合峰
（a）SEPS；（b）LB-EPS；（c）TB-EPS

与高絮凝强度有关。以上结果表明，CTS 基聚合物不仅能够去除 SEPS 和 LB-EPS 中的生物聚合物并改善了污泥过滤性能，而且可以与 TB-EPS 中的生物聚合物结合并提高污泥絮体强度，从而降低污泥饼的可压缩性。

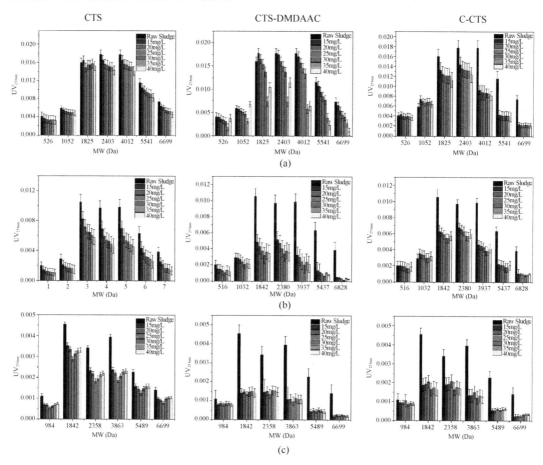

图 3-71　不同 CTS 基絮凝剂调理后的分子量峰值荧光强度
(a) SEPS；(b) LB-EPS；(c) TB-EPS

（7）CTS 及其改性产物调理后污泥絮体中蛋白质及多糖的分布

使用激光共聚焦显微镜（CLSM）分析了 CTS 基絮凝剂调理后污泥絮体中蛋白质和多糖分布的变化。从图 3-72 可知，蛋白质是污泥絮体的主要成分。从图 3-72（b）中可知，CTS、CTS-DMDAAC 促使蛋白质中阴离子官能团的结合并形成更大的絮体，且 CTS-DMDAAC 在促进蛋白质和多糖结合方面更有效，这可能是因为其电中和能力更强。如图 3-72（d）示，加入 C-CTS 后，蛋白质和多糖的荧光信号弱于 CTS 和 CTS-DM-DAAC，表明 C-CTS 对蛋白质分子无效。以上结果表明，改性后的 CTS 絮凝剂与生物聚合物（尤其是蛋白质）之间的分子相互作用是提高污泥调理脱水性能的主要机理。

3.3.6　甲醇联用无机混凝剂改善污泥的脱水性能

近年来，提出了一些联合处理方法，如碱热处理、H_2O_2 预处理加热处理、H_2O_2 和微波联合处理及 Fenton-超声波处理，但这些污泥处理工艺都有着较高的能量或化学投加量

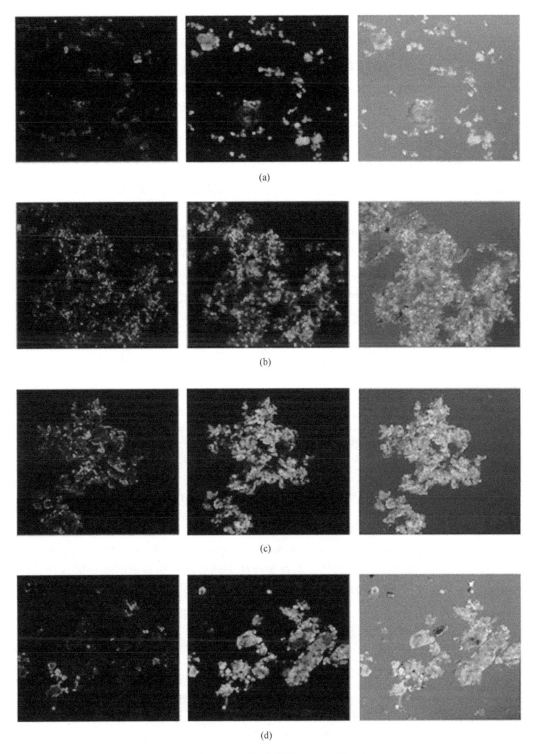

图 3-72　污泥絮体的 CLSM 图

(a) 原污泥；(b) CTS 调理后；(c) CTS-DMDAAC 调理后；(d) C-CTS 调理后

要求，并且污泥处理工艺很复杂，很难在整个工厂范围内操作。而在污泥体系中，蛋白质是 EPS 的主要组成部分，在污泥脱水中起着至关重要的作用，这一考虑使得我们试图通过改变蛋白质的性质来改善污泥的脱水能力。甲醇是一种极性亲水试剂，介电常数比水低，甲醇分子可以和许多水分子结合，这可能导致蛋白质表面水合壳的破坏，从而削弱蛋白质的稳定性。同时，甲醇分子容易在蛋白表面聚集，通过范德华力、瓦尔斯力和递减疏水作用与蛋白侧链发生强烈的相互作用。因此，甲醇有望成为一种高效的污泥强化脱水药剂，实现污泥强化脱水与反硝化脱氮过程的耦合。

1. 甲醇处理对污泥脱水性能的影响

（1）甲醇处理后污泥的脱水指标

以往的 SRF 测定研究发现，真空过滤后的泥饼固体含量（CSC）较低（15%～25%，w/w）。传统的高压脱水无机混凝剂在去除污泥絮体中结合水和胞间水方面效果不佳。而经过甲醇处理后（图 3-73），SRF 随着甲醇浓度的增加而显著降低。CST 的趋势与 SRF 相似，说明甲醇处理改善了污泥过滤脱水性能，并在去除结合水方面优于无机混凝剂。

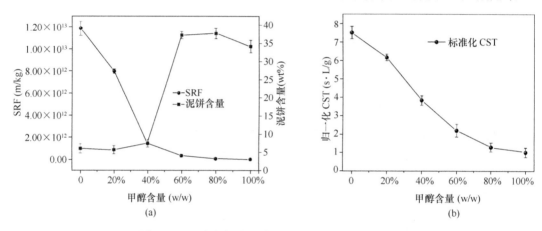

图 3-73　甲醇浓度对污泥 SRF、CSC 和 CST_n 的影响

（2）甲醇处理后污泥的絮体性质

如图 3-74 所示，甲醇可在较低浓度下溶解污泥絮体，而高浓度甲醇中污泥絮体的电负性较弱，絮体受到范德华力的破坏，会聚集成较大的絮体。随着甲醇浓度的增加，Zeta 电位逐渐增大。羧基、氨基、磷酸基团等阴离子基团的电离是污泥絮体表面负电荷的来源。甲醇破坏了其中一些阴离子基团的稳定性，导致了这些阴离子基团的结合。

（3）甲醇处理后污泥 EPS 组分变化

EPS 中存在有芳香族蛋白质、色氨酸族蛋白质。甲醇的加入没有改变有机物种类但改变了有机物含量，在甲醇浓度为 40%（w/w）时，LB-EPS 和 TB-EPS 中与蛋白质相关的物质含量变化最大。随着甲醇浓度的增加，其含量逐渐降低（图 3-75）。有研究表明，EPS 的可提取性与絮体的强度有关，较低的 EPS 含量与较高的絮体强度有关。甲醇破坏细胞膜或类似的包裹结构，从而导致细胞内物质的释放。在黏液或上清液中，芳香族蛋白质浓度低于色氨酸族蛋白质，但在结合 EPS 中，芳香族蛋白浓度高于色氨酸族蛋白质。更具体地说，蛋白质的含量先增加达到最大值，然后随着甲醇的浓度升高而下降，因为一部分蛋白质和多糖分子可以通过静电相互作用形成的糖蛋白复合物被 Ca^{2+}、Mg^{2+} 架桥。利用

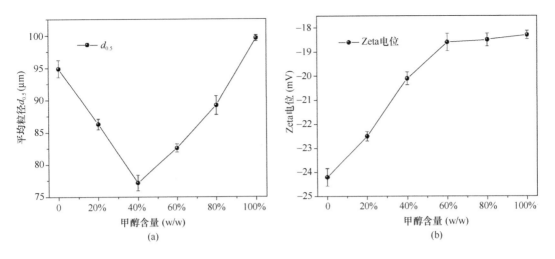

图 3-74　甲醇浓度对污泥絮凝体粒径和 Zeta 电位的影响

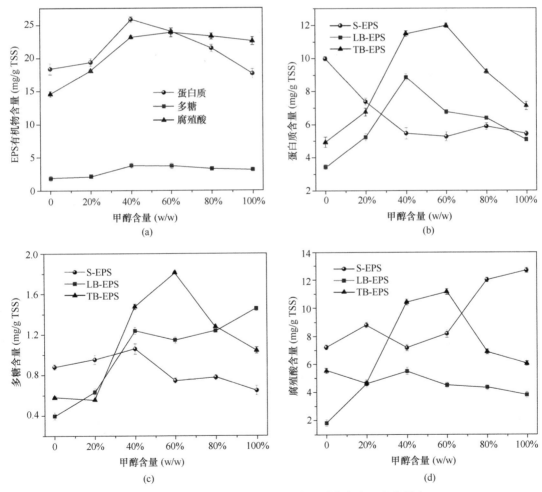

图 3-75　甲醇浓度对 EPS 中主要有机质分布和组成的影响

（a）有机质；（b）蛋白质；（c）多糖；（d）腐殖酸

FT-IR 对提取的 SEPS 残基样品进行分析，检测确定了四个区域：碳氢化合物、蛋白质、多糖和核酸。在污泥絮体中，多糖、蛋白质等生物大分子以复合物的形式存在，因此多糖含量的变化与蛋白质的变化类似。核酸则是由于甲醇处理造成的细胞损伤而释放出来的。

表 3-11 显示了蛋白质、多糖和腐殖酸与 SRF 和 CST 之间线性回归的 Pearson 相关系数。SEPS 中的蛋白质含量与 SRF、CST 之间的 Pearson 相关系数分别为—0.945（$p<$0.01）和—0.872（$p<$0.05）。这证明了污泥脱水的增强与来自 SEPS 中蛋白质的固化密切相关。该结果与先前的研究一致，即通过去除 SEPS 中的黏性生物聚合物来改善污泥脱水性能。LB-EPS 中的多糖含量和 SRF、CST 之间的 Pearson 相关系数分别为—0.823（$p<$0.01）和—0.945（$p<$0.01），表明 LB-EPS 中的多糖含量与脱水性增强呈正相关。多糖分子上的亲水基团丰富，SEPS 向 LB-EPS 的转化降低了黏液和上清液的亲水性。此外，腐殖酸含量与污泥脱水性之间没有显著的相关性。以上结果表明，甲醇主要通过改变蛋白质和一小部分的多糖来改善污泥脱水性能。

蛋白质、多糖、腐殖酸与 SRF、CST 之间线性回归的 Pearson 相关系数　　　表 3-11

		S-EPS	LB-EPS	TB-EPS
蛋白质	SRF	0.945	−0.636	−0.644
	CST	0.872[b]	−0.442	−0.551
多糖	SRF	0.267[a]	−0.823[a]	−0.596
	CST	0.633	−0.945[a]	−0.690
腐殖酸	SRF	−0.534	−0.832[a]	−0.365
	CST	−0.456	−0.724	−0.393

注：1. 相关性在 0.05 上显著（双尾检验）；
　　2. 相关性在 0.01 上显著（双尾检验）。

（4）甲醇处理后污泥 EPS 中蛋白质含量变化

图 3-76 显示经甲醇调理后污泥 EPS 中有机物的荧光峰位置并未改变，但荧光强度显著改变。SEPS 中关于芳香族和色氨酸族蛋白质的荧光强度峰较弱，而 LB-EPS 和 TB-EPS 中与蛋白质相关的峰强度在甲醇浓度为 40%（w/w）时达到最大值。当甲醇浓度超

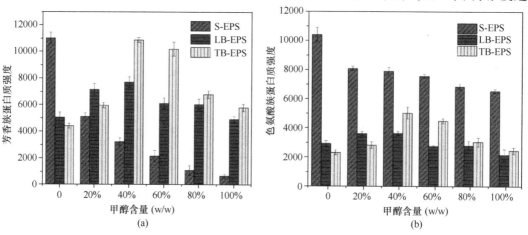

图 3-76　甲醇浓度对污泥 EPS 中的蛋白质荧光强度的影响（样品稀释 20 倍）
（a）芳香族蛋白质；（b）色氨酸蛋白质

过 40%（w/w）时，荧光强度显著降低。这些结果与前面描述蛋白质、多糖和腐殖酸含量变化的结果一致。在黏液或上清液中芳香族蛋白质浓度低于色氨酸，但在结合 EPS 中芳香族蛋白质浓度高于色氨酸。

（5）甲醇处理后污泥 EPS 化学组成变化

使用 FT-IR 分析了 SEPS、结合 EPS 的组成和官能团。如图 3-77 和表 3-12 所示，EPS 的主要成分为碳氢化合物、蛋白质、多糖和核酸。表 3-12 显示 EPS 组分是十分复杂的，在去除上清液的固体污泥样品的 FT-IR 光谱上发现许多特征峰，分别为：代表 O-H 基团伸缩振动的 3200～3650cm^{-1} 峰，代表 CH$_2$ 中 C-H 伸缩振动的 2920～2930cm^{-1} 和 2850cm^{-1} 峰，这两个基团与烃脂族链相关，1656cm^{-1} 处的波长表明存在来自酰胺Ⅰ蛋白质组的 C-N 和 C＝O 的伸缩振动，在

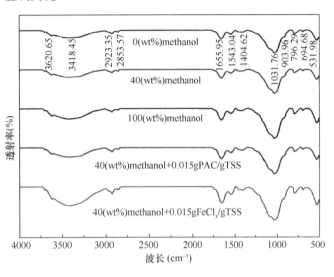

图 3-77 污泥絮体的 FT-IR 谱图

1543cm^{-1} 处的峰表明酰胺Ⅱ基团的 CO-NH 中的 N-H、C-N 键，在 1405cm^{-1} 处的特征峰是由于酰胺Ⅱ的氨基酸的质子化羧基中 C＝O 的对称伸缩振动，在 1032cm^{-1} 处观察到的峰与 C-OH 和 C-O-C 环振动的伸缩振动有关，这表明样品中存在多糖，在 904cm^{-1} 处的峰与从核酸中延伸的 O-P-O 有关。图 3-77 表明，改变甲醇浓度，特征峰的位置不变，但峰强度逐渐减弱，EPS 中的蛋白质含量随着甲醇浓度的增加而增加。在添加无机絮凝剂后，峰强度进一步降低，这表明污泥的蛋白质含量增加，以上说明由于电中和和无机絮凝剂的吸附，污泥絮体结构变得紧凑从而减少可提取的 EPS。如上所述，在污泥絮体中，生物大分子如多糖和蛋白质以复合物形式存在，因此多糖含量的变化与蛋白质的变化相似。由于甲醇处理引起的细胞损伤，核酸可能被释放。这些结果与液相中蛋白质和多糖含量的变化相反，这表明液体的成分在甲醇处理下固化，进一步证实了蛋白质沉淀。

FT-IR 光谱特征峰的分布表 　　　　　　　　　　表 3-12

键域	波长（cm^{-1}）	键带分布
水热碳	3200-3650	O-H 基团伸缩振动
	2920-2930，2850	CH$_2$ 中 C-H 伸缩振动
蛋白质	1656	酰胺Ⅰ蛋白质组 C＝O 和 C-N 的伸缩振动
	1543	酰胺Ⅱ基团的-CO-NH-中的 N-H、C-N 键的伸缩振动
	1405	酰胺Ⅱ基团中氨基酸的质子化羧基中 C＝O 的对称伸缩振动
多糖	1032	C-OH 和 C-O-C 环的伸缩振动
核酸	904	O-P-O 的伸缩振动

（6）甲醇处理后污泥中蛋白质和多糖的分布

共聚焦激光扫描显微镜（CLSM）用于分析 EPS 和污泥絮体中生物聚合物的空间分布。由图 3-78 可见，蛋白质是污泥絮体的主要有机成分。随着甲醇浓度的增加，固体蛋白质含量（包括 SEPS 中的蛋白质）逐渐增加，这与之前描述的蛋白质、多糖和腐殖酸含量的结果相匹配。细胞外蛋白质主要由亲水性物质组成，它们是污泥脱水性的决定因素。Brandts 和

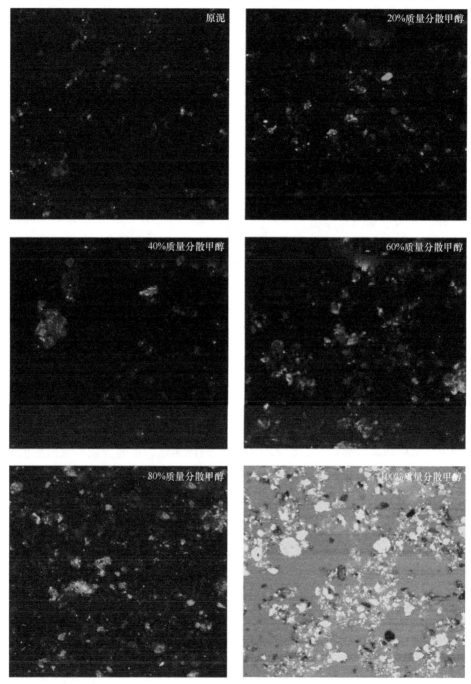

图 3-78　污泥絮体 CLSM 图

Hunt 假设水溶液中的蛋白质可以被高度有序的水"包合物"所容纳，而这种"包合物"对溶液的熵具有相当大的代价。加入甲醇后，包合物结构易溶化，蛋白疏水侧链优先溶化。取代水分子的甲醇分子聚集在蛋白质表面，从而破坏蛋白质的水合外壳，导致结合水的释放。如上所述，SEPS 中的结构不稳定蛋白可能转化为结合 EPS。当甲醇浓度超过 40%（w/w）时，蛋白质析出，从而降低了污泥的亲水性组分。甲醇在蛋白表面的积累减少了蛋白内部的疏水反应，导致蛋白疏水簇的断裂。由于范德华力的作用，甲醇分子与蛋白侧链的相互作用较强，从而削弱了蛋白质内的非极性反应，导致蛋白质三级结构的膨胀。

2. 甲醇与无机混凝剂联合处理对污泥性能的影响

（1）甲醇与无机混凝剂联合处理对污泥脱水性能的改善作用

调理污泥的甲醇浓度较低时，污泥絮体粒径小，过滤性能差。将甲醇浓度提高到 20%（w/w）后，加入无机混凝剂（铝、铁盐）进一步絮凝，可以增大絮体粒径，提高过滤性能。铝和铁盐的水解产物作为骨架构建剂，增加了絮体的强度，从而降低污泥的压缩性。如图 3-79（a）所示，20%（w/w）的甲醇与 0.005g PAC/g TSS 调理后，SRF 从 7.99×10^{12} m/kg 降至 8.27×10^{11} m/kg，CSC 达到 38.09%（w/w），20%（w/w）的甲醇与 0.005g $FeCl_3$/g TSS 调理后［图 3-79（b）］，SRF 从 7.99×10^{12} m/kg 降至 8.64×10^{11} m/kg，CSC 达到 34.33%（w/w）。当单独用 PAC 或 $FeCl_3$ 调理污泥时，最佳投加量都为 0.015g/g TSS，并且 CSC 总是 <25%（w/w）。而甲醇与无机混凝剂复合使用后，在改善污泥脱水性和增加泥饼的固体含量方面效果更好。这种混合调理方法的优点是污泥脱水效率更高，对后续污泥处理的不利影响更小。

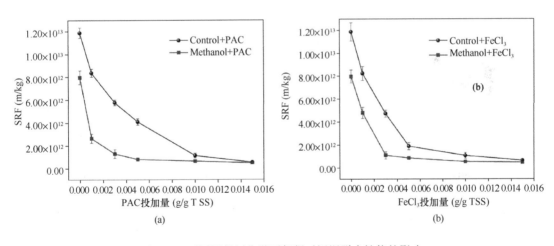

图 3-79　不同混凝剂化学再絮凝对污泥脱水性能的影响

(a) PAC；(b) $FeCl_3$

（2）甲醇与无机混凝剂联合处理后污泥泥饼形态

图 3-80 为调理后污泥絮体的形态。原污泥表面光滑，随着甲醇浓度增加到 40%(w/w)，絮体表面出现丰富的蜂窝状结构，随着甲醇浓度的进一步增加（>40%，w/w），絮体团聚，表面再次变得光滑［图 3-80（c）、(d)］。当无机混凝剂联用后，絮体重新聚集时，由于电中和和吸附架桥，絮体密度增大，更有利于高压污泥脱水［图 3-80（e）、(f)］。

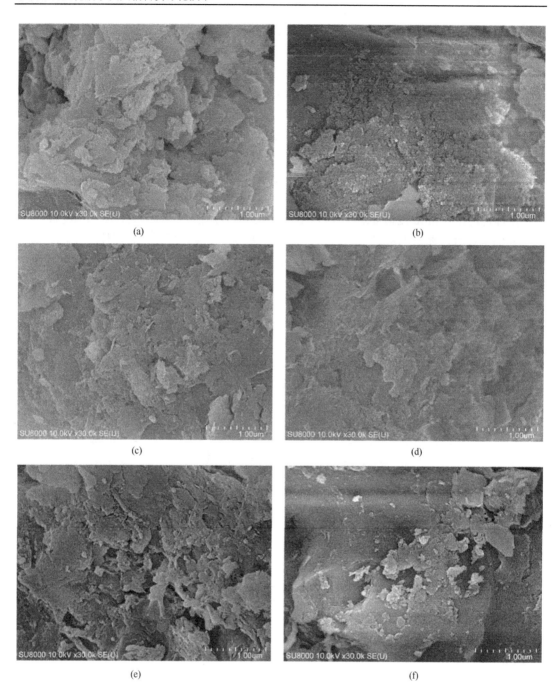

图 3-80　污泥絮体的 SEM（30000 倍）

（a）原污泥；（b）40%（w/w）甲醇；（c）60%（w/w）甲醇；（d）100%（w/w）甲醇；
（e）20%（w/w）甲醇＋0.005g PAC /g TSS；（f）20%（w/w）甲醇＋0.005g FeCl$_3$/g TSS

3. 甲醇与无机混凝剂联合调理的工程意义

在实际应用中，污泥脱水系统可以与基于甲醇多级利用的回收系统耦合，以日污水处理量为 200000t 的污水厂为例，可以将污泥调理和污水脱氮处理工艺进行整合（图 3-81）。污水处理厂的总氮（TN）为 50～60mg/L，需要 16.9t 甲醇作为碳源，通过反硝化去除

30mg/L 的硝酸氮，每日污泥产量约为 180t（含水量约 80%）。板框式压滤机每天可运行 6 次，每 4h 运行一次，每次处理 30t 污泥，以上方案需要 45t 20%（w/w）的甲醇溶液。其中，反硝化过程中需要 2.82t 甲醇作为碳源。故必须在流体储存器中添加额外的 3.6t 甲醇以产生 45t 20%（w/w）甲醇溶液，而含有 5.4t 甲醇的 41.4t 滤液将返回滤液储罐，流入调节罐以继续处理污泥。因此，通过向流体储存器中添加 21.6t 甲醇，可以每天维持该循环，且甲醇回收率达到 91.3%。该实施方案显示了一种有前途的污泥处理方法，该方法提供了较高的脱水性能和较低的干固体增加量。对于替换具有高能耗的污泥处理处置工艺，例如焚烧和热解，这是一种合适的技术。

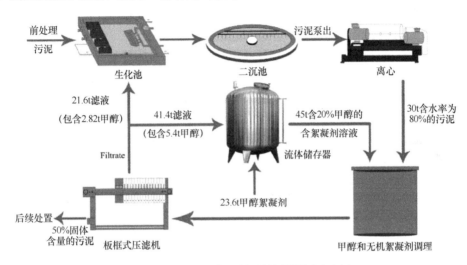

图 3-81　基于甲醇多级利用的污泥脱水与污水
脱氮相结合工艺的流程图

3.3.7　污泥碳联用有机高分子絮凝剂改善高级厌氧消化污泥的脱水性能

厌氧消化可有效地降低污泥体积，稳定污泥中的有机组分，杀灭病原微生物，以甲烷形式产生可再生能源，故其得到了广泛的应用。厌氧消化可分为三个阶段：生物聚合物的水解、产生乙酸和产生甲烷。在这些阶段中，污泥的 EPS、絮体形态和化学条件都会发生很大的变化。由于厌氧消化污泥中的蛋白质和多糖可以转化为具有化学稳定性和抗生物降解性的腐殖质，因此碳基材料的加入有望提高污泥絮体强度，同时去除厌氧消化液中的难降解生物聚合物。污泥中含有大量的有机物，可通过热解转化为多孔活性碳用于水处理，污泥厌氧热解转化为多孔活性碳的过程，还能清除污泥中的有机污染物，稳定有毒重金属。此外，氢氧化钾和氯化锌等化学物质可以催化热解碳，增加了其比表面积，从而增加了活性碳的吸附能力。

本节研究了一种新型的厌氧消化污泥调理工艺，将污泥基活性碳（SBAC）作为骨架构建剂与有机絮凝剂［阳离子聚丙烯酰胺（CPAM）和壳聚糖（CTS）］相结合进行絮凝，在去除可溶性生物聚合物的同时，提高了污泥的脱水性能。此外，本节着重评价了 SBAC 调理污泥的效果及对有机物的去除效率，比较了 CPAM 和 CTS 再絮凝对污泥脱水性能的改善效果，深入了解了 SBAC 调理和有机高分子絮凝剂再絮凝过程中污泥中 EPS 形态变化的机理。本工作旨在为污水污泥处理提供一种新型环保、可持续的调理工艺。

1. SBAC 的材料制备

将污泥样品在 105℃环境下干燥至恒重，破碎、研磨筛分并收集，该颗粒污泥作为制备 SBC 的初始材料。取该初始材料 10g 置于瓷舟中，用瓷质盖板将瓷舟盖住，防止通入气体导致的材料损失。以 80mL/min 的速度向管式炉内通入氮气 20min，再以 10℃/min 的速度将样品从 20℃升温至 600℃，热解 30min 后在氮气气氛中冷却至室温。用 3 mol/L 的 HCl 溶液对碳化后得到的固体进行酸洗 2min，之后用去离子水冲洗，至出水的 pH 达到 6～7 为止。最后，将颗粒碳材料于 105℃下再次干燥至恒重，研磨并通过 100 目筛（150 μm），使碳材料尺寸均一化，即得到污泥碳（SBC）。

2. SBAC 的材料表征

比表面积、孔径、微孔率和表面官能团是影响 SBAC 吸附性能的主要因素。SBAC 的表征结果如图 3-82 和表 3-13 所示。图 3-82（a）表明，当温度从 25℃增加到 200℃的过程中，原污泥重量减少了 10%，当温度从 200℃增加到 600℃的过程中，污泥碳重量降低了 48%。以上结果表明，在 600℃之前，生物聚合物都在迅速分解，直到只剩下碳和无机矿物，随着温度的进一步升高，没有额外的重量损失，表明 600℃的热解温度足以使污泥碳

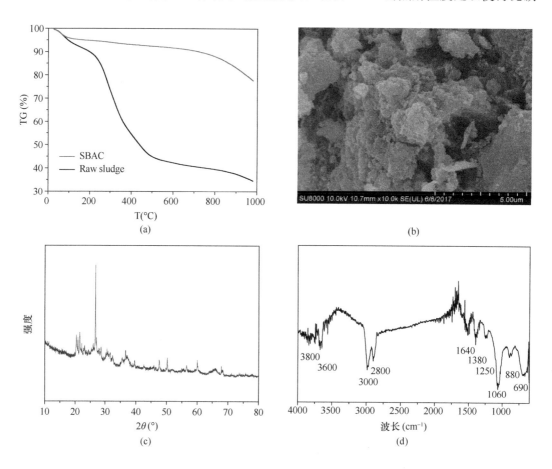

图 3-82 SBAC 的表征结果（一）

（a）TG 曲线；（b）SEM；（c）XRD；（d）FT-IR

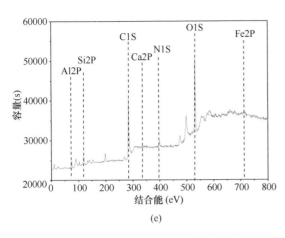

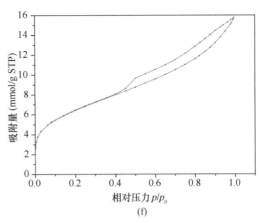

图 3-82　SBAC 的表征结果（二）

（e）XPS；（f）吸附-解吸等温线

化，同时，在 700℃时 SBAC 未见明显热分解现象，表明其具有优良的热稳定性。此外，SBAC 表面粗糙，多孔结构发育良好且比表面积较高，为 641.56m²/g［图 3-82（b）］。FT-IR 结果表明，羟基、氨基等大量的官能团，保留在了 SBAC 表面，这可以增加有机物的吸附能力，其中，$3200 \sim 3650 cm^{-1}$ 的峰表明 OH 基团的伸缩振动，$2850 cm^{-1}$ 处的峰表明 CH_2 的 C-H 伸缩振动，$880 cm^{-1}$ 处的峰为 Al-O 配位键，$1060 cm^{-1}$ 处的峰与 C-OH 有关，$1640 cm^{-1}$ 处的峰与 C=C 和 C=O 的拉伸振动有关。图 3-82（d）、（e）表明 C，O 是 SBAC 中的主要元素，占 90%以上，而在 SBAC 中还存在少量的各种金属氧化物，例如 Al_2O_3、MnO_2 和 Fe_2O_3，这说明 SBAC 是一种主要由碳和金属氧化物组成的复合材料。

SBAC 的比表面积及孔径参数　　　　　　　　　　　　　　　　　　　表 3-13

	BET（m²/g）	外表面积（m²/g）	微孔区域（m²/g）	微孔大小（cm²/g）
SBAC	641.56	562.49	79.07	0.002851

N_2 吸附-解吸等温线和孔径分布如图 3-82（f）、图 3-83 所示。图 3-82（f）显示，在相对压力增加至 $0.1p/p_0$ 的过程中，N_2 吸附等温线迅速增加，而相对压力从 $0.1p/p_0$ 增加至 $1.0p/p_0$ 的过程中，吸附等温线缓慢增加，这表明随着相对压力的增加，单层吸附变为了多层吸附。其中，N_2 吸附等温线反映了中孔和大孔对吸附的影响，由于较大的孔径范围和没有吸附饱和，SBAC 吸附量在 $1.0p/p_0$ 附近显著增加。当相对压力大于 $0.4p/p_0$ 时，吸附和解吸等温线由于中孔中 N_2 的

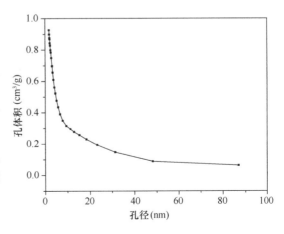

图 3-83　SBAC 的孔径分布图

毛细管冷凝现象而形成闭环。由于闭环是 IUPAC 型 H_3 磁滞回线，故 SBAC 中的孔结构是中孔或大孔，这意味着当吸附质的直径大于孔径的 0.33 倍时，吸附质的移动将被阻挡，吸附质不能到达吸附微孔的表面，因此不能完全吸附。当孔径在 50～100nm 范围内时会发生这种情况。简单来说，活性碳对有机物质的吸附取决于中孔和大孔的数量。SBAC 的 BET 比表面积大，因此有助于吸附。图 3-83 中给出的孔径分布显示主要孔径在 2～8nm 范围内，在 1.7nm 和 1.8nm 之间，因此 SBAC 中大多数孔是中孔，其可以促进 SBAC 吸附有机污染物。

3. SBAC 与有机聚合物复合调理对污泥脱水性能的影响

(1) SBAC 与有机聚合物复合调理后污泥的脱水性能指标

图 3-84（a 左）显示了 CST_n 和 SRF 随着 SBAC 投加量增加的变化趋势。当 SBAC 投加量增加至 0.25g/g TSS 时，污泥 CST_n 从 39.45s·g/L 降至 19.67s·g/L，并且随着 SBAC 进一步增加达到平衡。图 3-84（a 右）显示当 SBAC 投加量增加至 0.25g/g TSS 时，SRF 从 2.33×10^{13} m/kg 降至 1.64×10^{13} m/kg，随着 SBAC 进一步增加，变化较小，当 SBAC 为 0.35g/g TSS 时，滤饼含水量达到最小值 93.17%，这表明过量的 SBAC 会降低 CMC。根据 SRF 值，污泥脱水性可分为差（SRF$>1.0 \times 10^{13}$ m/kg）、中等（0.5×10^{13} m/kg$<$SRF$<0.9 \times 10^{13}$ m/kg）和良好（SRF$<0.4 \times 10^{13}$ m/kg），脱水效果不好归因于高浓度的黏性生物聚合物和耐过滤的细颗粒，虽然 SBAC 通过吸附可溶性 EPS 改善了污泥脱水过滤性能，但调理后的最小 SRF 值（1.63×10^{13} m/kg）仍然不太好。需要进一步对有机聚合物进行调理，使细小的污泥颗粒聚集成更大的絮体，从而改善污泥脱水。

图 3-84(b 左)显示经过 CPAM 和 SBAC 复合调理后 CST_n 降低并达到最小值 25.97s·g/L，故 SBAC 和 CPAM 复合调理后得到了更好的污泥脱水性。图 3-84（b 右）显示，当 CPAM 投加量增加到 10mg/g TSS 时，CST_n 降低并达到最小值 7.18s·g/L，并且 SRF 和 CMC 均降低到最小值 4.72×10^{12} m/kg 和 78.29%。

SBAC 与 CPAM 联合调理对改善污泥脱水效果有着显著的协同作用。这是因为在污泥系统中加入惰性固体材料，可以提高絮体的强度，增加滤饼的渗透性，而且 CPAM 是一种支化程度高、带大量正电荷的絮凝剂，它可以通过电中和及架桥作用与污泥颗粒相互作用，从而压缩电双层，导致污泥颗粒聚集，使 EPS 密度增大，使得污泥脱水性能得到显著的提升。但 CPAM 调理会减少污泥厌氧消化过程中甲烷的产生，研究表明 CPAM 的调理过程显著降低了污泥的溶解度，产生了导致污泥降解的代谢产物，如丙烯酰胺、丙烯酸和聚丙烯酸等，其会降低污泥水解、酸化和产甲烷能力。并且，由于 CPAM 不能从可溶性 EPS 组分中去除生物聚合物，污泥脱水效果仍然较差。当 SBAC 和 CPAM 复合调理时，SBAC 颗粒由于孔隙度的原因，不仅形成骨架，提供了更多的排水通道以防止污泥通过机械压缩变形，而且去除了阻挡过滤介质的黏稠生物聚合物。

如前所述，CPAM 的加入显著降低了污泥的溶解度，并通过产生导致污泥降解的代谢物（如丙烯酰胺，丙烯酸和聚丙烯酸）来减少水解、酸化和产甲烷能力。可以假设，如果将污泥施用于土地，其降解副产物也会对植物和人类有害，因此对环境友好的有机絮凝剂 CTS 被用作 CPAM 的替代物来进行污泥调理。图 3-84（c 左）显示 CTS 改善了污泥脱水性能，CTS 单独调理后 CST_n 降低到的最小值为 6.12s·g/L，而复合调理后，CST_n 达

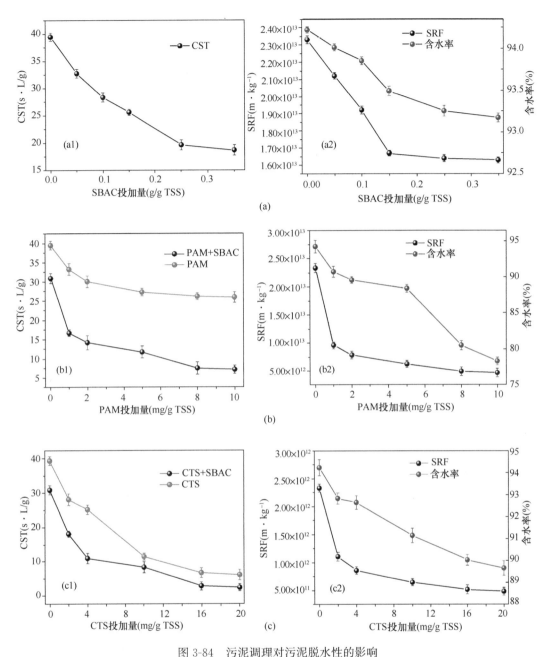

图 3-84 污泥调理对污泥脱水性的影响

(a) SBAC 调理；(b) SBAC 与 PAM 复合调理；(c) SBAC 与 CTS 复合调理

到 2.38s·L/g 的最小值。同时，在复合调理后，SRF 和 CMC 分别降至最小值 4.85×10^{11} m/kg 和 89.66%。由于 CPAM 的电荷密度和分子量较高，所需的 CTS 投加量要高于 CPAM 才能达到相似的污泥脱水水平。但 CTS 的成本约为 CPAM 的 1/3，因此，在经济方面，CTS 仍可能是可行的污泥调理剂。

（2）SBAC 与有机聚合物复合调理后污泥的絮体性质

由于 EPS 组分中羧基和磷酸盐的阴离子官能团的电离，污泥颗粒通常带负电。SBAC 是

C、SiO_2、Al_2O_3 和 Fe_2O_3 等复合组分的吸附剂，具有小的正电荷。图 3-85（a）显示当 SBAC 投加量增加至 $0.25g/g$ TSS 时，Zeta 电位从 $-22.4mV$ 略微增加至 $-19.05mV$，这表明 SBAC 主要的污泥调理机制与骨架构建和黏性生物聚合物的去除有关。如图 3-85（b）、（c）所示，随着 CPAM 阳离子有机絮凝剂的添加，Zeta 电位大大增加。由于其大分子量和较高的正电荷，有机阳离子聚合物絮凝剂可通过电中和及吸附架桥使带负电荷的污泥颗粒迅速团聚，使胶体污泥颗粒失稳。总结来说，CTS 在静电中和能力方面与 CPAM 相当。

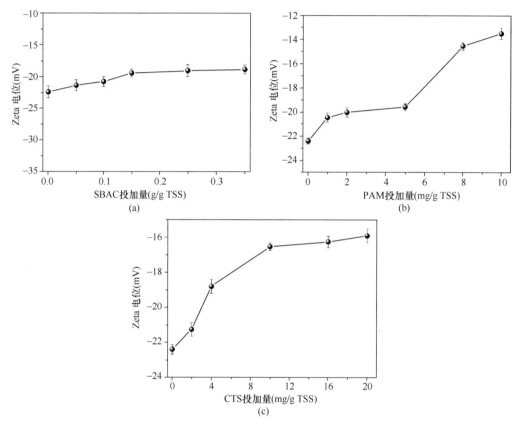

图 3-85　不同调理过程中污泥絮体的 Zeta 电位变化
(a) SBAC 调理；(b) SBAC 与 PAM 联合调理；(c) SBAC 与 CTS 联合调理

　　分形维数是描述絮体复杂结构的有效方法，分形维数越大，絮体结构越规整。图 3-86（a）显示，添加 SBAC 后污泥絮体粒径（$d_{0.5}$，μm）没有明显变化，表明 SBAC 对污泥颗粒絮凝没有影响。当 CPAM 增加到 $10mg/g$ TSS 时，污泥絮体的分形维数从 1.64 增加到 1.79，说明 CPAM 条件下的污泥絮体更加规则致密。Eriksson 和 Alm 发现，更高电荷的絮凝剂与表面带负电的污泥颗粒强烈相互作用，使絮体具有扁平的吸附构象，这样絮凝后的颗粒之间就会发生近距离的接触，这就使得它们之间的结合更加紧密，减少了颗粒之间运动的可能性。同样的，当 CTS 增加到 $20mg/g$ TSS，絮体粒径和分形维数分别增加到 $314.83\mu m$ 和 1.85 [图 3-86（c）]。污泥在 CTS 调理下絮体粒径较小，絮凝分形维数高于 CPAM。这是因为 CTS 具有较低的分子量，而有机聚合物的絮凝性能与分子结构有关，较高的分子量总是有利于污泥聚集。因此，由 CTS 调理形成的絮体较小且絮状结构更紧凑，可以导致较少的滤饼压缩性。

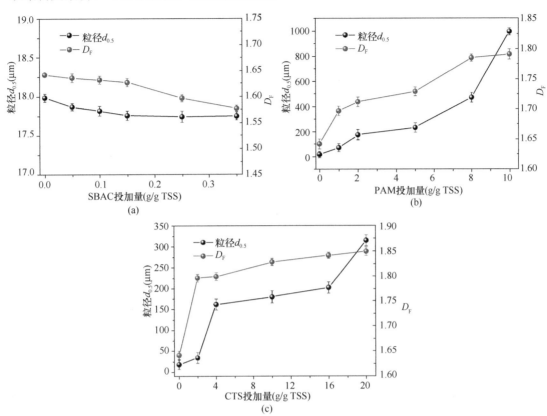

图 3-86 不同调理方法对污泥絮体粒径和分形维数的影响

(a) SBAC 调理；(b) SBAC 与 PAM 联合调理；(c) SBAC 与 CTS 联合调理

由化学调理形成的污泥絮体很可能在泵送过程被破坏。具有高分子量的有机材料化学絮凝更容易凝结，而厌氧消化后，EPS 中的大分子通过水解、酸化和产甲烷转化为较小的分子，使得絮凝效果变差。因此进行了絮体生长—破碎—再生长试验，以研究 SBAC 调理对污泥絮体的抗剪切性，结果如图 3-87 所示，在加入 CPAM 和 CTS 后，絮体粒度迅速增加并在 10min 内达到平衡，表明颗粒絮凝的反应时间短，且 CPAM 调理的絮体比来自 CTS 调理的絮体更容易受到机械剪切而破碎，但 SBAC 的添加改善了絮体结构使其可以再生长。计算 S_f 和 R_f 的值得到，CPAM 调理后的污泥絮体的 S_f 和 R_f 值分别为 8.2% 和 76.1%，加入 SBAC（0.25g/g TSS）后，它们分别增加至 11.0% 和 79.5%。CTS 调理污泥絮体的 S_f 和 R_f 值分别为 15.3% 和 80.0%，加入 SBAC（0.25g/g TSS）后，它们显著增加至 32.6% 和 85.4%。

SBAC 的添加增加了污泥絮体强度，并且在用有机絮凝剂复合调理后提高了机械剪切的回收率。除骨架构建外，SBAC 还通过疏水相互作用在污泥颗粒和絮凝剂之间架桥，提高了骨料的结合强度，但污泥絮体从机械剪切中恢复的能力都很弱，因此任何机械混合过程都需要精细控制。

（3）SBAC 与有机聚合物复合调理后污泥泥饼形态

图 3-88 为污泥饼的 SEM 图，图 3-88（a）中的原污泥具有相对光滑的表面。随着

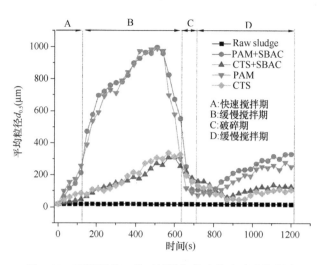

图 3-87　不同调理工艺对污泥絮体生长和破碎的影响

SBAC 的加入 ［图 3-88（b）］，污泥饼中的沟道和孔隙增多，有利于排水，SBAC 被包围在污泥絮体中，提供了骨骼支持，从而增加絮体的强度。图 3-88（c）、（d）清楚地显示了 CPAM 和 CTS 进一步絮凝形成了大的团聚体，CTS 的絮体粒径小于 CPAM，这与之前的分析一致。

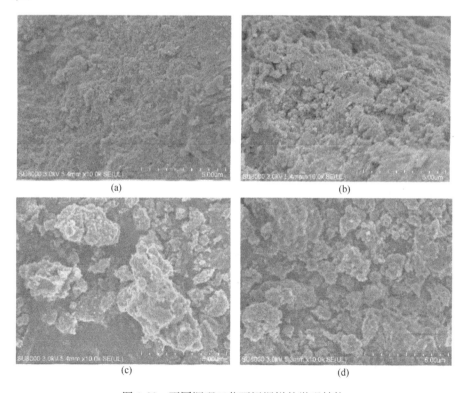

图 3-88　不同调理工艺下污泥饼的微观结构

（a）原污泥；（b）SBAC 调理；（c）SBAC 与 PAM 联合调理；（d）SBAC 与 CTS 联合调理

（4）SBAC 与有机聚合物复合调理后污泥 EPS 变化

以往的许多研究发现，污泥 EPS 在脱水过程中起着至关重要的作用。许多研究表明污泥脱水性能与 SEPS 和 LB-EPS 浓度有关，SEPS 和 LB-EPS 中高含量的蛋白质会抑制污泥的脱水能力。由图 3-89（b）可知，SBAC 联合 CPAM 处理后，SEPS 和 LB-EPS 中的 DOC 均有所下降，说明添加 CPAM 可以增加污泥絮体强度，这是由于 CPAM 具有高正电荷，可以通过电中和去除小胶体颗粒，SBAC 和 CPAM 联合调理对 EPS 的压缩及絮体强度的增强有协同作用。图 3-89（c）显示，加入壳聚糖后，三种 EPS 组分的 DOC 浓度均有所增加，这是因为壳聚糖是一种类似多糖的絮凝剂，且其分子量远低于普通絮凝剂。

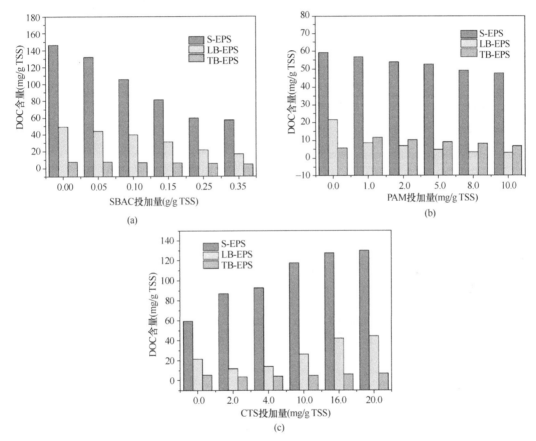

图 3-89　污泥调理对 EPS 中 DOC 含量的影响

（a）SBAC 调理；（b）SBAC 结合 PAM 调理；（c）SBAC 结合 CTS 调理

（5）SBAC 与有机聚合物复合调理后污泥 EPS 中有机物组成的变化

紫外分光光度法已经成为确定水质的重要方法，因为其具有检测方法简单快速、使用化学药剂较少等优点。有机物的光谱与它们的电子跃迁有关，其决定于分子的结构（即分子中电子的结合）。图 3-90 为在 200nm 到 400nm 的波长范围内污泥滤液的 UV-vis 光谱，SEPS 一般由蛋白质、腐殖酸、多糖和核酸组成，其中，芳香族蛋白质分子含有共轭双键和羧基，腐殖酸是高度复杂的，其分子中含有许多官能团，如苯环、羧基和羟基。270nm

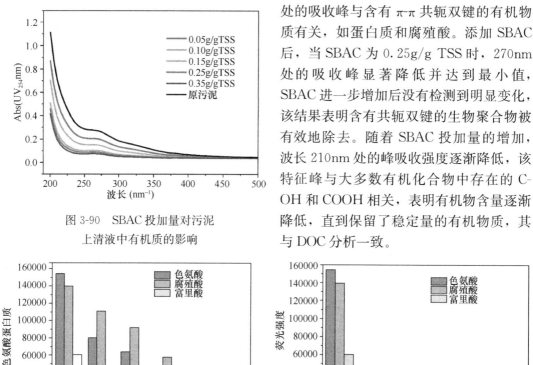

图 3-90　SBAC 投加量对污泥
上清液中有机质的影响

处的吸收峰与含有 π-π 共轭双键的有机物质有关，如蛋白质和腐殖酸。添加 SBAC 后，当 SBAC 为 0.25g/g TSS 时，270nm 处的吸收峰显著降低并达到最小值，SBAC 进一步增加后没有检测到明显变化，该结果表明含有共轭双键的生物聚合物被有效地除去。随着 SBAC 投加量的增加，波长 210nm 处的峰吸收强度逐渐降低，该特征峰与大多数有机化合物中存在的 C-OH 和 COOH 相关，表明有机物含量逐渐降低，直到保留了稳定量的有机物质，其与 DOC 分析一致。

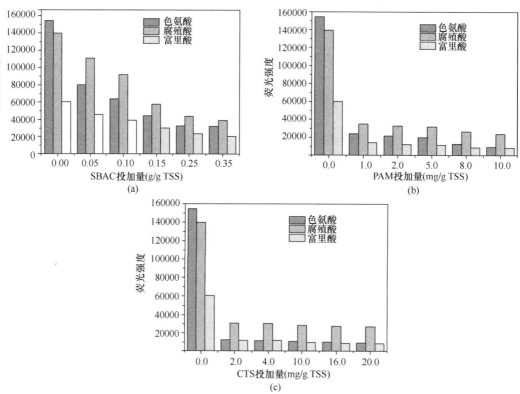

图 3-91　不同调理工艺对 SEPS 中有机质的影响
(a) SBAC 调理；(b) SBAC 结合 PAM 调理；(c) SBAC 结合 CTS 调理

一般将 EEM 光谱分为四个区域：峰 A[E_x/E_m＝(250－400)nm/(280－380)nm]，表示色氨酸类蛋白质(TPN)，峰 B[E_x/E_m＝(200－250)nm/(280－380)nm]，表示芳香族类蛋白质，峰 C[E_x/E_m＝(250－400)nm/(＞380)nm]，表示腐殖酸(HA)，峰 D[E_x/E_m＝(200－250)nm/(＞380)nm]，表示黄腐酸(FA)。如图 3-91 所示，当 SBAC 投加量为 0.35g/g TSS 时，TPN、HA 和 FA 的荧光强度分别降低至 79.3％、72.4％和 66.3％，

这一结果证实了 SBAC 吸附了蛋白质、HA 等大分子物质，提高了污泥的过滤性能。此外，当 SBAC 和 PAM 的联合调理时，CPAM 投加量从 1mg/g TSS 增加到 10mg/g TSS 的过程中，TPN、FA 和 PAM 的荧光强度分别从 24120.0 降低至 9596.0、14080.0 降低至 8698.0 和 34740.0 降低至 24341.0，类似地，SBAC 与 CTS 联合调理也对污泥中生物聚合物的去除有着协同作用，并且其去除效果优于 SBAC 联合 PAM 调理。如上所述，EPS 含量随着 CTS 投加量的增加而增加，并且污泥的脱水性能有所提高，这说明污泥 EPS 组分对污泥脱水有着重要影响。当 CTS 进入污泥体系中，部分 CTS 转入了 EPS 组分，提高了 EPS 浓度，而 SBAC 和 CTS 联合处理对 EPS 中蛋白质和 HA 的去除效果较好，故提高了污泥的脱水性能。

（6）SBAC 与有机聚合物复合调理后污泥中蛋白质和多糖的分布

在这项研究中，CLSM 用于观察联合调理对污泥絮体中蛋白质和多糖分布的影响。如图 3-92（a）所示，很明显，污泥絮体中的蛋白质比多糖更丰富。图 3-92（b）显示添加了 SBAC 后蛋白质和多糖的荧光信号减弱，这可能是因为 SBAC 大部分吸附在了污泥颗粒的表面上。图 3-92（c）显示，当添加 PAM 时，蛋白质分子形成大的聚集体，而多糖分子均匀分布在污泥絮体中，这表明 CPAM 主要通过与蛋白质的相互作用改善了污泥的脱水性，这与我们对 EPS 分布的分析一致。图 3-92（d）显示，与用 CPAM 调理不同，

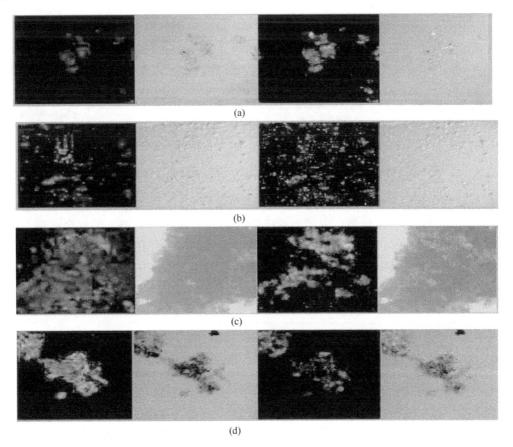

(a)

(b)

(c)

(d)

图 3-92　CLSM 图

（a）原污泥；（b）SBAC 调理；（c）SBAC 与 PAM 联合调理；（d）SBAC 与 CTS 联合调理

CTS 调理后多糖和蛋白质分子都聚集在一起，这是因为 CTS 也是一种多糖，其被德克萨斯红染色，通过 CLSM 检测，可以看到更高的多糖信号。此外，阳离子 CTS 与蛋白质中的阴离子官能团相互作用并形成聚集体，使得多糖和蛋白质分子均匀分布。

4. SBAC 与有机聚合物复合调理的工程意义

在实际应用中，污泥脱水系统可与污泥干燥和碳化系统相结合。在图 3-93 所示的工艺流程中，将浓缩后 95％ 含水率的污泥分别输入厌氧消化系统和脱水—干燥—热解系统。一部分污泥在厌氧消化后生成甲烷，甲烷可用作污泥干燥和热解系统的能源。由于厌氧消化产生大量不宜燃烧的黏性生物聚合物（主要由腐殖酸和蛋白质组成），污泥过滤和脱水性能恶化。而添加 SBAC 可以去除厌氧消化液中的可溶性微生物产物，同时，SBAC 可以充当骨架以增强污泥絮体强度。

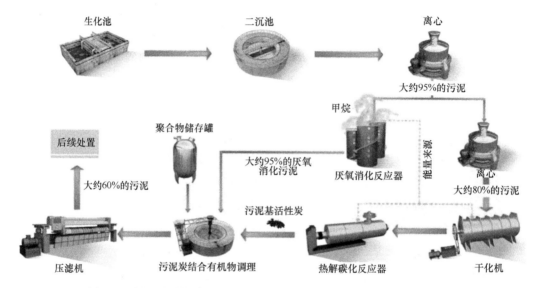

图 3-93　污泥基活性碳（SBAC）与阳离子有机絮凝剂联合调理的流程图

在工业应用中，100kg SBAC 可以从 1t 脱水污泥（80％ 含水率）的热解中获得，200kg SBAC 可以调理 1t 污泥，再加上有机絮凝剂（CPAM 和 CTS）的复合调理，从而改善了脱水的脱水性能。CTS 是一种天然有机聚合物，广泛存在于自然界中，既环保又经济。不过，在厌氧消化过程中，PAM 很可能转化为丙烯酸和丙烯酰胺单体，这些单体是神经毒素和致癌物质，因此如果将污泥土地利用会造成巨大的环境风险，应予以考虑。

3.4　本章总结

絮凝/混凝是目前最为经济、操作简便的污泥调理方式，也是主流的污泥调理方法。相比单纯使用有机高分子聚合物，无机混凝剂调理后通常絮体强度高、可压缩系数低，因而适合于高压脱水过程。氯化铁与石灰联合调理是目前最为常用的污泥调理方法，具有工艺稳定性强、脱水效果好，但干固体投加量较大，这不但影响了污泥深度脱水的减量化效率，同时投加的大量石灰会影响污泥的资源化利用（如土地利用和热解碳化等）。聚合氯化铝也是目前最为常见的调理方式，具有效果稳定、投加量等优点，通常与有机高分子絮凝剂结合使用效率更高。然而，泥质条件（固体浓度、碱度、溶解性微生物代谢产物）会显著影响聚合铝的絮凝反应过程，进而影响调理效果，在实际工程中需要充分污泥泥质特性，保障深度脱水系统的稳定性。钛盐混凝剂投加量低，调理效率高，是今后重要的发展方向之一。甲醇和无机混凝剂联合调理具有极佳的污泥脱水效率，易与污泥热化学处理过程结合，最大程度降低系统的能耗。水滑石类调理材料可以作为热解催化剂，可以实现污泥调理—深度脱水与热解过程的耦合，有利于污泥的高效资源化利用。高级厌氧消化污泥具有粒径小、溶解性有机物含量高、絮凝活性低、过滤特性差等特点，采用污泥碳与有机高分子（尤其是生物类絮凝剂）联合调理，能够将溶解性有机物的去除与强化脱水过程结合，具有较好的应用前景。

第4章 污泥溶解和絮凝耦合调理技术

胞外聚合物（EPS）作为污泥的重要组分，具有很强的水分子亲和能力，单纯的混凝/絮凝调理对污泥中结合水的脱除效率较低。因此，破坏EPS构成的类凝胶结构才能促使污泥结合水的释放，而后再通过絮凝作用凝聚被破坏的颗粒，提升污泥的过滤性能。本章主要介绍几种基于污泥溶解和絮凝耦合调理改善脱水性能的技术，包括芬顿试剂调理、高铁酸钾调理、过氧化物预氧化和混凝联合调理、复合酶溶解与混凝联合调理等。

4.1 芬顿（Fenton）氧化改善厌氧消化污泥的脱水性能

4.1.1 Fenton 试剂调理污泥的作用机理

传统 Fenton 氧化技术是以亚铁离子（Fe^{2+}）为催化剂催化过氧化氢（H_2O_2）产生氧化性较强的羟基自由基，加快污泥中有机污染物的降解。在污泥处理过程中，Fe^{2+} 催化 H_2O_2 产生的羟基自由基具有良好的溶胞效果，能够破坏 EPS 构成的类凝胶结构，促使污泥体系中结合水释放而转化为自由水。同时，催化氧化过程中 Fe^{2+} 会转化成铁离子（Fe^{3+}），三价铁具有良好的絮凝作用，可协同改善污泥的脱水效果。消化污泥具有溶解性有机物含量高，颗粒粒径小、碱度高等特点，通常比剩余污泥脱水难度更大。采用 Fenton 调理厌氧消化污泥，具有改善脱水性能、提升厌氧消化液中难降解有机物的生化性、强化除磷等多重作用。此外，Fenton 调理过程中存在着酸化、氧化、絮凝等几个过程，那么有必要系统研究各种过程在污泥调理过程中存在的交互影响作用。

4.1.2 酸化对厌氧消化污泥脱水性能的影响

1. 酸化对污泥脱水性能和粒径分布的影响

如图 4-1 所示，当 pH 小于 4 时，污泥脱水性改善，毛细吸水时间（CST）从 200s 降

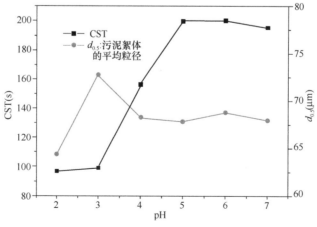

图 4-1 pH 对 CST 和污泥粒径的影响

至 157s，且当调节 pH 降至 3 以下时，CST 继续降至 100s 左右。在 pH 为 2.6～3.6 的条件下，EPS 中蛋白质的解离常数最小，即达到蛋白质的等电点。因此，酸处理会破坏絮体 EPS 结构，引起污泥 EPS 阴离子功能基团发生质子化过程，导致污泥体系脱稳凝聚，故在 pH 为 3 时污泥粒径达到最大，为 $72.5\mu m$。另外，当投加过量的硫酸（pH=2）时多价金属离子 [如钙离子（Ca^{2+}）、镁离子（Mg^{2+}）、铁离子（Fe^{3+}）和铝离子（Al^{3+}）] 发生溶解，EPS 随之释放出来，絮体粒径有所减小。

2. 污泥有机物的溶解释放

如图 4-2 所示，酸性条件下，EPS 和金属形成的络合物会发生溶解，进而导致有机质也随之释放，总溶解性有机碳（DOC）上升。当 pH 大于 4 时，污泥上清液中 DOC 浓度没有明显变化。而当 pH 降至 3 时，污泥上清液的 DOC 浓度增加至 126.5mg/L，同时当 pH 降至 2 时，DOC 浓度增加至 175mg/L。在污泥絮体中，金属离子通常会与 EPS 形成络合物，这种络合作用对于生物絮凝过程十分重要。

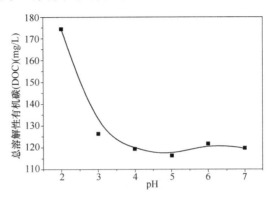

图 4-2　不同 pH 条件下上清液中 DOC 的浓度

三维荧光分析方法广泛用于表征各种水体中的天然有机物质，具有高灵敏度和高选择性的优点，因而 3D-EEM 的荧光强度可用于测量污泥 EPS 含量。三维荧光光谱分为五个主要区域，分别是可溶性微生物副产物（色氨酸样蛋白），芳香蛋白Ⅰ，芳香蛋白Ⅱ，腐殖酸和富里酸。采用三维荧光光谱可以研究酸化过程对不同生物聚合物的影响作用，但由于 pH 会影响三维荧光光谱中蛋白质的荧光峰强度，需要在 EEM 分析之前将所有样品调节为中性。将荧光分析（EEM）中色氨酸类蛋白荧光峰称为峰 A（Peak A），芳香类蛋白荧光峰称为峰 B（Peak B），腐殖酸类有机物荧光峰称为峰 C（Peak C），富里酸类有机物荧光峰称为峰 D（Peak D）。如表 4-1 所示，经过酸化处理后，Peak A 和 Peak B 荧光强度都有所下降。此外，当 pH 降至 3 以下，Peak C 和 Peak D 的荧光强度显著增加。在 pH 从 7 降为 2 的过程中，芳香类蛋白Ⅰ、芳香类蛋白Ⅱ和色氨酸类蛋白的累积荧光强度分别下降了 74.6%、75.1% 和 70.0%，而腐殖酸和富里酸的累积荧光强度分别增加了 45.7% 和 39.1%。需要指出的是，两个类蛋白荧光峰在酸性条件下大幅下降，且将 pH 调节至中性的过程中，荧光强度无法恢复。这说明酸性条件下，蛋白质分子的原始构型发生了不可恢复性改变。有报道显示，色氨酸的荧光响应源于其含有的吲哚结构，而在强酸条件下，吲哚环易受到质子攻击而发生水解，且该反应是不可逆的。因此，很多研究采用硫酸法提取活性污泥 EPS。此外，根据我们以往的研究发现，溶解性胞外聚合物（SEPS）中的蛋白质是决定污泥脱水性的关键因素，而酸性条件下导致蛋白质的水解和凝聚可能是其脱水性改善的主要机理。

不同 pH 下污泥溶解性 EPS 荧光区域整合结果　　　　表 4-1

pH	芳香蛋白Ⅰ（APNⅠ）	芳香蛋白Ⅱ（APNⅡ）	色氨酸类蛋白	富里酸	腐殖酸
2	18927	25384	37157	32022	114914
3	17426	22646	30520	25951	86152

pH	芳香蛋白Ⅰ（APNⅠ）	芳香蛋白Ⅱ（APNⅡ）	色氨酸类蛋白	富里酸	腐殖酸
4	38791	50433	67748	24604	58725
5	51194	69588	94732	23706	66531
6	57759	79397	107274	20864	71918
7	74549	101969	123674	19512	78884

4.1.3 Fenton 试剂处理对消化污泥理化性质的影响

1. Fenton 调理污泥的优化试验

Fenton 反应条件对污泥脱水性的影响如图 4-3 所示。从图 4-3（a）可以看出，pH 对 CST 的影响较大。随着 pH 的降低，Fenton 调理效果逐渐改善，在 pH 小于 4 时，基本达到平衡。大量的研究显示，Fenton 试剂在酸性条件下的氧化降解能力更强，在高 pH 条件下铁离子会发生沉淀反应从而失去催化效用。因为 Fenton 氧化过程中伴随着氧化和絮凝两个过程，这也间接反映出氧化在污泥调理过程中起到的作用更为重要。

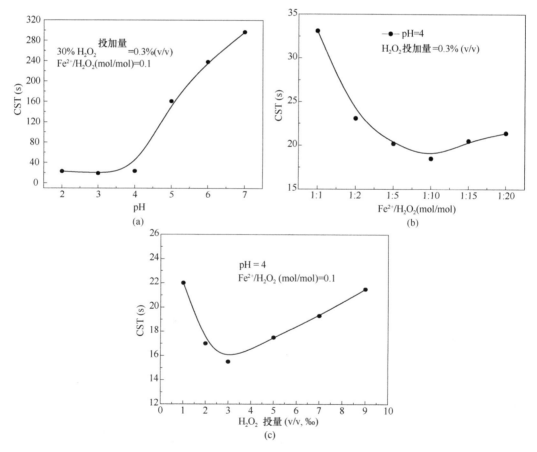

图 4-3 Fenton 氧化反应条件对厌氧消化污泥脱水性能的影响

(a) pH；(b) Fe^{2+}/H_2O_2（mol/mol）；(c) 过氧化氢投加量

$$Fe^{2+} + H_2O_2 \longrightarrow Fe^{3+} + \cdot OH + OH^- \qquad (4-1)$$

$$Fe^{3+} + H_2O_2 \Longleftrightarrow Fe-OOH^{2+} + H^+ \qquad (4-2)$$

$$Fe-OOH^{2+} \longrightarrow HO_2 \cdot + Fe^{2+} \qquad (4-3)$$

$$\cdot OH + Fe^{2+} \longrightarrow Fe^{3+} + OH^- \qquad (4-4)$$

从图 4-3(b)可以看出,当[Fe^{2+}]/[H_2O_2](mol/mol)为 0.1 时氧化效果最佳,CST 降至 18.5s·g/L,反应后体系中无过氧化氢残留。但当[Fe^{2+}]/[H_2O_2](mol/mol)大于 0.1 时,调理效果略有下降。在低亚铁和过氧化氢摩尔比的情况下,亚铁会被快速转化为三价铁[式(4-1)],然后反应转向缓慢的反应[式(4-3)]和反应[式(4-4)]产生亚铁(三价铁体系或类 Fenton 反应),导致过氧化氢不能被完全用于有机物的氧化而造成无用消耗;在高[Fe^{2+}]/[H_2O_2]的条件下,反应式(4-4)会与有机物氧化反应发生竞争反应,从而降低 Fenton 氧化的调理效果。

过氧化氢投加量对污泥 CST 的影响见如图 4-3(c)所示。随着其投加量的增加,污泥 CST 值先下降后上升,在过氧化氢投加量为 0.3(v/v)时到达最低。

综上,可以将 Fenton 氧化的调理的最佳反应条件定为:pH=4、过氧化氢=0.3%(v/v)、亚铁和过氧化氢摩尔比=0.1。

从图 4-4 可以看出,经过 Fenton 氧化处理,离心后的泥饼含水率明显下降。当过氧化氢投加量为 0.9%(v/v)时,离心后泥饼含水率从 88.2%降至 75.6%。如前所述,EPS 占到污泥总量的 60%~80%,污泥的结合水也主要储存在 EPS 结构中。传统的化学絮凝调理主要是依靠电中和诱导的 EPS 的压缩作用改善污泥脱水性,但储存在 EPS 中的大部分结合水无法通过絮凝过程得到有效去除。要实现污泥的高效脱水,须破坏污泥的絮体结构,促使 EPS 中的结合水释放。而 Fenton 氧化产生的羟基自由基的氧化作用可以有效破坏污泥絮体和溶解 EPS,促使结合水向自由水转化。

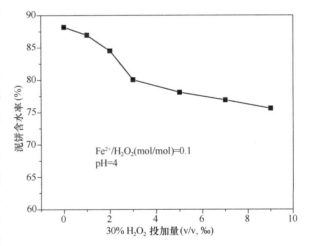

图 4-4 过氧化氢投加量对调理后污泥离心
脱水后泥饼含水率的影响
[pH=4;Fe^{2+}/H_2O_2(mol/mol)=0.1]

2. 氧化反应条件对污泥粒径和 EPS 溶解的影响

Fenton 氧化反应条件对污泥粒径和 EPS 的溶解情况如图 4-5 所示。从图 4-5(a)可以看出,在 pH 小于 3 时,污泥絮体粒径和 DOC 均较大,在 pH=3 时达到最大。这是由于在 pH 小于 3 时,Fenton 氧化效率达到最高,从而可以有效降解结合型 EPS。如图 4-5(b)所示,在[Fe^{2+}]/[H_2O_2]为 1:5~1:20 时,EPS 的溶解效率较高,DOC 浓度在 180~185mg/L 之间。由于 Fenton 过程兼有氧化和混凝的双重作用,反应过程中形成的铁离子可以起到絮凝的功能。在[Fe^{2+}]/[H_2O_2]为 1:1 时,亚铁对自由基的清除效应导致 Fenton 试剂对 EPS 的溶解效率下降。在亚铁投加量过高的情况下,污泥胶体体系会发

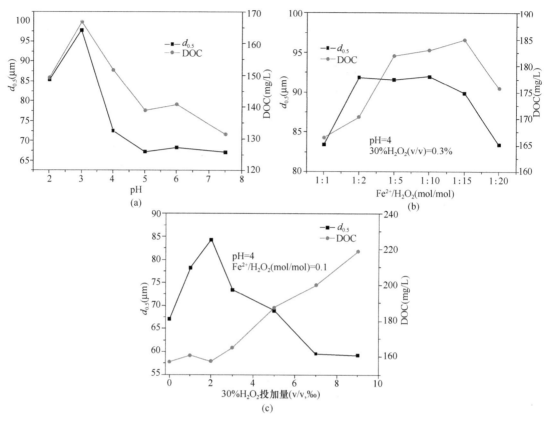

图 4-5　Fenton 氧化反应条件对污泥粒径（$d_{0.5}$）和污泥有机物的溶解效率的影响

(a) pH；(b) Fe^{2+}/H_2O_2 摩尔比；(c) 过氧化氢投加量

生电荷反转而复稳，导致污泥絮体粒径变小。这也进一步证实之前的推测，即氧化过程在 Fenton 调理过程中起到更为关键的作用。[Fe^{2+}]/[H_2O_2] 小于 1∶20 时，催化剂投加量不足，亚铁快速转化为三价铁而后不能起到高效的催化作用（三价铁体系反应是整个 Fenton 过程的限速步骤），从而污泥 EPS 的溶解效率较低，同时絮体也较小。图 4-5 (c) 反映了过氧化氢投加量对污泥 EPS 和粒径的影响。当过氧化氢投加量小于 0.2%（v/v）时，DOC 无明显增加，这可能是由于低剂量的过氧化氢先与上清液中的生物聚合物发生反应，而不足以显著氧化溶解结合型 EPS 组分。但当过氧化氢投加量大于 0.3%（v/v）且继续增加时，DOC 浓度几乎与过氧化氢投加量呈线性关系。

3. Fenton 反应条件对溶解性 EPS 中有机物化学组成的影响

pH 对 Fenton 调理后污泥上清液中有机物组成的影响较大。当 pH 小于 4 时，Fenton 氧化处理有效去除了 SEPS 中蛋白类生物聚合物（色氨酸类蛋白和芳香类蛋白），酸化和 Fenton 氧化具有明显的协同效应。由于在 pH 小于 4 的条件下，Fenton 氧化具有更高的氧化效率，能够更高效地破坏污泥的 EPS 结构，故氧化后上清液的 DOC 浓度明显上升。此外，如图 4-5 所示，随着过氧化氢投加量的增加，虽然 EPS 溶出明显增加（TOC 上升），而三维荧光光谱却未发生明显变化（图 4-6），这也进一步说明有机物的溶解和氧化降解是同步发生的。通常，EPS 的分子量可以大致分为三个部分：大分子组分

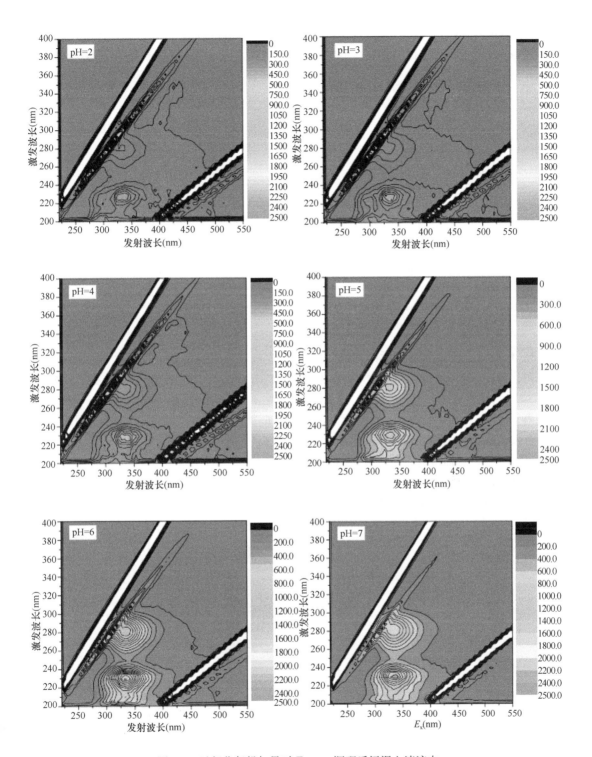

图 4-6　过氧化氢投加量对 Fenton 调理后污泥上清液中
有机物荧光特性的影响（pH＝4；Fe^{2+}/H_2O_2＝0.1）

（>5000Da）蛋白质和多糖、中分子量组分（1000～5000Da）主要为腐殖酸和低分子量组分（<1000Da）即分子骨架物质。图 4-7 中分子量分析结果证实了酸化和 Fenton 氧化处理后，各个分子量有机物 UV 吸收均明显减弱，尤其是中高分子量有机物被有效去除。

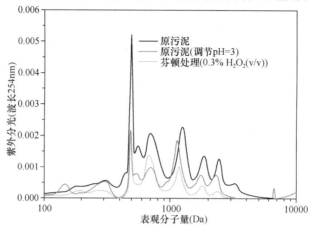

图 4-7　酸化和 Fenton 氧化对 SEPS 分子量组成特征的影响
（酸化的 pH 为 3，Fenton 反应 pH＝4，$Fe^{2+}/H_2O_2＝0.1$）

4.1.4　Fenton 调理对营养物质的影响

消化污泥脱滤液中氨氮和总磷的浓度分别为 535.2mg/L 和 40.2mg/L。由于铵根离子（NH_4^+）具有较强的抗氧化性，故其浓度变化不大。当 H_2O_2 和 $[Fe^{2+}]/[H_2O_2]$ 分别为 0.1%（v/v）和 0.1 时，TP 浓度下降至 6.2mg/L。可以看出，Fenton 调理过程可以有效去除消化液中的磷，同时能够将消化液中难降解的腐殖酸等有机物转化为易生化小分子有机物，从而降低厌氧消化液的处理难度。

4.1.5　Fenton 调理中试试验

采用过滤面积为 6m² 的隔膜压滤设备进行了中试试验。如图 4-8 所示，当过氧化氢投加量仅为 0.1%（v/v）时，滤饼含水率降至 58.2% 且随 Fenton 试剂投加量的升高而进一

图 4-8　Fenton 试剂投加量对压滤脱水后泥饼含水率的影响
（pH＝4；$[Fe^{2+}]/[H_2O_2]＝0.1$）

步降低。不同于无机调理剂，Fenton 氧化调理可以通过调整试剂的投加量进而控制最终脱水后泥饼的含水率，从而达到特定的工艺目标。例如，对于焚烧和制砖等处置方式，在深度脱水之后往往需要热干化过程，将泥饼含水率控制在 40% 以内，传统的石灰和氯化铁等调理方式很难达到这一目标，且其投加量很高，常常占到污泥干基重量的 25% ～ 30%。然而，Fenton 调理不仅可以将调理后污泥干基增加率控制在 10% 以内，同时与高压脱水技术相结合后可以实现同步污泥脱水和干化，具有重要的实际工程意义。

4.2 螯合亚铁催化 Fenton 调理技术

4.2.1 络合 Fenton 调理技术的原理及优势

传统的 Fenton 调理方式需要在酸性条件下完成，整个过程的酸碱消耗量大，成本高且操作过程复杂。若采用乙二胺四乙酸（EDTA）或乙二胺四亚甲基膦酸钠（EDTMPS）等螯合剂与亚铁离子进行络合可引起污泥增溶，从而便于进行不同体系各层 EPS 的提取并能在中性条件下启动光 Fenton 反应，实现水溶液中有机污染物的氧化去除。EDTA 作为含有羧基和氨基的六齿配合物，配位能力很强，可与镁离子（Mg^{2+}）、钙离子（Ca^{2+}）、锰离子（Mn^{2+}）、亚铁离子（Fe^{2+}）等二价金属离子结合生成稳定常数很大的金属螯合物。然而，EDTA 在环境中的生物降解能力比较差，且易与有毒重金属螯合进而造成严重的环境污染。EDTMPS 则是一种易溶于水且无毒无害的含氮有机多元磷酸盐，与 EDTA 类似，也可与多种金属离子形成比较稳定的大分子金属螯合物。此外，EDTMPS 在环境中可被微生物破坏碳-磷单键（C-P）键，从而作为磷能源促进微生物成长。因此，若采用络合 Fenton 技术，有望实现中性条件下污泥的高效调理和脱水，同时可以节省 pH 调节的费用，具有较高的工程应用价值。

4.2.2 EDTA 和 EDTMPS 处理对污泥特性的影响

1. CST 与污泥溶解效率

污泥中的胞外聚合物主要是由蛋白质、多糖和腐殖酸等组成。很多研究结果表明，生物絮体中二价阳离子可与蛋白质、腐殖酸等有机物通过架桥作用形成复合物，促进微生物絮凝。从图 4-9 （a）和（b）可以看出，污泥经 EDTA、EDTMPS 调理后的 CST 明显高于原泥。当 EDTA、EDTMPS 投加量［以总悬浮固体含量（TSS）计］分别为 0.048g/g TSS、0.133g/g TSS 时，CST 达到最大，分别为 1349.7s 和 1371.8s。另外，从图 4-9 （c）和（d）可以看出当 EDTA、EDTMPS 投加量分别为 0.128g/g TSS、0.265g/g TSS 时，SEPS 中溶解性有机物含量达到最高。在 EDTA、EDTMPS 处理过程中，SEPS 中有机质含量显著上升。EDTA 和 Ca^{2+}、Mg^{2+} 的络合稳定常数分别为 10.69、8.69；EDTMPS 和 Ca^{2+}、Mg^{2+} 的络合稳定常数分别为 20.9、16.3。

2. EDTA 和 EDTMPS 投加量对污泥 EPS 分布组成的影响

EPS 包含大量如羧基、羟基、氨基、磷酸基等官能团，在中性条件下呈负电性，可与多价阳离子通过静电吸附或其他相互作用力形成有机金属复合物，从而促进细胞凝聚。图 4-10 （a）和（b）表示经 EDTA、EDTMPS 分别处理后污泥上清液中 Ca^{2+}、Mg^{2+} 和 Fe^{3+} 的含量变化。随着 EDTA 投加量的增加，Ca^{2+}、Mg^{2+} 和 Fe^{3+} 的含量呈先上升后下降的趋势。当 EDTA、EDTMPS 投加量分别为 0.064、0.265g/g TSS 时，污泥上清液中

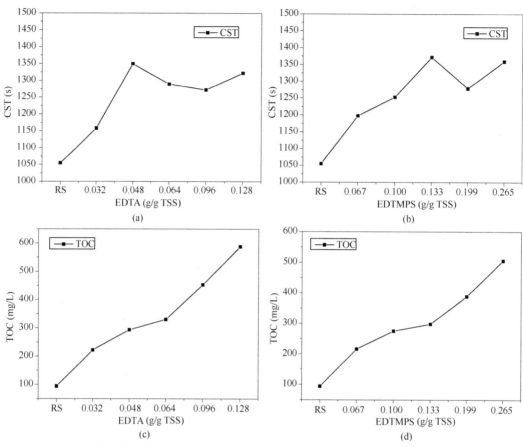

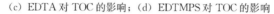

图 4-9　不同投加量的 EDTA 和 EDTMPS 处理对 SEPS 层中 CST 和 TOC 含量的影响

(a) EDTA 对 CST 的影响；(b) EDTMPS 对 CST 的影响；

(c) EDTA 对 TOC 的影响；(d) EDTMPS 对 TOC 的影响

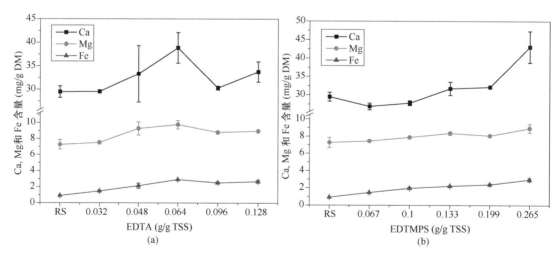

图 4-10　螯合剂处理对污泥上清液中多价阳离子的影响

(a) EDTA；(b) EDTMPS

Ca^{2+}、Mg^{2+} 和 Fe^{3+} 含量达到最高。这是由于 EDTA、EDTMPS 可以破坏 Ca^{2+}、Mg^{2+} 与 EPS 之间架桥作用，从而导致污泥絮体发生裂解。此外，当 EDTMPS 投加量为 0.199g/g TSS 时，Fe^{3+} 含量基本不变。三价铁 Fe（Ⅲ）-EDTA 和 Fe（Ⅲ）-EDTMPS 的络合稳定常数分别为 25.1、18.3，说明 EDTMPS 对 Fe^{3+} 螯合能力较差。

从图 4-11（a）中可以看出，EDTA 处理后溶解性 EPS（SEPS）组分中多糖含量呈上升趋势，当其投加量为 0.096g/g TSS 时，多糖含量最高，但是蛋白质和腐殖酸含量变化不明显。研究表明，EDTA 会干扰 Lowry 法测定蛋白质含量，因其可与铜离子形成螯合物而降低铜离子和蛋白质的络合反应，导致显色反应颜色变淡，使其测定含量不准确。然而，图 4-11（b）表明不同投加量的 EDTMPS 处理后 SEPS 中有机物含量出现了明显的上升。大部分的有机物及阳离子存在于污泥胞外聚合物中，EDTA、EDTMPS 可以与污泥中的金属阳离子（如 Ca^{2+}、Mg^{2+}、Fe^{3+} 等）形成金属复合物从而减弱 EPS 与阳离子之间的架桥作用，并破坏污泥基体，导致有机物质释放。

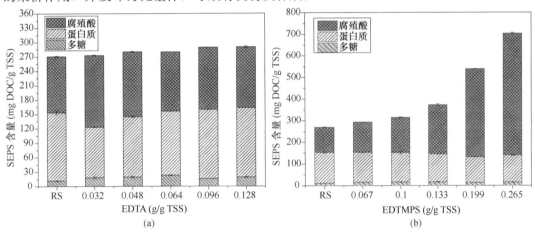

图 4-11　EDTA 和 EDTMPS 处理对污泥 SEPS 层组分的影响
(a) EDTA；(b) EDTMPS

表 4-2 表示 EDTA、EDTMPS 处理后污泥 SEPS 组分的荧光强度。从表中可以看出当 EDTA 投加量为 0.096g/g TSS 时，4 个荧光峰的荧光强度分别从 2649，4096，1168 和 185 上升到 3922，5717，1407 和 1492。而且，不同投加量的 EDTA 处理后，其 SEPS 层荧光强度均增强。当 EDTMPS 投加量为 0.133g/g TSS 时，四个荧光峰的荧光强度分别上升至 3333，4842，1275 和 1356。结果表明，由于 EDTA 和 EDTMPS 与 Ca^{2+}、Mg^{2+}、Fe^{3+} 等形成复合物而导致结合性 EPS 释放到 SEPS 层中。

EDTA 和 EDTMPS 投加量对 SEPS 组分荧光强度的影响　　表 4-2

EDTA (g/gTSS)	SEPS				EDTMPS (g/gTSS)	SEPS			
	色氨酸类蛋白(TPN)	芳香蛋白(APN)	腐殖酸(HA)	富里酸(FA)		色氨酸类蛋白(TPN)	芳香蛋白(APN)	腐殖酸(HA)	富里酸(FA)
$\lambda(E_x/E_m)$	280/335	225/340	330/410	275/425	$\lambda(E_x/E_m)$	280/335	225/340	330/410	275/425
0	2649	4096	1168	1185	0	2649	4096	1168	1185
0.032	3368	4704	1394	1463	0.067	3223	4602	1165	1212
0.048	3057	4431	1192	1293	0.100	2985	4344	1150	1229
0.064	3280	4900	1275	1344	0.133	3333	4842	1275	1356
0.096	3922	5717	1407	1492	0.199	2809	3982	1214	1281
0.128	3661	5392	1266	1321	0.265	3187	4316	1250	1378

注：SEPS 样品均稀释 200 倍。

4.2.3 不同 Fenton 体系对污泥特性的影响

1. 污泥脱水性能

酸性 Fenton 反应（pH=3）将依照之前的研究进行试验。此外，由于上述 EDTA、EDTMPS 处理对污泥特性的影响，在螯合 Fenton 试验中将采用二价铁 Fe（Ⅱ）-EDTA 的摩尔比为 1∶1，Fe（Ⅱ）-EDTMPS 的摩尔比为 1∶1.5，这与 DeLuca 等人的研究基本一致。螯合 Fenton 反应过程中，Fenton 试剂可以在中性条件下生成羟基自由基（·OH）从而去除有机污染物。图 4-12 可以看出不同 Fenton 体系对污泥脱水性的影响。污泥分别经 F1，F2，F3 和 F4 调理后（调理参数如表 4-3 所示），CST 值从 1054.8s 分别降低至 16s，599.5s，122.4s 和 139.8s。中性 Fenton 反应并未明显改善污泥脱水性能，酸性 Fenton 及螯合 Fenton 明显提高污泥的脱水性能。这表明氧化过程对污泥调理具有重要作用。Fenton 氧化调理污泥过程中生成的产物 Fe^{3+} 兼具混凝功效，能够通过电中和和架桥吸附作用去除部分 SEPS、压缩 EPS 结构，提高污泥絮体的结构强度。

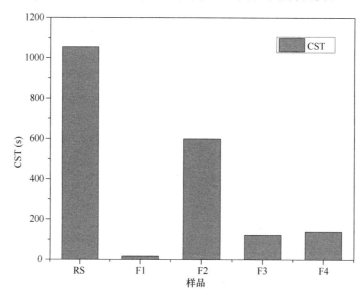

图 4-12 不同 Fenton 氧化体系对污泥脱水特性的影响

不同 Fenton 调理的参数
表 4-3

EDTA（g/g TSS）	样品	pH	剂量			
			Fe^{2+}/（g）	H_2O_2/（mL）	EDTA/（g）	EDTMPS/（g）
原泥	RS	7.8	0	0	0	0
调理污泥	F1	3	0.1362	1	0	0
	F2	中性	0.1362	1	0	0
	F3	中性	0.1362	1	0.1433	0
	F4	中性	0.1362	1	0	0.4498

2. 不同 Fenton 氧化过程中产生的活性自由基

采用电子顺磁共振自旋捕捉技术来检测不同 Fenton 反应过程中产生的活性自由基。如图 4-13（a）所示，三种 Fenton 反应过程中，二甲基吡啶 N-氧化物电子捕获剂（DMPO）捕获的自由基峰高比是 1∶2∶2∶1，同时其超精细分裂常数为 $\alpha^N = 14.94G$，$\alpha_\beta^H = 14.90G$。这表明酸性 Fenton 氧化（F1 体系）和螯合 Fenton 氧化（F3、F4 体系）在超纯水体系的反应过程中生成了 ·OH，但是没有检测到 DMPO-·O_2^- 复合物峰。这可能是因为超氧自由基 ·O_2^- 在水溶液中很不稳定，很快的分解为 ·OH，并且 DMPO 捕获 ·OH 的反应速率明显快于捕获 ·O_2^-。因此，在反应过程中生成的 ·O_2^- 是难于被 DMPO 捕获的。为了进一步证明 Fenton 反应过程中是否产生 ·O_2^-，采用甲醇替代超纯水作为分散剂以减缓 ·O_2^- 的分解。从图 4-13（b）可以看出，不同 Fenton 氧化试剂在甲醇体系反应过程中产生了 DMPO- 或 DMPO- 自旋加合物。同时，螯合 Fenton 体系产生的 DMPO-·O_2^- 和 DMPO-·OH 的峰强均弱于传统 Fenton 体系（样品 F1）。·OH 和 ·O_2^- 属于非选择性的、高活性的自由基，可以有效去除溶液中存在的有机污染物。自由基测定试验揭示了 Fenton 氧化的反应机理，表明 Fe^{2+} 和 Fe^{3+} 可以与溶液中的螯合剂（EDTA、EDTMPS）形成金属螯合物，从而避免 Fe^{3+} 形成氢氧化物沉淀并确保 Fe^{2+} 的活性，同时也产生高活性的自由基。EDTA 和 EDTMPS 螯合剂在 Fe^{2+} 和 Fe^{3+} 催化过氧化氢产生羟基自由基的循环反应过程中具有重要作用［式（4-5）和式（4-6）］。在循环反应过程中，·OH 可以分别与 H_2O_2 和 Fe（Ⅱ）-L 进行反应，达到氧化溶解污泥的目的［式（4-7）～式（4-10）］。最后，·O_2^- 相互反应则链反应终止［式（4-11）］。显而易见，F3 和 F4 体系调理污泥与酸性 Fenton 氧化调理有着相似的效果。

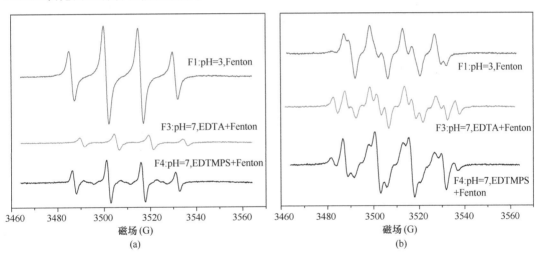

图 4-13　不同 Fenton 反应体系中 DMPO 自旋捕获电子顺磁共振光图谱

（a）超纯水体系（0.1mL 200m mol/L DMPO）；（b）甲醇体系，（0.1mL 200m mol/L DMPO）

$$Fe(Ⅱ) - L + H_2O_2 \longrightarrow Fe(Ⅲ) - L + OH^- + \cdot OH \tag{4-5}$$

$$Fe(Ⅲ) - L + H_2O_2 \longrightarrow Fe(Ⅱ) - L + HOO \cdot + H^+ \tag{4-6}$$

$$HO \cdot + H_2O_2 \longrightarrow HO_2^\cdot + H_2O \tag{4-7}$$

$$HO \cdot + Fe(Ⅱ) - L \longrightarrow Fe(Ⅲ) - L + OH^- \tag{4-8}$$

$$Fe(Ⅱ) - L + HO_2^\cdot \longrightarrow Fe(Ⅲ) - L + O_2H^+ \tag{4-9}$$

$$Fe(\text{II}) - L + HO_2^{\cdot} + H^+ \longrightarrow Fe(\text{II}) - L + H_2O_2 \tag{4-10}$$

$$HO_2^{\cdot} + HO_2^{\cdot} \longrightarrow H_2O_2 + O_2 \tag{4-11}$$

3. 污泥絮体形态特性

EPS 组成对生物絮凝具有重要作用，可维持絮体的稳定。Fenton 调理过程通过 Fe^{2+} 催化 H_2O_2 产生大量的 $\cdot OH$，从而有效破坏 EPS 结构，致使污泥絮体裂解。如图 4-14（a）所示，污泥经不同 Fenton 氧化调理后其絮体平均粒径均减小。污泥经螯合 Fenton（样品 F3 和 F4）调理后的絮体平均粒径 $d_{0.5}$ 与酸性 Fenton（样品 F1）无显著差异。值得注意的是，亚铁螯合物催化 H_2O_2 的 Fenton 反应与传统 Fenton 有着相似的处理效果。

污泥絮体特性对泥饼的形成具有重要作用，并且可决定污泥的过滤脱水性能。分形维数 D_F 是目前描述絮体特性的一个有效的方法，其值越大则代表絮体越紧密，絮体结构强度也越大。如图 4-14（b）所示，污泥经 Fenton 氧化调理后 D_F 值均减小，表明其絮体结构强度较弱。

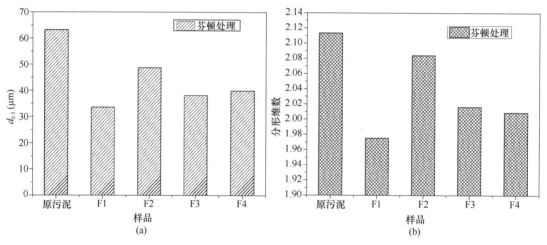

图 4-14　不同 Fenton 反应对污泥絮体形态特性的影响

（a）絮体粒径；（b）分形维数

4. 污泥絮体微观结构

污泥过滤脱水过程可分为三个阶段：介质过滤阶段，滤饼形成-滤饼过滤阶段和滤饼压缩阶段。当滤饼开始形成过滤就开始进行，泥饼的结构对污泥的脱水性能起着至关重要的作用。在过滤脱水过程中，影响污泥脱水的主要因素是泥饼的孔隙而不是滤布的孔隙。因此，观察过滤脱水后的泥饼微观结构是非常有必要的。微观结构可通过场发射扫描电子显微镜 SEM 对冷冻干燥后的样品进行分析。图 4-15 表示不同 Fenton 体系氧化调理后的泥饼微观形貌。未经处理的污泥絮体［图 4-15（a）］表面相对比较平滑，而经 Fenton 试剂氧化调理后的污泥絮体［图 4-15（b）（d）（e）］结构则表现出疏松、孔隙分布复杂等特点，并且酸性条件下 Fenton 体系调理后的污泥絮体［图 4-15（b）］结构更加破碎分散。相比酸性 Fenton，螯合 Fenton 体系［图 4-15（d）（e）］也能达到相类似结果，不难推断，污泥絮体在传统 Fenton 和螯合 Fenton 体系的调理下裂解作用明显；但是对于中性 Fenton 体系［图 4-15（c）］其絮体结构明显为紧密团聚，这是由于中性条件下 Fe^{3+} 会形成氢氧化物沉淀并发生混凝作用，实现絮体的重建过程。

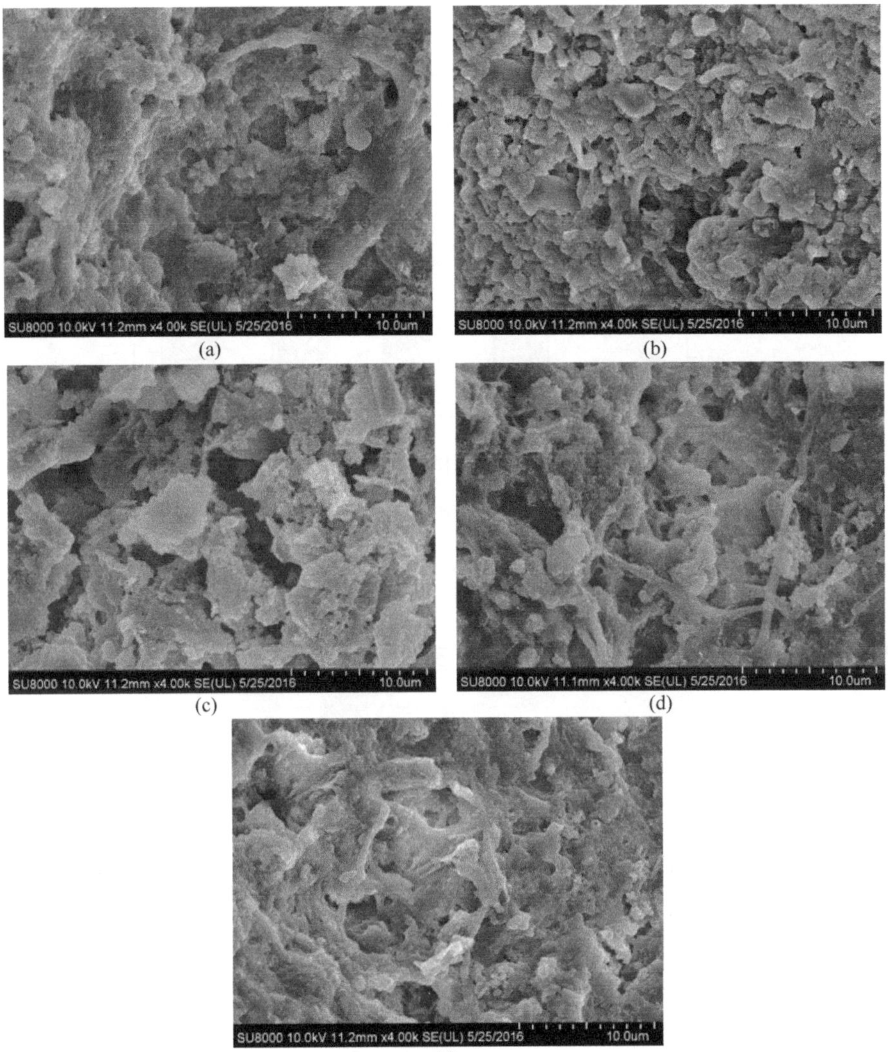

图 4-15　污泥絮体 SEM 图（放大 4000 倍）

（a）原泥；（b）F1；（c）F2；（d）F3；（e）F4

5. 不同 Fenton 调理对污泥 EPS 组成与分布的影响

不同 Fenton 体系对溶解性化学需氧量的影响如图 4-16 所示。不同 Fenton 体系氧化处理后，污泥溶解性化学需氧量（SCOD）含量呈现先下降而后略升趋势。样品 F3 和 F4中 SCOD 含量从 3340mg/L 分别降为 880mg/L 和 1190mg/L。

图 4-17 表明原泥中蛋白质、多糖、腐殖酸分别占总 EPS 的 46.70%，5.49% 和47.81%。污泥 SEPS 中大分子生物聚合物对污泥脱水性能有着决定性的影响。在 Fenton反应中，由于 EPS 裂解、细胞壁破解释放出糖类和蛋白质等有机物，被进一步氧化形成挥发性脂肪酸、水和二氧化碳等小分子物质，使絮体中结合水转化为自由水被释放出来。不同 Fenton 处理后，除了中性 Fenton 体系，污泥的溶解性 EPS（SEPS）、松散结合型

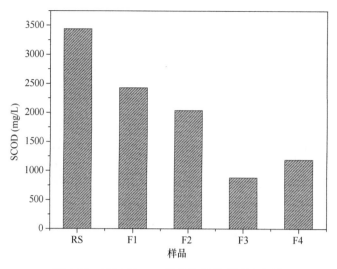

图 4-16　不同 Fenton 氧化体系的 SCOD 含量

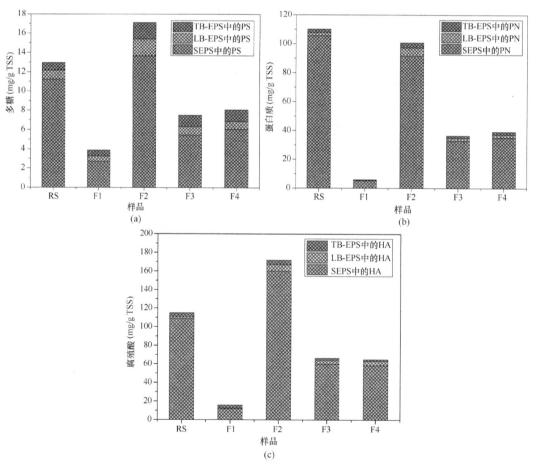

图 4-17　不同 Fenton 调理体系中 EPS 的组成与分布
（a）多糖；（b）蛋白质；（c）腐殖酸

EPS（LB-EPS）、紧密结合型 EPS（TB-EPS）含量均减少。显而易见，酸性 Fenton 体系中可提取 EPS 的含量最少。中性 Fenton 体系下 EPS 中蛋白质、多糖和腐殖酸含量均高于原泥，这是因为中性 Fenton 反应过程中的 Fe^{2+} 由于易水解为氢氧化铁（$Fe(OH)_3$）而使其氧化性减弱。

从表 4-4 可以看出，经 F1，F3 和 F4 三种 Fenton 调理后，SEPS、LB-EPS 组分中的蛋白质类物质［芳香类蛋白质Ⅰ、芳香类蛋白质Ⅱ和溶解性微生物产物（SMP）］和腐殖酸类物质的荧光强度减弱。然而，F2 处理后其荧光强度增强。这表明在传统 Fenton 和螯合 Fenton 体系中，污泥絮体可有效地溶解并释放出蛋白质和腐殖酸类物质进一步的进行降解。然而，在中性条件下 Fenton 处理可使部分污泥溶解，但不能降解释放出来的有机物。这与上述 EPS 特性分析结果一致。此外，F3 和 F4 处理后 TB-EPS 层的荧光强度略有减弱。

不同 Fenton 调理对不同 EPS 组分荧光强度的影响　　　　　　　表 4-4

Fenton 体系	SEPS				LB-EPS				TB-EPS			
	TPN	APN	HA	FA	TPN	APN	HA	FA	TPN	APN	HA	FA
λ (E_x/E_m)	280/335	225/340	330/410	275/425	280/335	225/340	330/410	275/425	280/335	225/340	330/410	275/425
原泥	2649	4096	1168	1185	2021	3280	1321	1822	2034	3262	826	1910
F1	9.98	193.4	54.12	41.59	92.47	487.9	154.4	221	178.5	556.2	272.6	428.1
F2	1708	2236	2498	2162	1458	2358	1329	1345	1061	1931	850.1	1363
F3	371.5	263.8	979.1	392.3	926.6	1100	675.1	514.3	1692	2614	638.2	1177
F4	200.5	53.08	1029	263.1	1121	1448	824.3	717.6	2772	3110	693.1	1219

注：原泥 SEPS 样品稀释 200 倍，其他 SEPS 样品均稀释 50 倍；LB-EPS 和 TB-EPS 样品均稀释 20 倍。

6. 不同 Fenton 调理后重金属形态迁移转化机制

BCR 连续提取分析结果如表 4-5 所示。除了 As，其他六种重金属元素的五种形态含量总和与伪总重金属含量的回收率均在 $80\% \sim 110\%$，表明所得数据的可靠性和有效性；然而 As 可能是由于仪器误差导致其回收率在 130%。由表 4-5 可知，厌氧消化污泥中重金属的含量为：$Zn > Cu > Cr > Pb > As > Ni > Cd$。厌氧消化污泥中重金属的迁移性强弱为：$Cd > Ni > Zn > Cu > As > Cr > Pb$。Cd、Ni、Zn 的迁移因子均超过 20，分别为 61.68、46.39、30.35；另外，Cu、As、Cr 的迁移性也较强，其迁移因子分别为 16.68、14.44、12.09。对于 Pb 来说，其迁移比较弱，流动性因子为 4.66。

在 Fenton 处理过程中，每种重金属都有其独特的形态分布特点，从而其形态转移也有差异，同时，七种重金属的主要形态部分也有很大的差异性。从图 4-18 可以看出，原泥中 Cu 主要分布在可氧化态（f_3，有机络合态），占总 Cu 含量的 69.56%。中性 Fenton 调理后对重金属各形态均无明显改变。相反地，污泥经 F1，F3，F4 处理后，其 Cu-有机络合部分分别下降到 28.34%，30.11% 和 35.42%。

在原泥中，大部分的 Zn 主要分布在易还原态 f_2，占总 Zn 含量的 36.58%；约 25.06% 的 Zn 主要分布在有机结合态 f_3。污泥经 F1，F3，F4 处理后，其 Zn-易还原态含量分别降低至 22.61%，7.73%，14.77%；Zn-有机络合态含量分别降低至 5.04%，4.92%，4.68%。三种 Fenton 处理后其 Zn-有机络合态含量降低至 5% 左右，Zn-酸可交换态含量也略有下降趋势；对于重金属 Cd，厌氧消化污泥中，Cd-酸可交换态、Cd-可氧

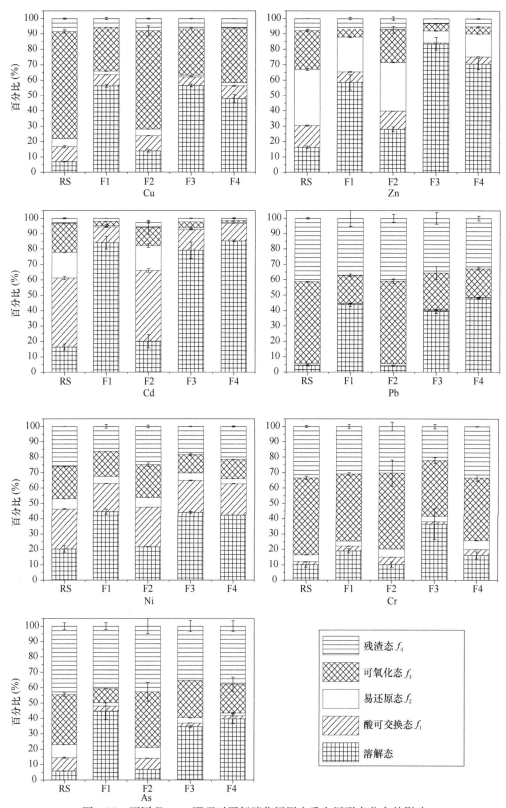

图 4-18 不同 Fenton 调理对厌氧消化污泥中重金属形态分布的影响

化态、Cd-可还原态部分分别占总 Cd 的 44.79%，18.95%，16.65%。传统 Fenton 调理后，f_1，f_2，f_3 含量显著下降至 10.39%，0.72%，2.89%，表明 Fe 催化 Fenton 同样有着释放 Cd-结合态到上清液的作用；重金属 Pb 在原泥中分别以 Pb-有机络合态和 Pb-残渣态部分存在，分别占总 Pb 含量的 53.47% 和 41.82%。污泥经 F1，F3，F4 处理后，Pb-有机络合态部分分别降低至 18.17%，24.01% 和 18.39%，而 Pb-残渣态含量并无明显改变；Ni-酸可交换态、Ni-残渣态、Ni-有机结合态含量分别占厌氧消化污泥总 Ni 含量的 26.08%，26% 和 21%。经 F1，F3，F4 处理后，这三种形态的 Ni 含量均略有降低；此外，Ni 的去除效果不明显；重金属 Cr 主要存在于固相之中，主要以 Cr-有机络合态和 Cr-残渣态部分存在。EDTA-Fenton 调理后，这两种主要形态含量分别从 50.04%、33.45% 降低至 36.32%、22.12%，同时 F1 和 F4 处理后，其主要形态含量也下降；原泥中 As-有机络合态以及 As-残渣态含量分别占总量的 32.54%，44.49%。F1，F3，F4 处理后 As-有机络合态含量显著降低，As-残渣态含量无明显改变。

厌氧消化污泥中重金属的形态含量（mg/kg 干物质） 表 4-5

原泥	Cu	Zn	Cd	Pb	Ni	Cr	As
溶解态	27.42±0.88	161.34±8.3	0.18±0.02	1.86±0.18	7.37±2.12	8.07±1.7	2.42±0.004
酸可交换态	37.90±2.93	139.94±3.27	0.48±0.01	0.09±0.006	9.46±0.24	1.59±0.05	3.56±0.17
易还原态	20.29±0.05	363.08±7.26	0.18±0.001	0.47±0.013	2.4±0.06	3.53±0.11	3.53±0.01
可氧化态	272.46±4.02	248.75±4.71	0.20	22.10±0.12	7.62±0.25	39.99±1.1	13.48±0.49
残渣态	33.62±1.46	79.56±0.70	0.03±0.004	17.29±0.24	9.43±0.07	26.73±0.70	18.43±0.92
固相①	364.27	831.34	0.90	39.95	28.91	71.84	38.99
总和②	391.69	992.68	1.07	41.81	36.28	79.92	41.42
伪-总含量③	489.39±0.82	1160.18±24.83	0.94±0.04	44.61±0.25	44.92±0.66	80.25±0.64	31.40±1.08
回收率④	80%	85.6%	113.8%	93.7%	80.8%	99.6%	130%
MF⑤	16.68	30.35	61.68	4.66	46.39	12.09	14.44

注："nd"表示在检出限以下；
① 表示"酸可交换态，易还原态，可氧化态，残渣态"之和；
② 表示五种形态含量之和；
③ 表示消解后污泥中的总重金属含量；
④ 重金属回收率（总和/伪总含量）；
⑤（流动因子，Mobility factor）$MF = \dfrac{溶解态 + f_1}{溶解态 + f_1 + f_2 + f_3 + f_4} \times 100\%$。

综上所述，污泥中含量较高的 Cu、Zn 和 Cd 分别主要以有机络合态、易还原态、酸可交换态存在；其他微量元素 Pb，Ni，Cr，As 主要以残渣态或有机络合态部分存在，其中 Ni 和 As 有一定的流动性。据 Tessier 等人的报道，残渣态的重金属其结构紧密，极难从该形态转移。而在不同 Fenton 调理后，可氧化态和易还原态中释放出来的重金属迁移至上清液，从而达到去除目的，但中性 Fenton 并无该效果。另外，在许多报道中，EPS 对重金属具备良好的去除能力。在传统 Fenton 和螯合 Fenton 处理过程中均可生成强氧化性的·OH，从而使 EPS 发生裂解，这与上述分析结果一致。

4.3 高铁酸钾调理技术

高铁酸盐是一种强氧化剂，同时其可以被还原为铁离子或氢氧化铁，从而起到混凝剂的作用。作为一种绿色的水处理药剂，高铁酸钾（K_2FeO_4）被广泛用于饮用水、生活污水和工业水处理过程中。K_2FeO_4 在污泥调理方面的研究已有报道。Ye 等人的研究显示，K_2FeO_4 处理后污泥过滤特性恶化，但沉降性和脱水程度有所提高。同时，LB-EPS 的总量及其蛋白质和多糖的含量随着 K_2FeO_4 投加量的升高而增加，TB-EPS 的变化趋势与 LB-EPS 相反。以往的研究侧重研究 K_2FeO_4 对污泥脱水效率的影响，然而并未深入探索 K_2FeO_4 对污泥 EPS 组成和分布的影响。因此，本节将深入探讨以下问题：第一，pH 对活性污泥脱水性以及 EPS 组成和分布的影响；第二，采用常规化学分析、三维荧光光谱和高效体积排阻色谱等方法分析 K_2FeO_4 处理后污泥不同 EPS 组分（溶解性和结合型 EPS）的变化特征，从而深入了解 K_2FeO_4 调理污泥的作用机制。

4.3.1 高铁酸钾调理机理

高铁酸盐兼具氧化与混凝的双重作用，其可以有效破坏污泥的 EPS 构成的类凝胶结构，促使 EPS 结合水释放，同时原位产生的铁离子可以与 EPS 发生络合，增强污泥絮体的疏水性和结构强度，从而改善污泥的脱水性能。通常，高铁酸盐在酸性条件下的稳定性较差，同时氧化能力更强，因而调理效果也更好。

4.3.2 pH 对活性污泥特性的影响

1. pH 对过滤脱水性能的影响

pH 对污泥脱水性和泥饼含水率的影响如图 4-19 所示。可以看出，在碱性条件下，污泥脱水性较差。随着 pH 下降，污泥比阻 SRF 逐渐下降。污泥泥饼含水率和 SRF 变化趋势一致，当 pH 为 11 时，污泥含水率为 84.2%。上述现象表明，污泥在酸性条件下过滤脱水效率更佳。为了揭示其机理，后续又进一步分析了污泥 EPS 的变化。

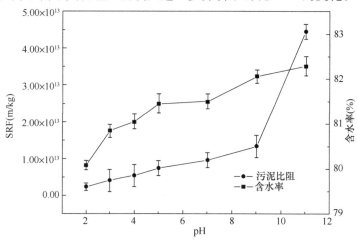

图 4-19　pH 对污泥 SRF 和过滤脱水后泥饼含水率的影响

2. pH 对污泥 EPS 分布和组成的影响

从图 4-20（a）可以看出，在 pH 值从 2 上升至 11 的过程中，结合型 EPS 浓度逐渐上升，而 SEPS 先降低后增加。总体而言，碱性条件下可提取的 EPS 的含量明显高于酸性条件下。酸处理会破坏絮体 EPS 结构，引起污泥 EPS 阴离子功能基团发生质子化过程，从而导致污泥体系脱稳凝聚，促使结合水释放。在 pH 为 2~3 时，EPS 的解离常数最小，即等电点，EPS 的溶解度降至最低，故此时 BEPS 的含量较低。另外，由于酸性条件又会导致污泥 EPS 溶解释放到清液中，从而导致 SEPS 上升。在碱性条件下，SEPS 和 BEPS

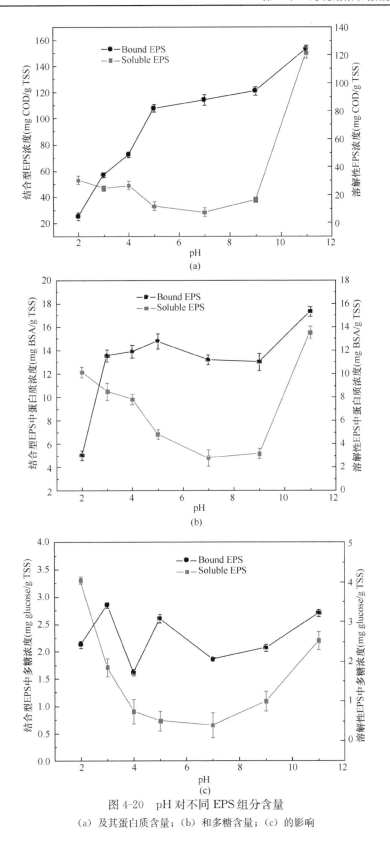

图 4-20　pH 对不同 EPS 组分含量

（a）及其蛋白质含量；（b）和多糖含量；（c）的影响

含量均达到最高，氢氧根离子（OH^-）的存在会导致污泥 EPS 的负电荷密度上升，污泥絮体结构强度下降，从而使 EPS 更易于提取。pH 对不同 EPS 组分中多糖和蛋白质浓度的影响如图 4-20（b）和（c）所示，其中蛋白质为污泥的主要组分，占 EPS 总量的 85%以上。SEPS 中蛋白质和多糖的变化具有一致性，随着 pH 上升，蛋白质和多糖含量先下降再上升，在中性条件下达到最低。另外，在结合型 EPS（BEPS）中，蛋白质浓度随着 pH 的升高而增加，在 pH 为 11 时达到最大，而多糖浓度变化不大。相比多糖，pH 对 BEPS 中的蛋白质含量影响更大，当 pH 小于 5 时，BEPS 中蛋白质会溶解释放到清液中。

不同 pH 条件下，污泥 SEPS 和 BEPS 的荧光峰强度见表 4-6。当 pH 从 7 降为 2 时，SEPS 中 Peak A、Peak C 和 Peak D 的荧光峰强度分别从 69.1、74.8、32.6 上升至 74.9、69.4、79.7，Peak B 的荧光强度则从 74.8 降至 50.0。蛋白质荧光峰的变化趋势和化学 Lowry 法分析结果相一致。研究表明腐殖酸和富里酸类有机物的疏水性较强，易与金属离子结合，从而嵌入生物絮体中。在酸性条件下，污泥絮体中的重金属离子溶解，从而导致腐殖酸和富里酸也释放到清液中。据以往的研究发现，溶解性 EPS 中的蛋白质是决定污泥脱水性的关键因素，而酸性条件导致的蛋白质水解和凝聚可能是脱水性改善的主要机理。碱性条件下，SEPS 中两个蛋白峰荧光明显加强。另一方面，BEPS 中 4 个荧光峰强度均随 pH 的升高而呈增加趋势。随着 pH 从 2 升至 11，Peak A 和 Peak B 的荧光强度分别从 23.4 和 54.8 上升至 289.1 和 371.1。这可能是由于在酸性条件下，BEPS 中部分小分子氨基酸发生溶解，转化为 SEPS 中的一部分，另一部分高分子蛋白质由于等电点效应与微生物细胞结合地更加紧密。在碱性溶液中，蛋白质负电性增强，电荷排斥作用使得蛋白质与细胞结合力减弱，蛋白质溶解性增强，故 BEPS 中蛋白质的浓度明显提高。

不同 pH 条件下 EPS 的荧光强度 表 4-6

pH	SEPS				BEPS			
	TPN	APN	HA	FA	TPN	APN	HA	FA
λ_{E_x/E_m}	280/335	225/340	330/410	275/425	280/335	225/340	330/410	275/425
2	74.922	50.044	69.376	79.665	23.422	54.795	2.796	7.304
3	74.322	61.084	39.286	43.785	62.802	90.175	3.35	6.317
4	71.712	56.974	28.726	30.965	48.872	76.805	2.214	5.167
5	73.062	70.684	26.566	29.815	156.162	228.705	5.105	3.987
7	69.062	74.784	27.176	32.615	192.462	263.405	5.426	6.657
9	134.802	141.134	47.366	71.675	203.262	284.405	14.355	9.697
11	344.102	116.034	50.556	73.115	289.062	371.105	13.775	4.317

注：SEPS 和 BEPS 样品分别稀释 20 倍和 100 倍。

pH 对污泥 SEPS 中分子量组成的影响如图 4-21 所示。如前所述，由于多糖分子中不含共轭双键，故只有以糖蛋白或糖脂的形式存在时才能被紫外测出。原始污泥上清液可以检测到 5 个峰：41kDa、2500Da、1900Da、900Da 和 780Da，即高、中、低分子量组分均存在。当污泥的 pH 为 5～9 之间时，SEPS 的分子量组分未有明显变化，这说明弱碱和弱酸环境中，污泥 SEPS 的化学组成不会受到太大影响；当 pH 小于 4 时，出现分子量为 320Da、130Da 以及更低分子量的有机物；当 pH 为 11 时，出现 210Da、320Da 和 190Da 三个分子量峰。由于 EEM 的分析结果也显示色氨酸和酪氨酸的荧光峰在强碱条件下明显加强，说明分子量为 210Da 和 320Da 的有机物极有可能是氨基酸类有机物。总体而言，各个分子量有机物的峰值均随 pH 的升高而加强。此外，还值得注意的是，在酸性条件下（pH＝2～4），大分子的峰强度均明显下降，尤其在 pH 为 2 时，对应 41kDa 分子量的峰消失。这表明污泥酸化过程有效去除了清液中的高分子物质，而这些 SEPS 中的高分子组分是导致污泥黏性大、难以过滤脱水的主要因素之一。

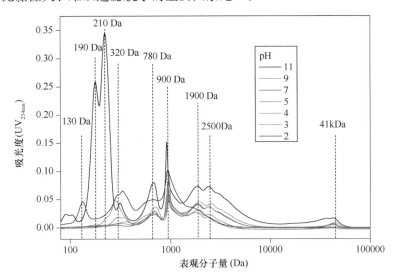

图 4-21　pH 对溶解性 EPS 分子量分布的影响（样品稀释 10 倍）

4.3.3　pH 值对 K_2FeO_4 调理污泥的影响

1. SRF 和泥饼含水率

根据污泥 SRF 值的大小，污泥可分为：难过滤脱水（＞1×10^{13} m/kg）、中等可过滤脱水 [（0.5－0.9）$\times 10^{13}$ m/kg] 以及易过滤脱水（＜0.4×10^{13} m/kg）。不同 pH 条件下，K_2FeO_4 处理后污泥 SRF 和泥饼含水率的影响如图 4-22 所示。pH 不仅会直接影响活性污泥的 SRF，还会通过影响 K_2FeO_4 的化学形态和反应活性影响 K_2FeO_4 调理效率。可以看出，随着 pH 的降低，K_2FeO_4 的调理效果逐渐增强。随着 pH 从 11 下降至 2，SRF 和泥饼含水率从 1.00×10^{13} m/kg 和 82.2% 分别下降至 3.1×10^{12} m/kg 和 76.8%。同时，投加 K_2FeO_4 后污泥 SRF 和泥饼含水率均明显低于 pH 调节组。K_2FeO_4 处理和酸化过程表现出明显的协同效应。

2. 反应 pH 对 K_2FeO_4 处理后污泥 EPS 分布和组成的影响

不同 pH 条件下，K_2FeO_4 处理对 SEPS 和 BEPS 含量的影响如图 4-23（a）所示。随着 pH 的升高，BEPS 浓度逐渐上升，而 SEPS 浓度先下降后上升，并在 pH 为中性时降至最低。pH 会影响 K_2FeO_4 在水溶液中的化学形态。在中性和碱性溶液中，$HFeO_4^-$ 和 FeO_4^{2-} 是 K_2FeO_4 主要水解形态，K_2FeO_4 化学性质比较稳定，会缓慢自发水解；在中性条件下，FeO_4^{2-} 为 K_2FeO_4 的优势水解形态；当 pH 小于 4 时，高铁酸根主要以 $HFeO_4^-$ 和 H_2FeO_4 存在。$HFeO_4^-$ 和 H_2FeO_4 的反应活性明显高于未质子化的 FeO_4^{2-}。根据式（4-12）和式（4-13），高铁酸根在酸性条件下的氧化还原电位要明显高于中性和碱性条件下。

$$FeO_4^{2-} + 8H^+ + 3e^- \longrightarrow Fe^{3+} + 4H_2O \qquad E^0 = +2.20V \qquad (4-12)$$

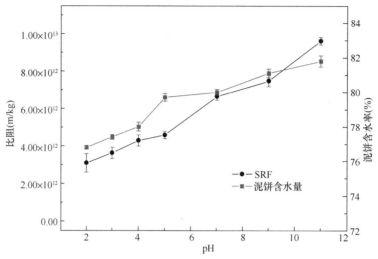

图 4-22　pH 对 K_2FeO_4 处理后污泥 SRF 和泥饼含水率的影响

（K_2FeO_4 投加量为 0.1g/g TSS）

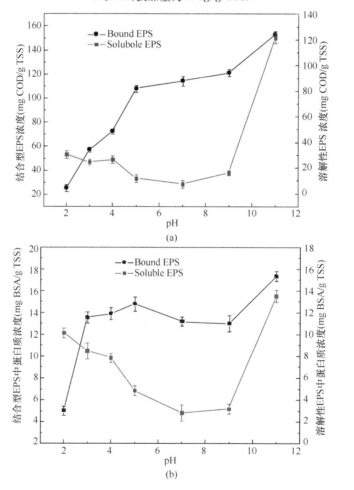

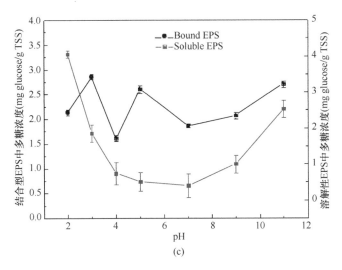

图 4-23 pH 对 K_2FeO_4 处理后不同 EPS 组分浓度含量

(a) 不同 EPS 组分浓度；(b) 不同 EPS 组分中蛋白质含量；(c) 不同 EPS 组分中多糖含量

$$FeO_4^{2-} + 4H_2O + 3e^- \longrightarrow Fe(\text{III}) + 5OH^- \qquad E^0 = +1.20V \qquad (4-13)$$

此外，经过 K_2FeO_4 处理后样品的 EPS 含量要低于单一调节 pH 试验组。K_2FeO_4 不仅有氧化作用，同时其还原产物三价铁离子兼具混凝功效，能够通过电中和及界面吸附去除部分 SEPS，同时压缩 EPS 结构，导致可提取 EPS 总含量下降。图 4-23（b）和（c）显示 SEPS 中蛋白质和多糖表现出相同的变化趋势。随着 pH 升高，两种物质含量均先下降后上升，在中性条件下达到最低；BEPS 中蛋白质浓度逐渐上升，多糖含量变化不明显。相比多糖，铁离子与蛋白质之间有较强的作用力，铁离子的混凝作用促使蛋白质从 SEPS 转移至 BEPS 中。

不同 pH 条件下，K_2FeO_4 调理后污泥 SEPS 和 BEPS 的荧光峰强度见表 4-7 所示。在 SEPS 中，碱性条件导致 SEPS 中 4 个荧光峰响应明显增强，而酸化处理后，两个蛋白荧光峰强度变化不大，但腐殖酸和富里酸荧光峰强度在 pH 为 2 时明显增强；对于 BEPS，随着 pH 从 2 至 11，两个蛋白荧光峰强度分别从 48.9 和 76.8 增加至 744.7 和 797.6，腐殖酸和富里酸强度无明显变化。

不同 pH 条件下 K_2FeO_4 处理后不同 EPS 组分的荧光强度   表 4-7

pH	SEPS				BEPS			
	TPN	APN	HA	FA	TPN	APN	HA	FA
λ_{E_x/E_m}	280/335	225/340	330/410	275/425	280/335	225/340	330/410	275/425
2	95.262	102.734	75.856	108.935	48.872	76.805	2.214	2.167
3	79.172	95.714	27.996	40.595	92.582	118.005	5.26	5.077
4	88.282	94.664	28.866	43.255	193.562	222.605	9.392	4.287
5	89.252	104.534	29.766	40.855	247.562	284.905	5.995	7.567
7	59.272	91.974	31.576	40.695	192.462	263.405	5.426	6.657
9	161.002	183.634	57.956	91.665	399.062	526.505	9.995	7.067
11	846.202	684.734	72.196	158.835	744.662	797.605	5.525	4.787

注：SEPS 和 BEPS 样品分别稀释 20 和 100 倍。

　　经过 K_2FeO_4 处理后污泥 SEPS 分子量组成如图 4-24 所示。当 pH 小于 5 时，K_2FeO_4 处理后 SEPS 中的大分子有机物全部去除；在碱性条件下，各个分子量的有机物亦大量溶出。另外，随着 pH 降低，K_2FeO_4 对中高分子分子量的有机物去除效率均有所提升。当 pH 为 2 时，仅有 310Da 和 130Da 分子量可以检出，其余各个分子量峰均消失。如前所述，K_2FeO_4 的氧化能力随着 pH 降低而强化，故其对各种有机物的去除效率也随之提升。另外，在酸性条件下，K_2FeO_4 具有更强的反应活性，铁离子也能够彻底的水解并形成多核形态，其具有更高的混凝吸附效能。

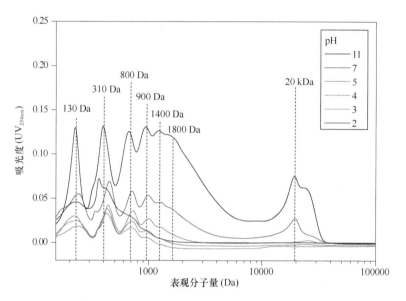

图 4-24　pH 对 K_2FeO_4 调理后 SEPS 分子量分布的影响（样品稀释 10 倍）

4.3.4　K_2FeO_4 投量对污泥特性的影响

1. K_2FeO_4 投量对污泥脱水性的影响

K_2FeO_4 投量对污泥 SRF 和泥饼含水率的影响见图 4-25 所示。可以看出，经过

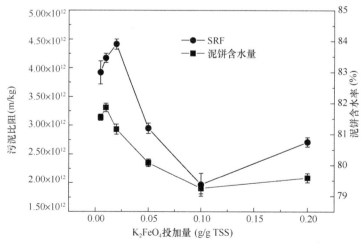

图 4-25　K_2FeO_4 投加量对 SRF 和泥饼含水率的影响
（pH＝3；反应时间为 1h）

K_2FeO_4 处理后，污泥过滤特性和脱水后泥饼含水率均低于原污泥。然而，Ye 等人的研究结果显示 K_2FeO_4 处理后污泥过滤特性恶化，脱水程度有所提高。K_2FeO_4 投加量为 0.05g/g TSS 时，污泥 SRF 降至 2.9×10^{12} m/kg，而当其投加量降低至 0.02g/g TSS 的过程中 SRF 和泥饼含水率均有所上升。当 K_2FeO_4 投加量继续增加至 0.1g/g TSS 时，污泥 SRF 和泥饼含水率均达到最低，即脱水性最佳。

2. K_2FeO_4 投加量对污泥 EPS 特性的影响

从图 4-26 可以看出，随着 K_2FeO_4 投加量的提高，SEPS 和 BEPS 呈现出相同的变化趋势，与 SRF 的变化保持一致，这说明污泥比阻与可提取 EPS 含量呈现良好的相关性。SEPS 和 BEPS 中蛋白质呈现出不同的变化规律，SEPS 中蛋白质含量随着 K_2FeO_4 投加量的提高而略有增加，而 BEPS 中蛋白质先增加后减小。然而 BEPS 和 SEPS 中多糖含量均随氧化剂投加量的升高先增加后降低。K_2FeO_4 兼有氧化和混凝的作用，在低投加量

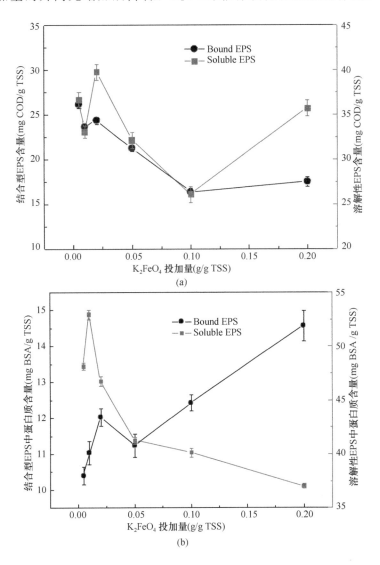

(a)

(b)

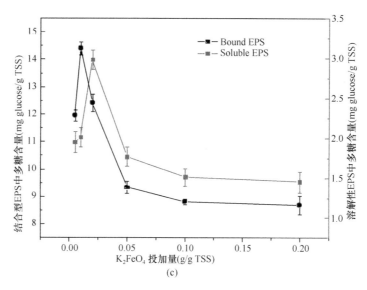

图 4-26　K_2FeO_4 投加量对处理后不同 EPS 组分浓度含量

（<0.05g/g TSS）条件下，氧化作用占主导地位，导致污泥 EPS 释放；在中等投加量（0.05～0.1g/g TSS）时，混凝作用占主导地位，水解的原位产生的氢氧化铁可以通过电中和作用压缩污泥的 EPS 结构，使得总可提取的 EPS 含量降低；在高剂量（>0.1g/g TSS）条件下，K_2FeO_4 氧化过程将大分子的蛋白质裂解为小分子物质，其难以通过铁离子的混凝过程而转入固相中。

　　K_2FeO_4 投加量对污泥 EPS 荧光光谱特性的影响见表 4-8 所示。相比原污泥，经过 K_2FeO_4 处理后，SEPS 中的腐殖酸和富里酸的荧光峰强度明显减弱，这可能是由于腐殖酸和富里酸具有较强的疏水性，容易通过混凝吸附转入固相。SEPS 中的两个蛋白峰的荧光强度随着 K_2FeO_4 投加量升高，表现出先降低、后升高、再降低的复杂特点，这与化学分析的结果有所不同。另一方面，BEPS 中色氨酸和芳香类蛋白荧光峰强度在 K_2FeO_4 处理后明显降低，但投加量对其影响不大。这可能是由于 K_2FeO_4 的氧化能力有限，氧化过程能够导致污泥 EPS 中蛋白质类有机物被裂解，失去了原来的化学结构，但仍然保有氨基酸的基础分子结构，造成了 SEPS 荧光和 Lowry 法分析的差异。

不同 K_2FeO_4 投加量对 EPS 荧光强度的影响　　　　　　表 4-8

K_2FeO_4 投加量（g/g TSS）	SEPS				BEPS			
	TPN	APN	HA	FA	TPN	APN	HA	FA
λ_{E_x/E_m}	280/335	225/340	330/410	275/425	280/335	225/340	330/410	275/425
0	69.062	74.784	27.176	32.615	92.462	133.405	5.426	6.657
0.005	62.422	61.655	8.316	17.917	49.952	64.685	3.961	3.637
0.01	22.622	26.425	7.008	13.817	60.722	86.095	4.572	5.337
0.02	23.752	48.655	7.303	15.177	55.632	73.575	4.1	4.647
0.05	19.432	31.395	6.522	12.747	43.932	52.495	3.228	2.227
0.1	15.232	17.835	7.04	11.447	32.392	38.775	3.002	3.539
0.2	12.982	18.925	7.353	12.497	40.552	44.475	3.287	2.067

注：SEPS 和 BEPS 样品分别稀释 20 和 100 倍。

不同 K_2FeO_4 投加量条件下，污泥 SEPS 分子量分布情况见图 4-27 所示。不难看出，K_2FeO_4 处理后导致 210Da 分子量峰的出现，这恰好证实了 EEM 分析结果，K_2FeO_4 处理后确实出现了小分子有机物。当 K_2FeO_4 投加量小于 0.1g/g TSS 时，随着高铁盐投加量的提高，高分子量有机物无明显变化，小分子量有机物中 900Da 和 210Da 两个峰强度明显提高。K_2FeO_4 的氧化作用导致污泥结合型 EPS 发生溶解，释放到清液中，其中的大分子组分更易于通过原位产生水解铁的混凝作用转入固相，而低分子量有机物难以被吸附去除。另一方面，在高投加量（0.2g/g TSS）条件下，除了 40kDa 分子量峰变化不大，其余各分子量峰均明显加强，说明高剂量的高铁酸盐氧化过程导致结合型 EPS 大量释放，而混凝过程不足以去除氧化裂解的有机物。需要指出的是，此时污泥 SRF 也随之上升，这也就说明过量 K_2FeO_4 的投加后污泥脱水性恶化主要是由于 SEPS 大量释放引起的。

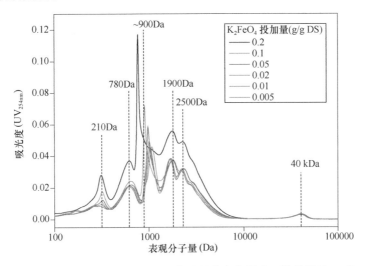

图 4-27　K_2FeO_4 投加量对 SEPS 分子量分布的影响（样品稀释 10 倍）

4.4　氧化絮凝耦合调理技术

截至目前，国内外研究人员对过氧乙酸（PAA）处理过程中活性污泥的理化性质如何变化尚未有深入的认识，如何将 PAA 和重絮凝相结合，从而形成基于污泥深度脱水的化学调理技术，尚未见报道。因此，本节研究的目的在于：第一，以 PAA 为例，研究氧化调理对活性污泥脱水性及 EPS 组成和分布的影响；第二，采用常规化学分析、三维荧光光谱和高效体积排阻色谱等方法深入解析 PAA 处理过程中 EPS 的变化特征；最后，研究不同无机混凝剂的重絮凝过程产生絮体形态及对 SEPS 特性的影响。

4.4.1　PAA 投加量对污泥特性的影响

1. SRF 和污泥含水率

PAA 投加量对污泥 SRF 和泥饼含水率的影响如图 4-28 所示。相比原污泥，低 PAA 投加量下（0.06g/g TSS），SRF 明显上升，而泥饼含水率无明显变化；当 PAA 投加量大于 0.1g/g TSS 时，污泥可滤性变化不大，但泥饼含水率从 87.4% 降至 84.4%。这是由于

PAA 处理有效溶解了污泥 EPS，促使结合水释放，从而提高了污泥的过滤脱水效率。

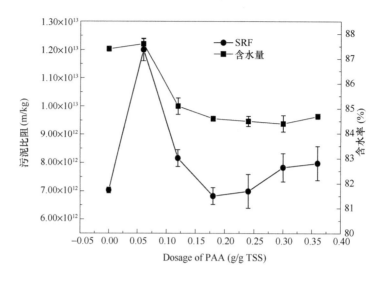

图 4-28　PAA 投加量对污泥 SRF 和泥饼含水率的影响

2. PAA 投加量对污泥 EPS 分布和组成的影响

Yu 和 Zhang 等人的研究显示，污泥脱水性能主要取决于溶解性 EPS 和 LB-EPS 的化学性质。PAA 投加量对污泥 EPS 分布和组成的影响见图 4-29 所示。随着 PAA 投加量逐渐升高，TB-EPS 含量降低，而 LB-EPS 和 SEPS 含量逐渐升高，这反映出污泥 EPS 发生溶解，TB-EPS 向 LB-EPS 和 SEPS 发生了转化。从图 4-29（b）和（c）看出，随着 PAA 投加量的增加，SEPS 中蛋白质和多糖的浓度均呈下降趋势，这与 SEPS 总量的变化相反。这说明在高 PAA 投加量时，蛋白质和多糖分子结构破坏而转化为其他小分子有机物。LB-EPS 和 TB-EPS 中蛋白质和多糖浓度随着 PAA 投加量的增加呈现出先上升再降低的趋势。清液中蛋白质浓度是确定污泥过滤性能的主要因素。在低 PAA 投加量的条件下，污泥的蛋白质发生溶解，释放至 SEPS 中。与此同时，污泥絮体结构强度最低，故污泥的可滤性也发生恶化。

三维荧光分析显示，原污泥 SEPS 和 LB-EPS 光谱中有 4 个荧光峰；而 TB-BEPS 中仅有 Peak A 和 Peak B 2 个峰。Zhang 等人的研究也发现 SEPS 和 LB-EPS 的化学组成类似，同时含有蛋白质和腐殖酸类物质，而 TB-EPS 往往只含有蛋白质类有机物。PAA 投加量对污泥不同 EPS 组分荧光峰强度的影响见表 4-9 所示。经过 PAA 处理后，各个 EPS 组分中蛋白峰的荧光强度均减弱。例如，在 SEPS 中，PAA 投加量以总悬浮固体量（TSS）计从 0.06g/g TSS 上升至 0.36g/g TSS，peak A 和 peak B 的荧光强度分别从 182.0 和 208.4 降至 42.5 和 30.4，这与化学分析的结果吻合。在高剂量条件下（＞0.3g/g TSS），SEPS 和 TB-EPS 中蛋白类荧光峰几乎无法检出。另外，在 SEPS 中，经过低剂量 PAA 处理后，腐殖酸和富里酸荧光强度有所上升。一般而言，EPS 中的各个有机组分通常以结合态的形式存在，PAA 氧化导致 EPS 结构发生溶解，蛋白质的分子结构被彻底破坏，但腐殖酸和富里酸具有较强的抗氧化性，因此在 PAA 的作用下无法有效降解。

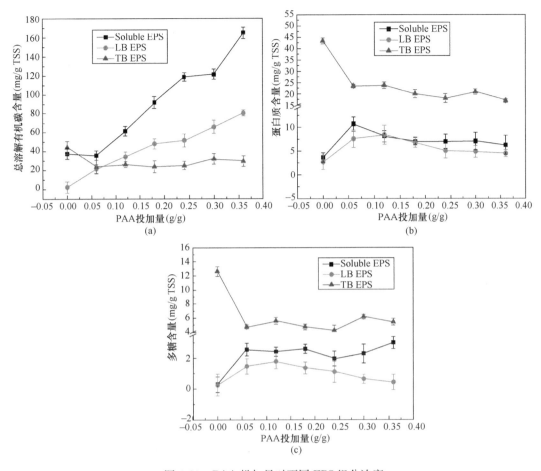

图 4-29　PAA 投加量对不同 EPS 组分浓度

（a）蛋白质；（b）多糖；（c）含量的影响（反应初始污泥 pH 为 7）

不同投加量 PAA 处理对污泥 EPS 荧光强度的影响　　　　表 4-9

EPS 组分	PAA (g/g TSS)	TPN	APN	HA	FA
		λ_{E_x/E_m} (280/335nm)	λ_{E_x/E_m} (225/340nm)	λ_{E_x/E_m} (330/410nm)	λ_{E_x/E_m} (275/425nm)
SEPS	0.00	286.9	384.2	71.88	91.51
	0.06	182.0	208.4	82.79	211
	0.12	29.1	33.2	39.5	124.4
	0.18	56.3	74.0	68.53	137.2
	0.24	57.5	62.1	77.39	133.1
	0.30	56.01	51.5	79.95	121.5
	0.36	42.5	30.4	68.26	88.86
LB-EPS	0.00	237.1	338	41.25	63.77
	0.06	148.1	210.8	46.88	116.9
	0.12	105.9	136.8	59.43	127.4
	0.18	66.78	83.42	57.81	111.8
	0.24	45.49	58.58	50.73	90
	0.30	47.96	61.88	53.9	91.17
	0.36	46.68	44.52	56.05	90.75

EPS组分	PAA (g/g TSS)	TPN λ_{E_x/E_m} (280/335nm)	APN λ_{E_x/E_m} (225/340nm)	HA λ_{E_x/E_m} (330/410nm)	FA λ_{E_x/E_m} (275/425nm)
TB-EPS	0.00	427.3	649.5	16.34	56.63
	0.06	110.2	262.9	5.2	17.88
	0.12	64.09	124.7	6.24	16.02
	0.18	50.26	157.9	7.226	14.97
	0.24	32.33	103	7.3	12.97
	0.30	27.63	58.51	8.281	15.04
	0.36	10.38	9.673	6.264	10.24

注：SEPS 和 BEPS 样品分别稀释 20 和 100 倍。

PAA 投加量对污泥不同 EPS 组分分子量的组成的影响见图 4-30 所示。SEPS 中有 3000Da、2200Da、1300Da 和 900Da 4 个峰；LB-EPS 中分子量峰为 46000Da、2000Da、1300Da 和 900Da；TB-EPS 中存在 46000Da、2500Da、1200Da、850Da、500Da、220Da 几个峰。经过 PAA 氧化处理后，SEPS 的中分子量区间强度增加，同时出现 330Da 和 150Da 两个小分子量物质，且其强度随着 PAA 投加量的增加而逐渐增强。结合化学分析，这两种小分子物质极有可能属于氨基酸类。说明腐殖酸类污泥浓度上升，同时高分子物质被裂解为小分子，这与荧光分析的结果相吻合。LB-EPS 和 TB-EPS 在经过 PAA 处理后和 SEPS 表现出类似的现象，即小分子量有机物明显增多，同时还可以新出现一个高分子量峰（750000Da），这可能是由于 PAA 裂解污泥处理过程中产生的。在高 PAA 剂量条件下，该大分子量物质被裂解，无法检出。

4.4.2 pH 对 PAA 处理后污泥特性的影响

1. pH 对 PAA 处理后污泥过滤脱水性能的影响

pH 对 PAA 处理后污泥脱水性和过滤后泥饼含水率的影响见图 4-31 所示。不难看出，当调节污泥初始 pH 从 9 降至 3，污泥 SRF 和泥饼含水率分别从 8.7×10^{12} m/kg 和 85% 减小至 5.1×10^{12} m/kg 和 77.6%。上述现象表明，酸性条件有利于污泥的过滤脱水。

2. pH 对 PAA 处理后污泥 EPS 特性的影响

pH 对 PAA 处理后污泥 EPS 分布和组成的影响见图 4-32 所示。从图 4-32（a）可以看出，当 pH 值为 3 时，SEPS 含量达到最高，后随 pH 值上升无明显变化。pH 值从 3 上升至 9 的过程中，LB-EPS 和 TB-EPS 含量分别从 62.0 和 16.8mg/g TSS 上升至 93.8 和 23.4mg/g TSS。上述结果说明酸性条件下，PAA 对污泥的氧化溶解效率更高，可以更加有效地将结合型 EPS 转化为 SEPS。由于污泥的 EPS 结构高度亲水，而酸性条件强化了 PAA 对污泥的溶解作用，促使结合水的释放，故脱水后泥饼含水率也随之降低。pH 值对 PAA 处理后不同 EPS 组分中多糖和蛋白质浓度的影响如图 4-32（b）和（c）所示。SEPS 中蛋白质和多糖的变化呈现出相反的变化趋势。随着 pH 值上升，蛋白质浓度逐渐降低，而多糖浓度持续增加。然而，在 LB-EPS 和 TB-EPS 中，多糖和蛋白质浓度随 pH 值的升高均有所增加。需要指出的是，PAA 对蛋白质的氧化降解过程对 pH 值的依赖性更强。

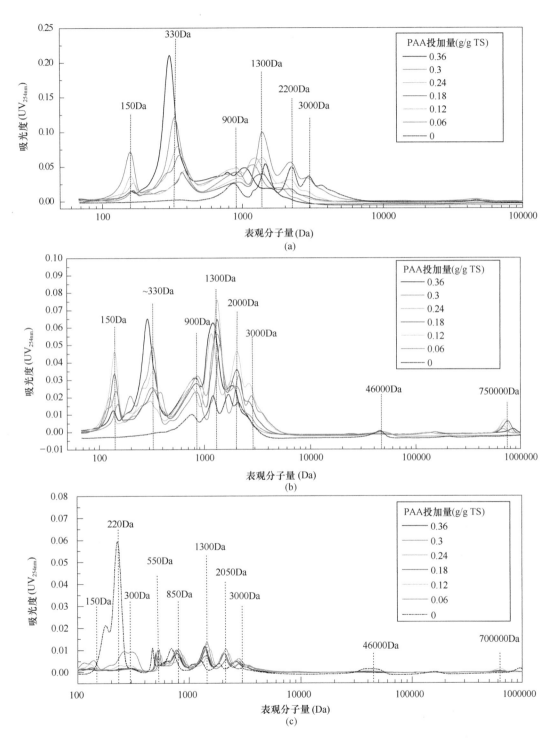

图 4-30 PAA 投加量对不同 EPS 组分分子量分布的影响（TB-EPS 样品稀释 10 倍）

(a) SEPS；(b) LB-EPS；(c) TB-EPS

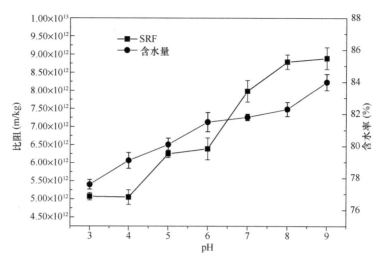

图 4-31 pH 对 PAA 处理后污泥 SRF 和泥饼
含水率的影响（PAA 投量为 0.36g/g TSS）

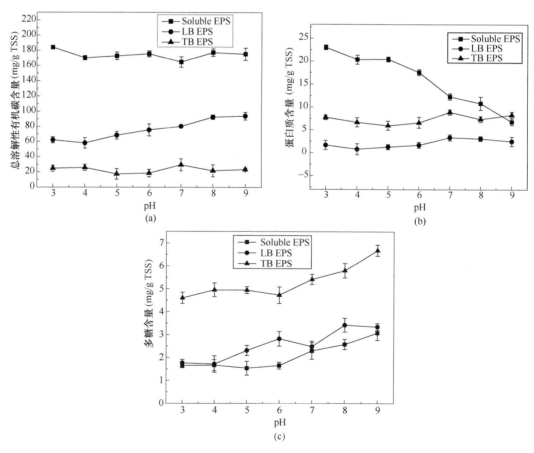

图 4-32 pH 值对 PAA 处理后不同 EPS 组分含量
（a）蛋白质；（b）多糖；（c）含量的影响（PAA 投加量为 0.36g/g TSS）

表 4-10 显示经过 PAA 处理后，两个蛋白峰强度明显降低，而腐殖酸和富里酸类有机物的荧光强度有所上升。这说明 PAA 可以有效破坏污泥 EPS 中蛋白质，而腐殖酸和富里酸在污泥溶解过程中释放出来。诸多研究显示，EPS 中的蛋白质组分是决定污泥脱水性的关键因素，高剂量 PAA 对蛋白质的氧化裂解是导致污泥脱水性改善的主要原因。此外，在不同 pH 值条件下，PAA 氧化处理后 SEPS 和 LB-EPS 的荧光特性变化不大，而酸性条件下处理后的 TB-EPS 中两个蛋白峰强度低于中性和碱性条件下。这是由于 PAA 的解离常数 $pK_a=8.2$，发生解离后的 PAA 反应活性会降低。因此，酸性条件下 PAA 对蛋白质的氧化降解能力更强。

不同 pH 值条件下 PAA 处理后 EPS 荧光强度　　　　　　　　　表 4-10

EPS组分	pH	TPN λ_{E_x/E_m} (280/335nm)	APN λ_{E_x/E_m} (225/340nm)	HA λ_{E_x/E_m} (330/410nm)	FA λ_{E_x/E_m} (275/425nm)
SEPS	3	42.23	20.49	87.67	107.8
	4	45.59	17.41	80.7	104.3
	5	50.05	24.49	82.76	109.2
	6	50.93	27.82	80.66	112
	7	42.51	30.41	68.26	88.86
	8	48.57	26.44	74.02	107.2
	9	48.68	29.41	70.17	103.2
LB-EPS	3	28.05	25.82	41.19	62.82
	4	30.09	37.17	39.69	60.28
	5	37.15	39.12	50.07	78.93
	6	56.11	55.08	62.64	101.5
	7	46.68	44.52	56.05	90.75
	8	56.11	55.08	62.64	101.5
	9	54.97	66.06	61.12	100.2
TB-EPS	3	6.461	7.147	5.553	7.8
	4	6.22	6.987	5.685	8.597
	5	4.681	4.544	4.41	7.048
	6	5.77	5.788	4.806	8.368
	7	19.05	31.95	8.467	14.25
	8	8.729	8.125	5.573	7.791
	9	10.38	9.673	6.264	10.24

注：PAA 投加量为 0.36g/g TSS。

从图 4-33 中可以看出，在不同 pH 条件下，PAA 处理后 SEPS 的中等分子量有机物均被有效去除，新出现 320Da 和 200Da 两个小分子降解产物。在 pH 小于 6 时，PAA 处理后的 320Da 分子量峰强度要明显高于 pH 大于 7 的条件下，进一步证实酸性环境有利于 PAA 对污泥 EPS 的裂解。总体而言，对于 PAA 处理后的 LB-EPS，中等分子量有机物

（800Da、1300Da 和 2200Da）随着 pH 的降低而减少，而低分子量峰增强。前述已经提到中等分子量的有机物主要为腐殖酸类，从而酸性环境中 PAA 对 LB-EPS 中腐殖酸物质的氧化效率更高。另外，随着 pH 的降低，PAA 对 TB-EPS 中各个分子量有机物的去除效率均有所提高。

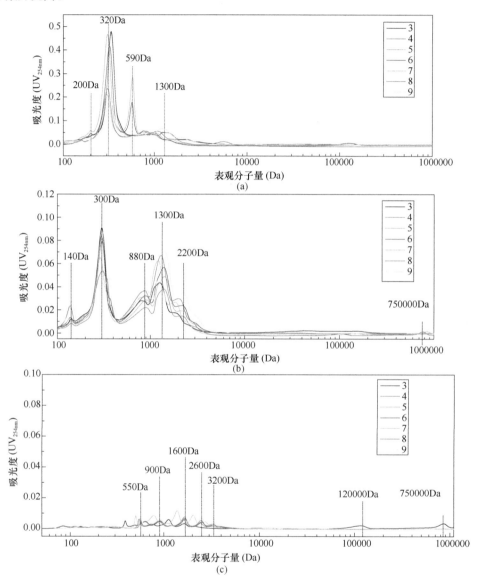

图 4-33　pH 值对 PPA 处理后污泥不同 EPS 组分分子量分布的影响
（PAA 投加量为 0.36g/g TSS，LB-EPS 和 SEPS 未稀释，而 TB-EPS 样品稀释 10 倍）
（a）SEPS；（b）LB-EPS；（c）TB-EPS

4.4.3　化学重絮凝对污泥特性的影响

1. 化学重絮凝对污泥 SRF 和泥饼含水率的影响

氯化铁和 PAC 投加量对污泥 SRF 和泥饼含水率的影响见图 4-34 所示。经过化学重絮凝后，污泥 SRF 和泥饼含水率均明显下降，这也就达到了本研究的目的。当 PAC 和氯化铁的投加量为 0.16g/g TSS 时，SRF 和泥饼含水率降至最低，分别为 1.2×10^{13} m/kg 和 77.9% 与 2.8×10^{13} m/kg 和 84.2%。总体而言，PAC 在过滤速率和脱水效率方面均优于氯化铁，这可能是由于高分子无机絮凝剂具有更强的电中和和架桥效果，从而其混凝效能方面要优于低分子无机盐。

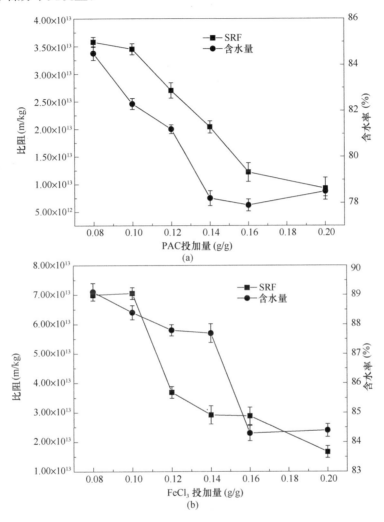

图 4-34　不同混凝剂重絮凝对污泥脱水性的影响（PAA 投加量为 0.36g/gTSS）

(a) PAC；(b) FeCl

2. 重絮凝对污泥絮体形态的影响

活性污泥絮体主要由细菌及异质化和动态变化的 EPS 组成，不同种类微生物的空间分布直接影响着絮体的结构特性。不同处理阶段污泥的显微照片如图 4-35 所示。原始污泥絮体中含有大量的丝状细菌，起到架桥的作用，凝胶态的 EPS 包覆和镶嵌在絮体之中，产生一种多孔的且不规则的絮体。经过 PAA 氧化处理后，污泥絮体被有效溶解，污泥混合液中散落着菌胶团溶解之后的碎片，无法观察到具有完整结构的絮体。随后，伴随着混凝剂的投加，Fe^{3+} 或 Al^{3+} 与氧化后暴露出来的位点发生作用，重建后的絮体更加紧密和规则。与此同时，化学絮凝导致结合在絮体 EPS 中的部分水分释放并转化为自由水。从外观来看，氯化铁和 PAC 重絮凝的絮体无明显的差别。

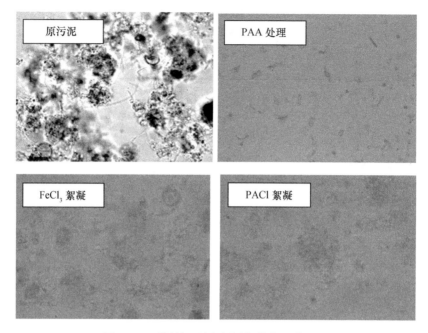

图 4-35　不同处理阶段污泥絮体的显微照片

3. 重絮凝对污泥 SEPS 特性的影响

图 4-36 和表 4-11 显示经过化学重絮凝后，污泥上清液有机物浓度有所下降，且氯化铁对 SEPS 中有机物的去除效率略高于聚合氯化铝（PAC）。但总体而言，投加混凝剂后，污泥 SEPS 浓度变化不大。这可能是由于经过氧化后大分子的蛋白质被转化为小分子物质，而混凝对小分子有机物的吸附去除效率较低，故对上清液有机物浓度的影响并不是很大。氯化铁和 PAC 投加量对污泥 EPS 荧光光谱特性的影响见表 4-11 所示。随着两种无机混凝剂投加量的升高，蛋白质荧光强度均明显减弱。此外，铁盐对蛋白荧光强度的削减效果要高于铝盐。这是由于相比多糖，铁离子与蛋白质之间有较强的作用力，故铁离子的

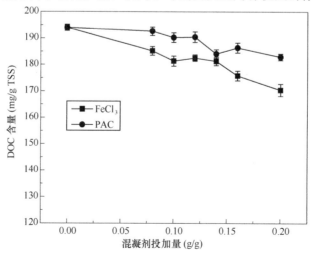

图 4-36　不同混凝剂絮凝对污泥 SEPS 含量的影响（pH＝7）

混凝作用对其去除效率更佳。

不同絮凝剂投加量对 SEPS 荧光强度的影响 表 4-11

混凝剂投加量 (g/g TSS)	FeCl₃				PACl			
	TPN	APN	HA	FA	TPN	APN	HA	FA
λ_{E_x/E_m} (nm)	280/335	225/340	330/410	275/425	280/335	225/340	330/410	275/425
0	286.9	384.2	71.88	91.51	286.9	384.2	71.88	91.51
8	97.48	94.89	73.87	130.2	182.5	132.9	96.07	153.2
10	86.3	78.44	66.33	124	201.1	150.8	100.1	164.6
12	143.8	119.1	76.85	134.6	185.7	127.6	94.99	159.6
14	76.1	77.05	64.28	114.8	157.9	132.1	80.58	141.9
16	87.31	65.95	64.53	116.2	164.3	118.3	86.58	150.4
20	91.56	69.21	69.5	112.5	142	125.1	76.26	138.9

注：样品均稀释 10 倍。

4.5 过氧化钙预氧化结合化学重絮凝改善污泥脱水性能

过氧化钙（CaO_2）是最传统，最安全的固体无机过氧化物之一，被称为"固体 H_2O_2"，溶解在水中可产生具有强氧化性的 O_2 和 H_2O_2，同时产生的钙离子还可作为凝结剂。CaO_2 对污泥的增溶非常有效，通过溶解污泥 EPS 使其释放结合水，再通过化学絮凝来凝聚小分子有机物从而提高污泥的过滤性。然而，以往的试验很少研究 CaO_2 处理结合化学再絮凝对污泥脱水性能的改善。因此，本节的主要目的是：第一，研究 CaO_2 预氧化和化学再絮凝相结合对污泥脱水性能的影响，并优化污泥调理剂的剂量；第二，分析 CaO_2 水解反应下 EPS 的分布和组成的变化；第三，通过结合 CaO_2 处理和再絮凝工艺分析 EPS 的形态特征，揭示改善活性污泥脱水性能的机理。

4.5.1 过氧化钙调理对污泥脱水性能的影响

通过图 4-37 可以看出，随着过氧化钙投加量的增加，SRF 呈现先下降后上升的趋势，

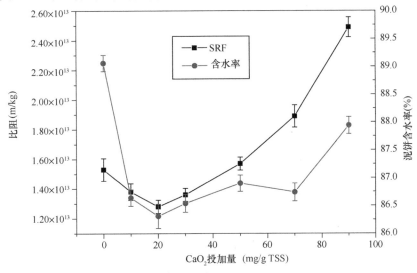

图 4-37 CaO_2 对污泥脱水性的影响

同样，抽滤后泥饼的含水率与 SRF 的变化相同。当过氧化钙的投加量为 20mg/g TSS 时，污泥 SRF 达到最低，为 1.28×10^{13} m/kg。此时，泥饼的含水率也达到最低，为 86.31%。通过比较，即使最低的 SRF 所对应的污泥也无法达到较好的脱水性能。因此，污泥脱水性能的提升需要进行后续的深度处理。

4.5.2 过氧化钙投加量对污泥特性的影响

1. 污泥絮体形态特性分析

污泥絮体的平均粒径（$d_{0.5}$）如图 4-38 所示，随着 CaO_2 投加量的增加，曲线出现了明显的突增。当 CaO_2 投加量为 20mg/g TSS 时，污泥絮体粒径达到峰值 66.24μm。当 CaO_2 投加量高于 30mg/g TSS，曲线趋于平缓。实际上，过氧化钙调理具有氧化和混凝双重作用，CaO_2 在氧化降解污泥的同时，生成的 Ca^{2+} 通过电中和作用与 EPS 结合，从而使得污泥颗粒迅速聚集形成更大的絮体。随着投加量的继续增多，CaO_2 的氧化裂解作用逐渐增强导致絮体的裂解程度加剧，EPS 被氧化为小分子有机物，以至于随后粒径出现了明显的下降。

通常情况下，越高的分形维数代表了污泥表面形态越不规则，污泥絮体的 D_F 越接近 3 表示絮体结构越接近密实饱满，相反，越接近 1 表示其结构越疏松。Eriksson 等人认为，具有高电荷密度的混凝剂会与污泥絮体表面的负电荷发生强烈的相互作用，由此可以形成一层吸附面，因此，絮凝颗粒之间的凝聚作用愈发强烈并使得颗粒之间的运动越来越少，以至于颗粒相互聚集起来。根据图 4-38 中 D_F 的变化可以看出，随着 CaO_2 投加量的增加，D_F 总体先上升后下降。这可能是由于随着污泥中 CaO_2 的溶解，其氧化和混凝效果都随之增强，絮体由于氧化作用而裂解；同时，又由于混凝作用而重新聚集，污泥絮体的密实程度也随之增强。然而当 CaO_2 投加量达到 20mg/g TSS 时，氧化和混凝的共同作用使得污泥絮体的粒径和密实程度达到最大，同时污泥 SRF 到达最低，这说明 CaO_2 适度氧化调理，可以通过强化絮体特性增强污泥的过滤脱水性能。

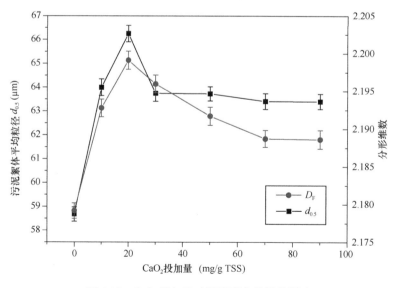

图 4-38 CaO_2 投加量对污泥形态特性的影响

2. 污泥 EPS 的分布组成

由图 4-39（a）可以看出，随着 CaO_2 投加量的增加，污泥 SEPS 和 LB-EPS 的含量出现了明显的上升，分别从 1.10mg DOC/g TSS 和 0.65mg DOC/g TSS 增至 2.57mg DOC/g TSS 和 1.62mg DOC/g TSS，而 TB-EPS 则从 47.42mg DOC/g TSS 下降至 40.32mg DOC/g TSS。这可能是由于 CaO_2 的氧化作用使得污泥絮体裂解释放有机物，导致 TB-EPS 逐渐向 LB-EPS 和 SEPS 转化。此外，研究表明，污泥 SEPS 组分中的高分子生物聚合物对污泥的过滤脱水性能具有重要影响。Raynaud 认为，大粒径污泥絮体结构较为疏松，可压缩性强，通常会导致污泥过滤脱水性能的恶化。因此，随着污泥中有机物的释放，污泥过滤脱水性能变差。

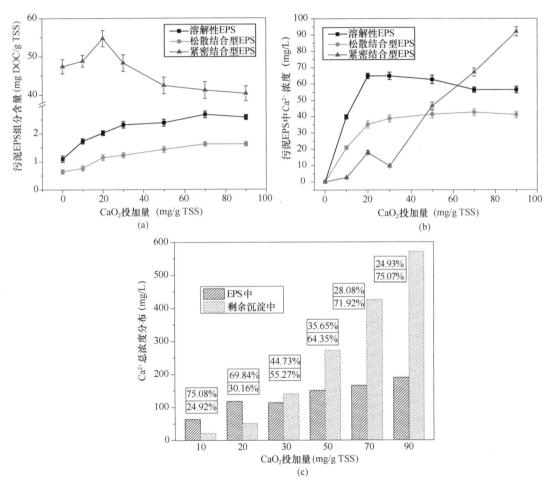

图 4-39　CaO_2 投加量对污泥 EPS 组成分布的影响

（a）EPS 组分含量；（b）EPS 中钙离子分布；（c）总钙离子分布

如图 4-39（b）所示，当 CaO_2 的投加量为 20mg/g TSS 时，污泥 SEPS 和 LB-EPS 组分中的钙离子含量达到最高，分别为 64.836mg/L 和 35.074mg/L。然而，TB-EPS 中的钙离子浓度却随着 CaO_2 投加量持续上升。图 4-39（c）表明，CaO_2 的投加量达到 20mg/g TSS 之后，污泥 EPS 中的钙离子浓度基本保持平衡，而在沉淀中的剩余钙离子含量出现明显的增长。这说明 CaO_2 溶解产生的 Ca^{2+} 主要存在于污泥 EPS 的固体组分中，包括 LB-EPS、TB-EPS 以及微生物细胞之中，而并非 SEPS 之中。

3. 三维荧光光谱分析

污泥 SEPS、LB-EPS 和 TB-EPS 组分的荧光光谱主要检测到色氨酸类蛋白质和芳香类蛋白质。从表 4-12 可以看出，SEPS 和 LB-EPS 中色氨酸蛋白质和芳香类蛋白质的荧光强度出现了明显的上升，而 TB-EPS 中的色氨酸蛋白质和芳香类蛋白质强度分别从 1580 和 792.8 下降至 1463 和 697.9。这说明了经过 CaO_2 调理后，污泥絮体得到了有效裂解，蛋白质类等有机物释放出来，即从 TB-EPS 中蛋白质类有机物转化为 LB-EPS 和 SEPS 组分，该结果与污泥 DOC 的变化情况是一致的。

CaO_2 投加量对不同 EPS 组分荧光强度的影响　　表 4-12

CaO_2 剂量	SEPS		LB-EPS		TB-EPS	
(mg/g TSS)	色氨酸类蛋白质	芳香类蛋白质	色氨酸类蛋白质	芳香类蛋白质	色氨酸类蛋白质	芳香类蛋白质
λ_{E_x/E_m} (nm)	280/335	230/335	280/335	230/335	280/335	230/335
0	34.56	13.21	19.53	19.45	1580	792.8
10	36.98	29.96	34.98	21.58	1594	836.4
20	51.91	51.08	44.52	32.78	1629	723.2
30	61.66	47.85	54.45	41.62	1721	947.0
50	72.37	54.90	93.53	61.17	1344	626.6
70	82.94	57.89	114.0	71.10	1444	665.3
90	92.94	71.24	120.4	74.26	1463	697.9

注：SEPS 和 LB-EPS 稀释 10 倍后测量；TB-EPS 稀释 50 倍后测量。

4. 高效体积排阻色谱分析

研究表明，碳水化合物中并不含有共轭双键，因此，只有部分高分子聚合物可以被 UV_{254} 检测器测定到，例如糖蛋白类和糖脂类化合物。CaO_2 投加量对污泥 SEPS 和 LB-EPS 组分的影响如图 4-40 所示，污泥 SEPS 和 LB-EPS 组分的分子量分布图中出现 5 个明显的峰，分别为：850Da、1500Da、2200Da、3000Da 和 50000Da。随着 CaO_2 投加量的提高，除 3000Da 位置的峰，其余的分子量峰值强度均出现明显的上升，尤其是中低分子量所对应的峰。这说明，经过 CaO_2 处理之后，污泥絮体中大分子有机聚合物得到了有效的溶解，中小分子有机物得到了有效的释放。而这也与之前 3DEEM 的分析相一致。

4.5.3 过氧化钙调理污泥 SEPS 组分变化的动力学分析

1. 污泥 SEPS 组分的动力学变化

由图 4-41 可知，随着反应时间的变化，SEPS 含量出现了明显的上升，并且在反应 1h 后逐渐达到了平衡，最终从 1.74mg DOC/g TSS 上升至 2.47mg DOC/g TSS。引入不同级数的反应动力学模型，可以更好地了解污泥 EPS 在 CaO_2 调理之后含量随反应时间的变化：

$$-\frac{dc_{DOC}}{dt} = k_1 \rightarrow k_1 t = -(c_{DOC} - c_{DOC,0}) + b_1 \tag{4-14}$$

$$-\frac{dc_{DOC}}{dt} = k_2 c_{DOC} \rightarrow k_2 t = -\ln(c_{DOC}/c_{DOC,0}) + b_2 \tag{4-15}$$

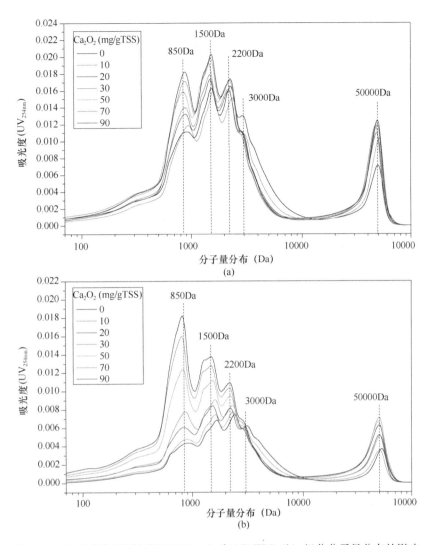

图 4-40　CaO_2 投加量对污泥 SEPS（a）和 LB-EPS（b）组分分子量分布的影响

$$-\frac{\mathrm{d}c_{\mathrm{DOC}}}{\mathrm{d}t} = k_3 c_{\mathrm{DOC}}^2 \rightarrow k_3 t = \left(\frac{1}{c_{\mathrm{DOC}}} - \frac{1}{c_{\mathrm{DOC},0}}\right) + b_3 \tag{4-16}$$

$$-\frac{\mathrm{d}c_{\mathrm{DOC}}}{\mathrm{d}t} = k_4 c_{\mathrm{DOC}}^3 \rightarrow k_4 t = \frac{1}{2}\left(\frac{1}{c_{\mathrm{DOC}}^2} - \frac{1}{c_{\mathrm{DOC},0}^2}\right) + b_4 \tag{4-17}$$

公式（4-14）、公式（4-15）、公式（4-16）以及公式（4-17）分别表示零级、一级、二级和三级反应动力学模型。

式中　　　　　　　c——污泥上清液有机物浓度；

k_n（$n=1$，2，3，4）——代表污泥裂解速率常数，并且均拥有各自不同的量纲；

b_n（$n=1$，2，3，4）——表示每个方程的积分常数。

通过分别构建$[c-t]$、$[\ln(c/c_0)-t]$、$[1/c-t]$以及$[1/c^2-t]$，利用 origin 拟合计算出的斜率和截距即可求得 k 和 b 值。

拟合结果如图 4-42 所示，通过对 1h 内 SEPS 浓度值变化分别进行零级、一级、二级

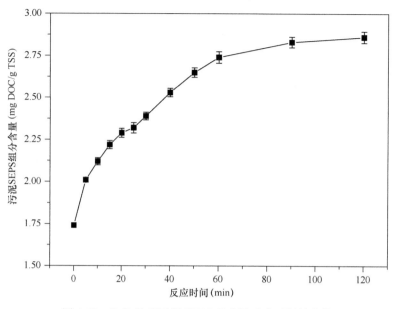

图 4-41　CaO₂ 处理污泥 SEPS 组分随反应时间的变化

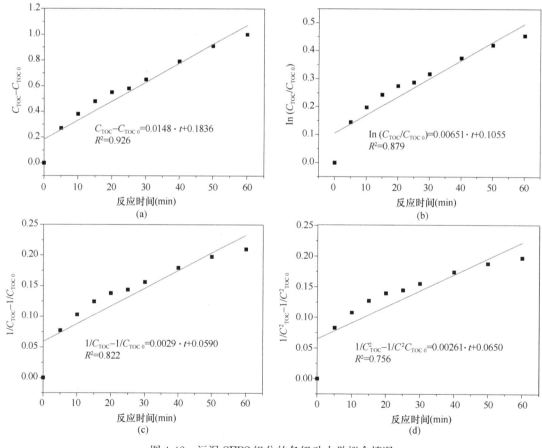

图 4-42　污泥 SEPS 组分的各级动力学拟合情况

（a）零级动力学；（b）一级动力学；（c）二级动力学；（d）三级动力学

和三级反应动力学拟合可知，零级反应动力学方程的相关系数（R^2）最大，达到 0.926，反应速率常数为 0.0148mg DOC/(g TSS·min)，即 0.888mg DOC/(g TSS·h)。由此可见，污泥 SEPS 的变化遵循准零级反应动力学方程，污泥裂解的速率并不受到污泥 EPS 浓度变化的影响。

此外，从图 4-43 中看出污泥 SEPS 组分三维荧光强度的变化与之前 SEPS 组分含量的变化趋势相同，色氨酸类和芳香类蛋白质的荧光强度在 1h 以内出现明显的上升，分别从 29.25、20.56 增至 90.10 和 80.50。在此之后，荧光强度达到了平衡。同时，三维荧光光谱图（图 4-44）表明，随着反应时间的推移，图谱中的色氨酸类蛋白质峰和芳香类蛋白质峰的颜色由浅变深，更为形象直观地反映了经过过氧化钙调理后，污泥 EPS 得到了有效的裂解，大量有机物溶出至 SEPS 组分而被 EEM 检测到。

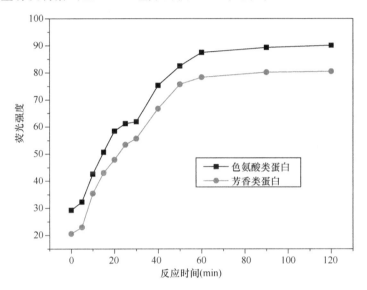

图 4-43　CaO_2 处理污泥 SEPS 组分荧光强度随时间的变化（样品稀释 10 倍）

2. 污泥 SEPS 组分中钙离子的动力学变化

SEPS 中 Ca^{2+} 浓度随时间的变化如图 4-45 所示，可以看出，经过 1h 的反应，Ca^{2+} 浓度始终保持明显的上升，从 58.179mg/L 增至 89.018mg/L。此后，反应达到平衡，Ca^{2+} 浓度上升不明显。此外，试验对 Ca^{2+} 随时间的变化分别进行了零级、一级、二级和三级动力学拟合（图 4-46），结果与先前 SEPS 的变化是一致的，遵循零级反应动力学方程，并且反应速常数为 0.48mg/(L·min)，即 28.86mg/(L·h)。

CaO_2 的溶解过程见式（4-18）、式（4-19）：

$$H_2O \Longleftrightarrow H^+ + OH^- \tag{4-18}$$

$$CaO_2 + 2H^+ \Longleftrightarrow Ca^{2+} + H_2O_2 \tag{4-19}$$

污泥絮体的氧化裂解并不是直接由 CaO_2 导致，而是因其溶解生成的过氧化氢的氧化作用。因此，污泥 EPS 的裂解首先限速于 CaO_2 的实际溶解速率，因而其动力学方程与 Ca^{2+} 溶解的动力学方程均遵循零级反应动力学方程。然而，随着水中 H^+ 的消耗，溶液 pH 上升，这使得 CaO_2 的溶解速率和 H_2O_2 的产出速率得到抑制，1h 过后 Ca^{2+} 浓度趋于稳定。Northup 和 Cassidy 认为，由于 CaO_2 在水中的溶解速率较慢，因此 CaO_2 可以将氧化反应持续很长一段时间。由此可见，采用 CaO_2 调理污泥虽然耗时较长，但十分安全。

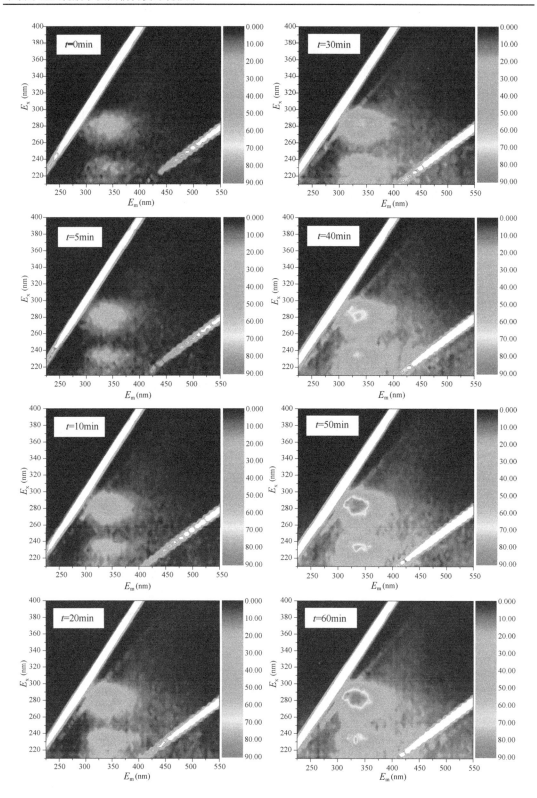

图 4-44　CaO_2 调理污泥 SEPS 组分 EEM 随反应时间的变化（样品稀释 50 倍）

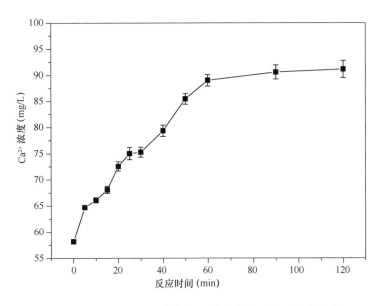

图 4-45　污泥 SEPS 组分中的 Ca^{2+} 浓度随反应时间的变化

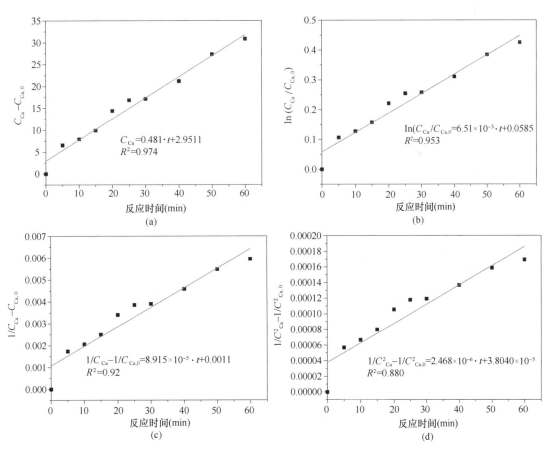

图 4-46　污泥 SEPS 中 CaO_2 溶解的各级反应动力学拟合情况

（a）零级动力学；（b）一级动力学；（c）二级动力学；（d）三级动力学

3. 高效体积排阻色谱分析

如图 4-47 所示，经过 CaO_2 调理之后，污泥 SEPS 组分的分子量分布出现 5 个峰，分别为 900Da、1500Da、2200Da、3000Da 和 50000Da。除了 3000Da 峰，其余分子量的峰值强度均出现了明显的增强。这说明了污泥中的大分子有机物被有效地裂解为小分子量的物质。而这也与之前污泥 SEPS 组分含量的动力学变化和 3DEEM 分析的结果一致。

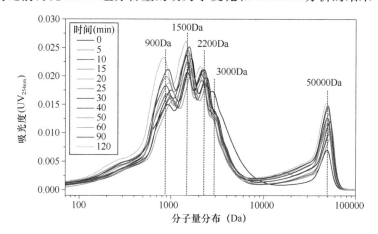

图 4-47　CaO_2 处理污泥 SEPS 分子量分布
随时间的变化（样品稀释 10 倍）

4.5.4　过氧化钙结合化学重絮凝对污泥特性的影响

1. 重絮凝对污泥脱水性能的影响

研究表明，絮凝包含两个重要的过程。起初，絮体在吸附架桥和电中和的作用下快速聚集变大。随后，在压缩双电层的作用下，絮体被逐渐压缩，变得密实。由图 4-48 可以看出，向 CaO_2 调理之后的污泥分别加入聚合氯化铝（PACl）、氯化铁（$FeCl_3$）和聚丙烯酰胺（PAM）之后，其 SRF 均出现了明显的下降，从初始的 3.46×10^{13} m/kg，分别降至 3.55×10^{12} m/kg、4.36×10^{12} m/kg 和 2.75×10^{11} m/kg。三种调理过后的污泥滤饼的含水率均明显低于对照组，这表明 CaO_2 预氧化与化学絮凝耦合处理对污泥脱水效果影响显著，特别是降低泥饼含水率。这可能是由于利用 CaO_2 氧化技术可以将结合水转化为自由水，从而很容易从污泥絮凝体中去除。此外，PACl 和 $FeCl_3$ 均使泥饼的含水率下降至 80% 以下，而 PAM 即使在高剂量的条件下，也无法达到 80%。研究表明，具有高电荷密度的 PACl 和 $FeCl_3$ 通过压缩双电层作用，将絮体变得更为密实，有助于自由水的去除。

2. 重絮凝对污泥形态特性的影响

如图 4-49 所示，当絮凝剂投加量为 15g/g TSS 的 PACl 和 $FeCl_3$ 时，对照组污泥絮体粒径出现明显的上升，从 58.677μm 分别增至 231.648μm 和 81.371μm。然而，实验组的 CaO_2 预氧化污泥经过无机混凝剂重絮凝过程后，其絮体粒径并没有发生明显的变化。此外，经过 PAM 重絮凝之后，对照组和实验组的絮体粒径均发生显著变化，由 58.677μm 分别增至 570.977μm 和 497.819μm。

首先，经过 CaO_2 预氧化处理之后，污泥的絮体粒径会逐渐减小，这可能是由于污泥 EPS 中的大分子聚合物转化为低分子量物质，污泥絮体得到一定程度的裂解，但污泥

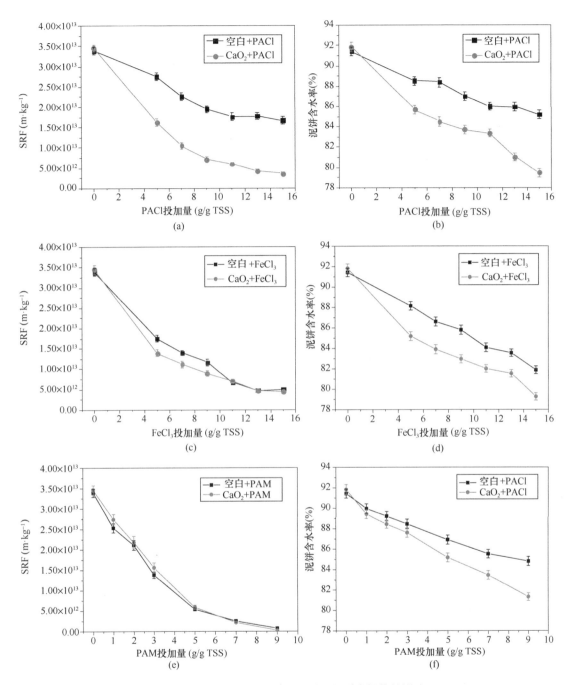

图 4-48 PACl、FeCl₃、PAM 对污泥脱水性能的影响

(a) PACl 投加量对 SRF 的影响；(b) PACl 投加量对泥饼含水率的影响；(c) FeCl₃投加量对 SRF 的影响；

(d) FeCl₃投加量对泥饼含水率的影响；(e) PAM 投加量对 SRF 的影响；(f) PAM 投加量对泥饼含水率的影响

EPS 与混凝剂的水解产物之间的静电和疏水作用，使得污泥絮体重新团聚。此外，图 4-49 表明，PACl 产生的污泥絮体平均粒径大于 FeCl₃，这是由于 PACl 的水解产物 Al_b 和 Al_c 占总铝形态中的 $60\%\sim80\%$，而 Fe^{3+} 的水解产物主要以氢氧化铁的形式存在。相对于氢氧化铁化合物，PACl 水解产物的结合位点更加丰富。此外，PAM 导致污泥絮体增大的程度远远高于无机混凝剂，这可能是由于 PAM 作为高分子絮凝剂，具有较为强烈的聚集和卷扫作用，导致其与污泥相互作用生成了更大的絮体。

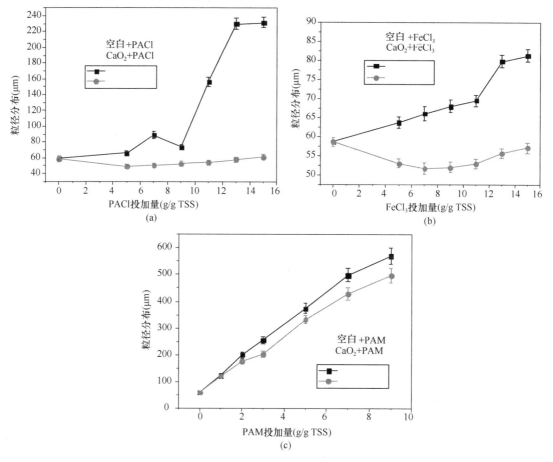

图 4-49　化学重絮凝对絮体粒径的影响

(a) PACl；(b) FeCl₃；(c) PAM

图 4-50 是污泥絮体的扫描电镜图，未经处理的污泥絮体［图 4-50 (a)］表面相对比较平滑，而 CaO_2 处理后的污泥絮体［图 4-50 (b)、(c)］结构变得疏松、孔隙分布复杂，并且高 CaO_2 投加量对应更加破碎分散的污泥絮体结构，污泥絮体在 CaO_2 的调理下裂解作用是絮体破碎的主要成因。通过图 4-50 可以看出，污泥絮体经过重絮凝之后，出现了破碎絮体重新团聚的现象，对比图 4-50 (b) 和 (c) 中的污泥絮体，经过重絮凝的絮体形成了一个相对密实的整体。

3. 重絮凝对污泥 EPS 特性的影响

从图 4-51 可以看出，单独使用 PAC、FeCl₃和 PAM 三种混凝剂对污泥 SEPS 的去除效果不明显，而经过 CaO_2 调理之后，污泥中的 SEPS 浓度得到了明显的下降，从 2.95mg DOC/g TSS 分别降至 1.64DOC/g TSS、1.43DOC/g TSS 和 2.30mg DOC/g TSS。FeCl₃ 对 SEPS 的去除效果要优于 PACl 和 PAM，研究表明，铁离子对蛋白质类的物质具有较强的亲和力。此外，污泥 SEPS 组分中蛋白质类物质是影响污泥脱水性的重要因素。因此，FeCl₃重絮凝效果优于 PAC 和 PAM。

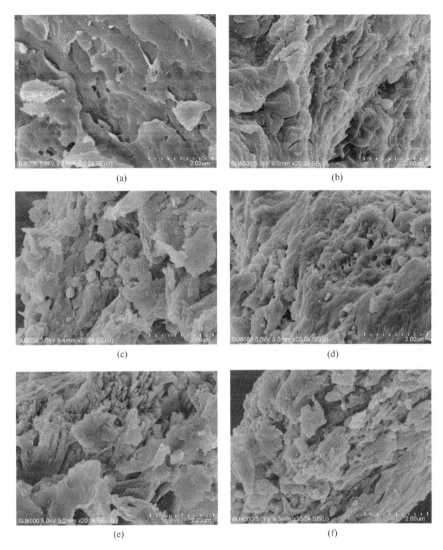

图 4-50　FE-SEM 下的污泥絮体形态（放大 20000 倍）

(a)原泥；(b)20 mg/g TSS CaO$_2$；(c)90mg/g TSS CaO$_2$；(d)CaO$_2$＋ PACl；(e)CaO$_2$＋ FeCl$_3$；(f)CaO$_2$＋ PAM

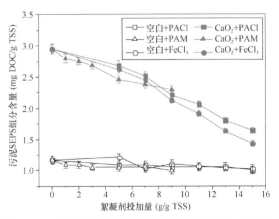

图 4-51　不同混凝剂重絮凝对污泥 SEPS 组分的影响

从图 4-52 可以看出，空白样品（原泥）的红外光谱中存在较多的特征峰。位于 $3200\sim3400cm^{-1}$ 吸收带的峰是聚合物中 O-H 官能团伸缩振动导致的。位于 $2925\sim2935cm^{-1}$ 和 $2850\sim2860cm^{-1}$ 波段的峰代表多糖、蛋白质和腐植酸类物质中脂肪链的存在。Chai 的研究表明，位于 $2930\sim1650cm^{-1}$ 波段的特征吸收峰代表腐殖酸类物质（伸缩振动 C=C 键）。但是，其他有机物的官能团特征吸收峰有可能落在相同的位置之上，因此腐殖酸类物质的红外光谱测定较为复杂。位于 $1635\sim1655cm^{-1}$ 之间的特征峰表明 C=O 键和蛋白质酰胺Ⅰ带中 C-N 键的存在。位于 $1445\sim1455cm^{-1}$ 位置的吸收峰，由蛋白质酰胺Ⅲ带中 CH_3 和 CH_2 官能团的变形产生的。红外图谱中 $1035\sim1070cm^{-1}$ 吸收带对应多糖的特征吸收区间（O-H 官能团的伸缩震动）。因此，红外光谱再次确定了污泥样品中蛋白质和多糖的存在。然而，经过 CaO_2 调理

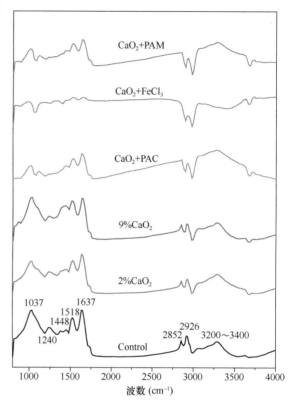

图 4-52　污泥絮体的红外光谱

之后，位于 $2852cm^{-1}$、$2926cm^{-1}$ 和 $1037cm^{-1}$ 位置的吸收峰强度出现了明显的下降，尤其是经过 CaO_2 和混凝剂联合调理的污泥样品，表明污泥 EPS 组分中的蛋白质和多糖物质含量经过处理之后明显降低，而这也与先前的研究结果相吻合。此外，混凝剂的投加导致特征曲线出现不稳定的现象，尤其是基线部分，这可能是由于污泥调理过程中金属络合物的生成对红外光谱的测定产生了比较大的影响。

4.5.5　亚铁离子协同过氧化钙调理对污泥特性的影响

1. 污泥脱水性能以及 SEPS 组分分析

如图 4-53 所示，污泥的过滤脱水性能随着 Fe^{2+}/CaO_2（mol/mol）的升高出现了明显的改善，SRF 从 4.55×10^{13} m/kg 降至 1.54×10^{13} m/kg，而滤后泥饼的含水率也从 92.44% 降至 83.23%。与此同时，污泥 SEPS 组分含量却出现了较为明显的上升，由 2.27mg DOC/g TSS 增至 3.29mg DOC/g TSS。根据式（4-20）、式（4-21）、式（4-22）推断 Fe^{2+} 的加入可能构成了芬顿（Fenton）体系，其过程中产生的羟基自由基（·OH）具有较强的氧化特性，从而强化了污泥的裂解过程。同时，反应过程中产生的 Fe^{3+} 产生压缩双电层作用，将絮体变得更为密实，有助于自由水的去除。因此，随着 Fe^{2+}/CaO_2 增大，污泥过滤脱水性能得到了进一步的改善。

$$CaO_2 + 2H_2O \rightarrow Ca(OH)_2 + H_2O_2 \tag{4-20}$$

$$Fe^{2+} + H_2O_2 \rightarrow Fe^{3+} + \cdot OH + OH^- \tag{4-21}$$

$$Fe^{3+} + H_2O_2 \rightarrow Fe^{2+} + 1/2O_2 + e^- + 2H^+ \tag{4-22}$$

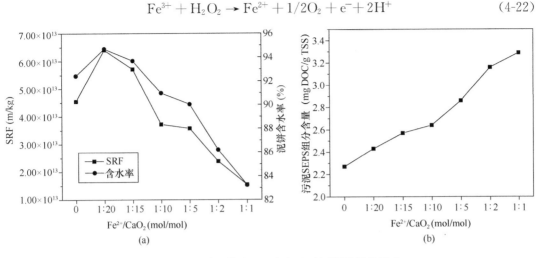

图 4-53　不同 Fe^{2+}/CaO_2 摩尔比对污泥性能的影响

（a）过滤脱水性能；（b）SEPS 组分含量（50 mg CaO_2/g TSS）

2. 污泥絮体形态特性分析

通过图 4-54 可以看出污泥絮体在 SEM 下的具体形态，未经处理的污泥絮体表面相对比较平滑 ［图 4-54（a）］，而 CaO_2 处理后的污泥絮体结构则表现出疏松、孔隙分布复杂等的特点 ［图 4-54（b）、（c）］，并且越高 CaO_2 投加量的污泥絮体结构越破碎分散。这也就

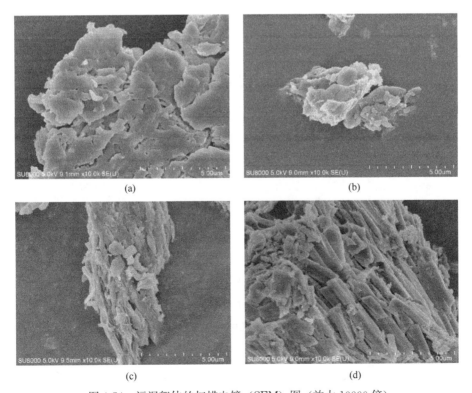

图 4-54　污泥絮体的扫描电镜（SEM）图（放大 10000 倍）

（a）原污泥；（b）CaO_2=20 mg/g TSS；（c）CaO_2=90 mg/g TSS；（d）Fe^{2+}/CaO_2（mol/mol）=1

不难推断，CaO_2对污泥絮体产生了明显的裂解作用；此外，通过图4-54（d）可以看出，污泥絮体经过Fe^{2+}协同CaO_2调理之后，明显出现了破碎絮体紧密团聚的现象，其多表现为体积较小而致密并且类似于结晶的碎片，而这与我们先前所提到的污泥絮体重建过程相一致。

4.6 酶解与絮凝联合调理技术

生物酶可以在比较温和的条件下溶解活性污泥的 EPS，同时有利于后续处理和处置过程，故酶处理在污泥处理和处置过程中是一种极具潜力的选择。Thomas 等人最初发现采用投加酶制剂与絮凝调理相结合能够改善污泥的机械脱水效果。Ayol 的研究显示酶能够加强聚合物调理后污泥的脱水效果，从而在实际生产过程中达到明显污泥减量效果。此外，Bonilla 等人发现溶解酵素能够促使污泥颗粒絮凝，从而将絮凝剂的投配量减小到 5%，其在调理过程中的作用与絮凝剂类似。以往的研究很少将酶处理和化学絮凝相结合起来改善污泥脱水性能。因此，本节的目的是：第一，研究酶解和化学絮凝相结合对污泥脱水性能的影响；第二，深刻理解酶解反应下 EPS 的分布和组成的变化；第三，优化酶处理的操作参数；第四，观察复合调理过程 EPS 的形态学特性。

4.6.1 酶处理对污泥脱水性能的影响

在最佳温度下，将 100mL 污泥放入锥形瓶中，然后，加入酶启动反应。反应 4h 后，取上清液用于 EPS 和脱水性测量。如图 4-55 所示，随着两种酶（α-淀粉酶和蛋白酶）的添加量增加，污泥 SRF 先减少后增加。蛋白酶和 α-淀粉酶的剂量分别为 50mg/g TSS 和 100mg/g TSS 时，SRF 分别达到最小值 7.47×10^{13} m/kg 和 1.34×10^{15} m/kg，α-淀粉酶处理后的污泥 SRF 远高于相同剂量蛋白酶处理后的污泥 SRF，最小值的 SRF 仍处于差脱水性的范围。因此，需要进一步处理以改善污泥脱水性能。

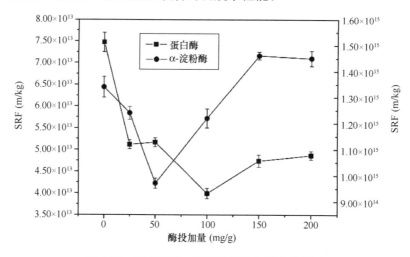

图 4-55 蛋白酶和 α-淀粉酶处理对 SRF 的影响

4.6.2 酶处理对污泥 EPS 特性的影响

从图 4-56（a）、（b）中可以看出，经过酶处理之后，SEPS 和 LB-EPS 组分出现了明显的上升，而 TB-EPS 组分则未出现明显变化。从总体上来看，α-淀粉酶的水解效率要高于蛋白酶。图 4-56（e）、（f）中，污泥 SEPS 和 LB-EPS 组分中的多糖含量随着生物酶的加入出现了明显的上升。结果表明，经过生物酶处理之后，污泥的 EPS 更易于提取与释

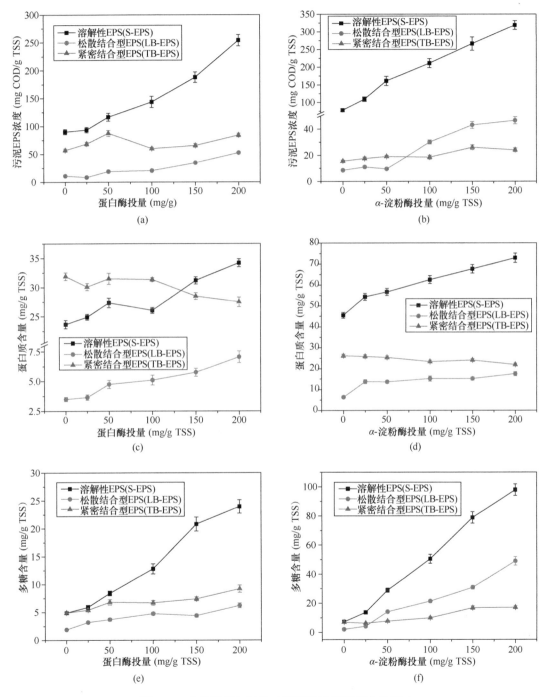

图 4-56　生物酶投加剂量对污泥不同 EPS 组分的影响

（a）EPS 含量—蛋白酶；（b）EPS 含量—α-淀粉酶；（c）蛋白质含量—蛋白酶；
（d）蛋白质含量—α-淀粉酶；（e）多糖含量—蛋白酶；（f）多糖含量—α-淀粉酶

放，产生的污泥絮体结构更为疏松。值得关注的是，经过单一酶处理之后，污泥 EPS 组分中的蛋白质和多糖成分同时释放出来，而且二者的趋势出现了较为一致的变化。

图 4-57 为 EPS 性质随反应时间的变化，添加两种酶可以有效地溶解污泥。酶处理导致 TB-EPS 减少，同时 LB-EPS 和 SEPS 含量显著增加，表明 TB-EPS 转化为 LB-EPS 和 SEPS，因此污泥絮体变得松散，沉降性变差。此外，经过 3h 酶处理之后，蛋白酶水解反

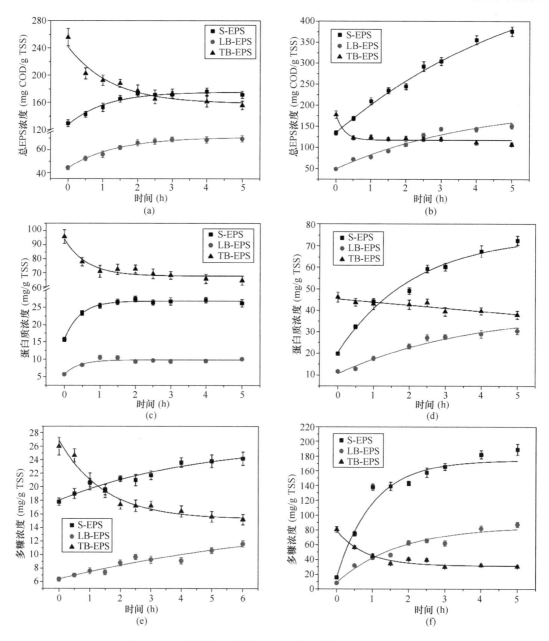

图 4-57　生物酶水解污泥 EPS 组分含量随反应时间的变化

(a) EPS 总含量—蛋白酶；(b) EPS 总含量—α-淀粉酶；(c) 蛋白质含量—蛋白酶；

(d) 蛋白质含量—α-淀粉酶；(e) 多糖含量—蛋白酶；(f) 多糖含量—α-淀粉酶

（酶剂量：150 mg/g；蛋白酶水解温度：45℃；α-淀粉酶水解温度：55℃）

应已基本达到了平衡，而淀粉酶依然在进行反应。由此说明，α-淀粉酶在污泥处理中的催化氧化活性和可持续降解时间比蛋白酶高。

4.6.3　污泥 EPS 各组分的酶促水解动力学

在动力学试验方面，将 600mL 的污泥放入 1L 的锥形瓶中混合，加入酶后，取出 50mL 污泥样品并在 6h 内，以不同的时间间隔放置在离心管中，蛋白酶和淀粉酶的反应温度分别为 45℃和 55℃。本书研究引入动力学模型 [式（4-23）和式（4-24）] 表征酶促水解污泥的 EPS 动力学特征：

$$-\frac{\mathrm{d}c}{\mathrm{d}t} = K_\mathrm{h}c \tag{4-23}$$

$$\ln c = K_\mathrm{h}t + b \tag{4-24}$$

式中　K_h——污泥溶解速率常数；

　　　　b——方程积分常数；

　　　　c——EPS 组分浓度；

　　　　t——反应时间。

通过构建 $[\ln(c/c_0)] - t$ 拟合曲线，求得的斜率即为反应速率常数。拟合结果在图 4-58 和表 4-13 中给出，可以看出 α-淀粉酶的污泥水解速率显著高于蛋白酶。造成这种现象的主要有两个原因，一方面，多糖更易溶，因此其溶解速率高于蛋白质类物质。另一方面，研究表明，酶水解反应与反应温度息息相关，酶促水解反应会因温度的提升而增强。此外，酶促水解反应非常依赖于温度，可以通过提高反应温度来改善酶处理。几乎所有的细胞反应均会受到反应温度的影响，高温可能会促使细胞的结构发生破坏。这种现象可用阿伦尼乌斯 [式（4-25）] 解释：

$$k = Ae(E_\alpha/RT)^\beta \tag{4-25}$$

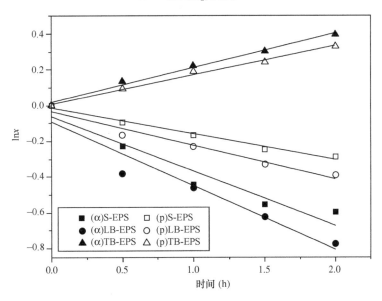

图 4-58　污泥水解过程中 $\ln x$ 与时间的关系

酶水解下不同 EPS 组分的反应速率 表 4-13

酶	动力学方程	速率常数 K_h (h^{-1})	拟合指数 R^2
蛋白酶 (S-EPS)	$y = -0.146x - 0.014$	0.146	0.98
蛋白酶 (LB-EPS)	$y = -0.191x - 0.033$	0.191	0.99
蛋白酶 (TB-EPS)	$y = 0.162x + 0.010$	-0.162	0.96
α-淀粉酶 (S-EPS)	$y = -0.306x - 0.061$	0.306	0.91
α-淀粉酶 (LB-EPS)	$y = -0.358x - 0.090$	0.358	0.91
α-淀粉酶 (TB-EPS)	$y = 0.192x + 0.018$	-0.192	0.98

通常温度每上升 10℃，酶反应速率会提升 2～3 倍。污泥 EPS 中的部分蛋白质实际上是胞外酶，随着反应温度的提升，也会对污泥溶解的强化起到一定的作用。此外，Guan 等人指出，当温度低于 55℃ 时，没有外源生物酶参与的热处理对污泥的溶解是有限的。

EPS 组分的变化过程遵循一级动力学反应模型，蛋白酶溶解污泥的 SEPS、LB-EPS 和 TB-EPS 组分的反应速率常数分别为 0.146h^{-1}、0.191h^{-1} 和 -0.162h^{-1}，而 α-淀粉酶溶解污泥的 SEPS、LB-EPS 和 TB-EPS 组分的反应速率常数分别为 0.306h^{-1}、0.358h^{-1} 和 -0.192h^{-1}。因此，LB-EPS 的溶解速率要高于 SEPS。酶水解过程可分为三个步骤：①水解酶在污泥表面的吸附；②水解酶从污泥外层扩散到污泥絮体内部；③大分子物质（蛋白质和多糖）的水解转化。颗粒有机物的溶解是从污泥颗粒到短链脂肪酸的整体转化的限速反应，在水解反应阶段，蛋白质首先分解为多肽和氨基酸，然后转化为铵根离子和有机酸；而多糖会水解成单糖甚至还原糖。其中，蛋白质类物质的分解可以通过污泥中铵根离子浓度的增加来证实。如图 4-59 所示，污泥上清液中氨浓度的变化与 SEPS，蛋白质和多糖浓度的变化相似。反应 5h 后，蛋白酶处理中铵根离子浓度从 23.24mg/L 增加至 63.02mg/L，α-淀粉酶处理中铵浓度从 23.24mg/L 增加至 245.65mg/L。

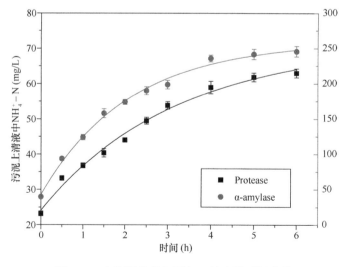

图 4-59 生物酶处理 NH^{4+}-N 浓度的时间曲线

SEPS 和 LB-EPS 中三个峰的荧光信号在反应过程中增强，而 TB-EPS 的荧光信号减弱。在 α-淀粉酶处理后，三个峰的荧光强度分别从 122.5，158.9 和 227.6 增加到 342.4，

542.1 和 604.5（图 4-60）。该观察结果与 Lowry-Folin 法的蛋白质浓度分析结果一致。同时，没有检测到腐殖质和富里酸类物质荧光信号的明显变化，表明酶水解处理对这两种物质的影响相当有限。

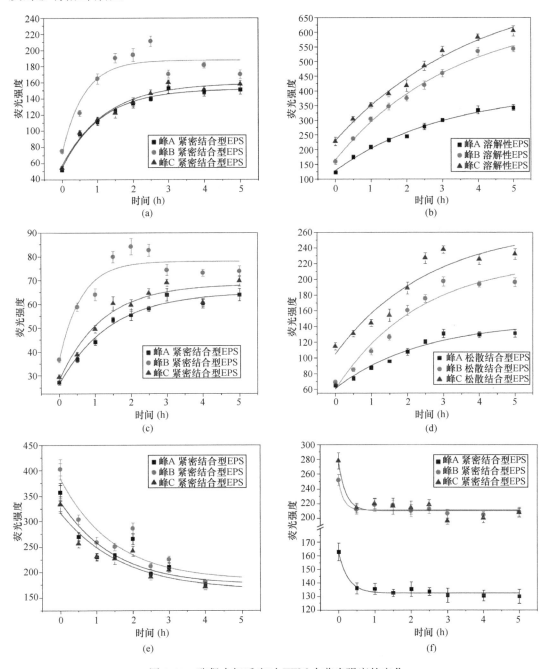

图 4-60　酶促水解反应时 EEM 中荧光强度的变化

（a）SEPS-蛋白酶；（b）SEPS-α-淀粉酶；（c）LB-EPS-蛋白酶；（d）LB-EPS-α-淀粉酶；

（e）TB-EPS-蛋白酶；（f）TB-EPS-α-淀粉酶（酶的剂量≤150mg/g；

蛋白酶和淀粉酶的水解温度为 45℃和 55℃；EPS 样品稀释 200 倍）

4.6.4 复合酶诱导污泥絮体裂解

即使污泥 EPS 的组成和分布具有高度复杂性，但是其主要组分为蛋白质和多糖。因此，本节采用蛋白酶和 α-淀粉酶复合投加的方式来强化污泥的水解效率。如图 4-61（a）所示，就 SEPS 和 LB-EPS 组分的水解情况而言，复合酶处理溶解污泥的效率比单一酶处理高。同时，两种酶投加方式的不同对污泥 EPS 裂解释放程度产生极为明显的差异。此外，淀粉酶先于蛋白酶投加的水解效率要明显高于其他两种投加方式（蛋白酶先于淀粉酶投加或同时投加）。这可能是因为淀粉酶的主要成分是蛋白质，而起初投加的蛋白酶会影响淀粉酶的活性，尤其是多糖的释放量明显较低，甚至低于单一淀粉酶投加［图 4-61（c）］。然而，首先投加淀粉酶会使得污泥得到充分的溶解，而且会使得后续投加的蛋白酶与絮体充分接触，提高了总的污泥溶解效率。

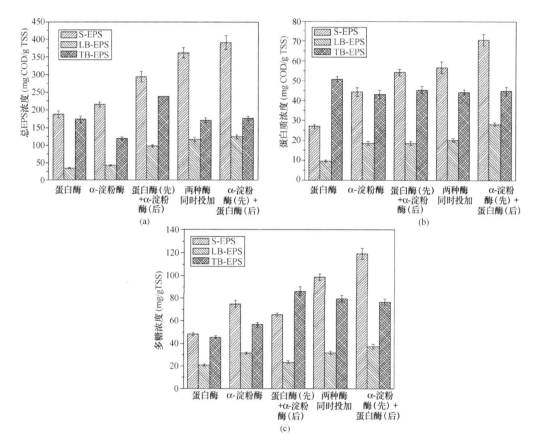

图 4-61　不同投加方式对污泥溶解效率的影响（蛋白酶和淀粉酶投加量为 150mg/g TSS）

(a) EPS 组分含量；(b) 蛋白质含量；(c) 多糖含量

4.6.5 化学重絮凝对酶处理污泥脱水性能的影响

1. 化学重絮凝对酶处理污泥特性的影响

污泥脱水性可以通过过滤速率和滤饼固体含量来反映。根据 SRF 的式（4-26）：

$$\frac{t}{V} = bV + a \qquad (4\text{-}26)$$

式中　b 值与过滤速率呈负线性关系。b 值越大意味着滤液流速越低。

从图 4-62 中观察到，酶处理后污泥过滤速率显著降低。SEPS 是影响污泥过滤行为的主要因素，SEPS 中的大分子有机质（尤其是蛋白质）会降低污泥的过滤速率。

无机混凝剂不仅可以通过吸附架桥作用使得污泥絮体结构重建，而且可以去除大量的溶解性 EPS，尤其是其中的大分子有机水解产物。随着混凝剂投加量的增加，酶处理污泥的过滤速度和泥饼含水率都得到了改善。$FeCl_3$ 和 PACl 的最佳用量都为 15％（g/g TSS），对照组的污泥过滤性能基本没有改变，而酶处理有效降低了滤饼含水率。在酶处理联合 PACl 处理的滤饼含水率为 82.6％，酶处理联合 $FeCl_3$ 处理的滤饼含水率为 81.5％。$FeCl_3$ 的联合调理效果比 PAC 改善污泥过滤速度和泥饼含水率效果强。这是由于污泥絮体的结构强度严重影响着污泥的过滤脱水过程，较高的絮体结构强度有利于污泥脱水。

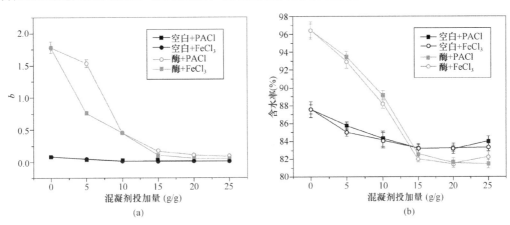

图 4-62　混凝剂投加量对污泥的影响

(a) b（过滤速率）；(b) 滤饼含水量（淀粉酶的剂量为 150mg/g）

2. 化学重絮凝对污泥絮体形态特性的影响

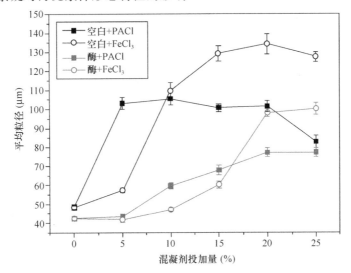

图 4-63　混凝剂用量对污泥粒径的影响（$d_{0.5}$）

（蛋白酶和 α-淀粉酶的用量为 150mg/g）

如图 4-63 所示，化学絮凝使污泥絮体尺寸增大，当 PACl 和 FeCl$_3$ 的用量分别为 5% 和 10% 时，污泥粒径分别达到为 134.33μm 和 97.97μm。当联合调理中 PACl 和 FeCl$_3$ 的用量为 20% 时，絮体增加到 103.18μm 和 59.66μm。相比之下，低剂量 PACl 调理形成的絮体粒径大于低剂量 FeCl$_3$，而在高剂量时观察到相反的趋势。PACl 是典型的无机高分子絮凝剂，PACl 相较 FeCl$_3$ 具备更多与污泥颗粒结合的位点，从而产生更大的絮体。然而，PACl 通常带正电荷，因此过量的 PACl 更可能导致胶体重新稳定并阻止污泥颗粒的进一步聚集。值得注意的是，酶预处理后污泥絮体较小，污泥 EPS 中高分子量（MW）的有机物很可能转化为较小的有机化合物，并削减絮凝剂和 EPS 水解产物之间的静电作用和疏水作用。如图 4-64 所示，经过单一或者复合酶处理之后，原始污泥絮体发生裂解，絮体粒径明显减小，而这正与先前的粒径分析相一致。无机混凝剂重絮凝之后，污泥絮体开始增长并聚集，絮体的边缘相对较为明显，这说明了无机混凝剂使得污泥絮体重建。

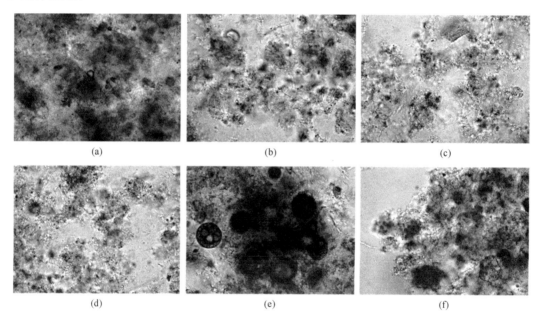

(a)　　　　　　　　　　(b)　　　　　　　　　　(c)

(d)　　　　　　　　　　(e)　　　　　　　　　　(f)

图 4-64　污泥絮凝物的光学显微镜照片（放大 40 倍）

（a）对照组；（b）蛋白酶；（c）α-淀粉酶；（d）α-淀粉酶＋蛋白酶；（e）α-淀粉酶＋蛋白酶＋FeCl$_3$（剂量＝20%）污泥絮体中心区域；（f）α-淀粉酶＋蛋白酶＋FeCl$_3$（剂量＝20%）污泥絮体边缘区域

3. 化学重絮凝对污泥 SEPS 组分特性的影响

如图 4-65（a）所示，对照组和复合酶处理组的可溶性 COD（SCOD）含量，分别在无机混凝剂用量为 5% 和 20% 时达到最小值。随着无机絮凝剂剂量的进一步增加，SCOD 浓度增加，该结果可归因于过量絮凝剂导致污泥胶体系统再稳定化。由于 PACl 的电荷密度高于 FeCl$_3$，这种再稳定现象在 PACl 处理中更为明显。图 4-65（b）表明，FeCl$_3$ 对色氨酸和芳香族蛋白质的去除能力优于 PACl，铁离子对蛋白质样物质表现出更高的亲和力，有利于改善污泥的过滤脱水性能。因此，FeCl$_3$ 调理更利于实现污泥絮体重建过程，改善污泥的过滤脱水性能。

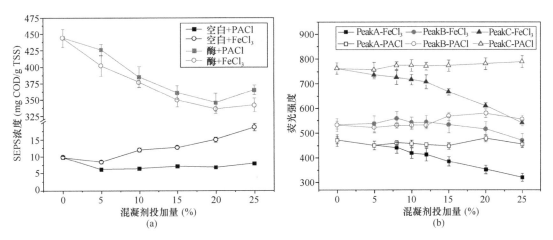

图 4-65 不同无机混凝剂化学重絮凝污泥的化学特性变化

(a) SEPS 含量；(b) 荧光强度

4.7 亚铁和次氯酸钠耦合调理技术

亚铁活化次氯酸钠产生羟基自由基和氯自由基作为新型的氧化技术正日渐受到关注，而在污泥调理过程中的应用目前尚未见报道。因此，本节的主要研究目的包括：第一，研究 pH、次氯酸钠与亚铁摩尔比例、次氯酸钠投加量和反应动力学对亚铁活化次氯酸钠调理污泥效能的影响作用，实现调理过程的优化控制；第二，在中性条件下，评估不同有机酸（草酸（OA）、酒石酸（TA）、柠檬酸（CA）和乙二胺二琥珀酸（EDDS）络合亚铁活化次氯酸钠调理污泥的效能，同时优化反应参数；第三，解析亚铁活化次氯酸钠调理对污泥絮体形态和 EPS 的影响作用，阐明亚铁和次氯酸钠联合调理的作用机理。

4.7.1 亚铁活化次氯酸钠调理对剩余污泥脱水性能的影响

1. pH 对亚铁活化次氯酸钠调理效能影响

次氯酸钠溶解过程中产生的次氯酸（HClO），在亚铁的活化下会产生羟基自由基（·OH）和氯自由基（·Cl）。反应机理如式（4-27）～式（4-30）所示：

$$Fe^{2+} + HClO = \cdot OH + Fe^{3+} + Cl^{-} \tag{4-27}$$

$$Fe^{2+} + HClO = - OH + Fe^{3+} + \cdot Cl \tag{4-28}$$

$$\cdot Cl + HClO = \cdot OH + Cl_2 \tag{4-29}$$

$$\cdot Cl + H_2O = \cdot OH + H^{+} + Cl^{-} \tag{4-30}$$

图 4-66 显示随着初始 pH 的降低，亚铁活化次氯酸钠污泥调理效能增强。当反应体系从 pH＝7 降低到 pH＝2 时，亚铁活化次氯酸钠氧化后污泥的毛细吸水时间（CSTn）、比阻（SRF）、泥饼含水率（CMC）逐渐降低，由 25.6s·L/g、1.86×10^{10} m/kg 和 96.8％降低至 1.2s·L/g、3.24×10^{8} m/kg 和 83.7％。初始 pH 降低，使次氯酸钠在酸性条件下更容易转化为 HClO 参与反应，产生更多的活性自由基来裂解污泥中大分子有机物，释放结合水从而提高污泥脱水性能。对比反应初始 pH 分别为 2 和 3 的两组数据，发

现 pH 由 2 到 3 时，污泥 CMC 从 94.8%骤降至 83.7%，而且氧化后反应的 pH 变为 2.73 和 4.84。在 pH＝2 体系下反应后 pH 值升高幅度较小，该过程中有两个主要发生反应式 (4-27) 产生·Cl 而不是发生反应（4-28）产生 OH¯，这与自由基的检测数据一致，发挥了羟基自由基的氧化作用提高污泥脱水效能。而在其他条件下并没有检测出明显的羟基自由基的峰值，所以此时反应（4-28）占优势，体系中产生的·OH 减少。而·Cl 的氧化还原电位为 2.0mV，·OH 为 2.8mV。这也解释了 pH＝2 的条件下调理效果要优于络合条件下的调理效果。因此，亚铁活化次氯酸钠氧化的最佳 pH 为 2。

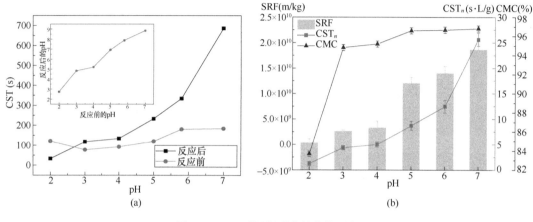

图 4-66　pH 对污泥脱水性能的研究
(a) CST；(b) CST_n、SRF、CMC

通过不同条件亚铁活化次氯酸钠氧化反应过程中自由基的检测发现（图 4-67），在 pH＝2 体系下，检测出了 4 条谱线峰高 1∶2∶2∶1 的羟基自由基图谱，在液相当中检测出 DMPO-OH 加和物的超精细耦合常数（$\alpha_N＝\alpha_H＝15.0G$）证明羟基自由基的存在。但在单独次氯酸钠调理和有机酸络合亚铁活化体系下并未出现羟基自由基的峰值。因此推断此时产生·Cl。pH 对亚铁活化次氯酸钠效果最佳，远高于其他络合的活化效果。

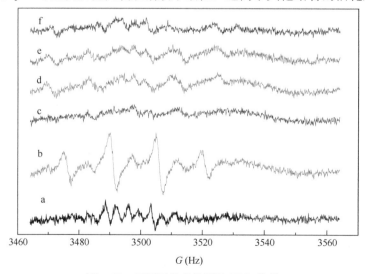

图 4-67　不同活化条件下的 EPR 信号

2. 次氯酸钠/Fe²⁺ 比例对亚铁活化次氯酸钠污泥调理效能的影响

图 4-68 显示随着$[ClO^-]/[Fe^{2+}]$（mol/mol）的增大，污泥的 CST_n、SRF 和 CMC 先略降低后显著升高。$[ClO^-]/[Fe^{2+}]$（mol/mol）为 1 时氧化效果达到最佳，CST_n、SRF 和 CMC 分别降低至 $1.18s \cdot L/g$，$1.33 \times 10^8 m/kg$ 和 80.6%。氧化裂解有机物变成小分子物质，通过体系中产生的 Fe^{3+} 重絮凝，充分释放了结合水，提高了污泥脱水效能。$[ClO^-]/[Fe^{2+}]$（mol/mol）<1 时，污泥脱水性恶化，可能过量的 Fe^{2+} 消耗了部分自由基，导致氧化效能下降。当$[ClO^-]/[Fe^{2+}]$（mol/mol）>1 时，Fe^{2+} 活化活性减弱，自由基的产生量降低，无法通过破坏污泥类凝胶结构而降低其持水性，导致结合水难以完全释放。

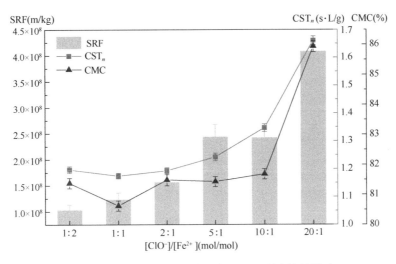

图 4-68　ClO^- 与 Fe^{2+} 摩尔比例对污泥脱水性的影响

3. 次氯酸钠的投加量对亚铁活化次氯酸钠污泥调理效能的影响

由图 4-69 可知，经过亚铁活化次氯酸钠氧化处理后污泥的 CST_n、SRF 和 CMC 随着次氯酸钠投加量的增加先降低后升高，次氯酸钠的最佳剂量为 0.75%（v/v），此时污泥

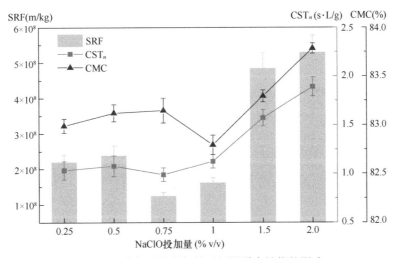

图 4-69　次氯酸钠投加量对污泥脱水性能的影响

CSTn、SRF 和 CMC 分别降低至 32.8s、3.24×10^8 m/kg 和 83.7%。次氯酸钠投加量大于 0.75%（v/v）后，污泥被过度氧化，絮体细小且絮凝活性明显下降，结构松散，脱水性能恶化。综上所述，亚铁活化次氯酸钠氧化调理污泥的最佳条件为：pH＝2、次氯酸钠投加量为 0.75%（v/v）、$[ClO^-]$／$[Fe^{2+}]$（mol/mol）＝1。

4.7.2 亚铁活化次氯酸钠调理过程中污泥 EPS 特性的变化特征

1. 亚铁活化次氯酸钠调理对污泥 EPS 含量的影响

如图 4-70（a）所示，随着 pH 从 7 降低至 3 最终降到 2 时，SEPS 含量从 19.29mg TOC/g TSS 降低到 18.21mg TOC/g TSS 进而降至 12.89mg TOC/g TSS。这与泥饼含水率变化趋势一致。初始反应条件为酸性时，保证了次氯酸和亚铁的充分反应，表现出较好的氧化效能。同时，在 pH＝2 时产生更多的活性氧化物能够氧化裂解 EPS，导致 SEPS 和 LB-EPS 含量降低，而 SEPS 和 LB-EPS 两个部分被认为是影响污泥脱水的主要因素。

图 4-70(b)是亚铁活化次氯酸钠调理对污泥中三层 EPS 浓度的影响，随着$[ClO^-]$／$[Fe^{2+}]$（mol/mol）的增大，体系的氧化能力逐渐降低，当$[ClO^-]$/$[Fe^{2+}]$（mol/mol）＞2

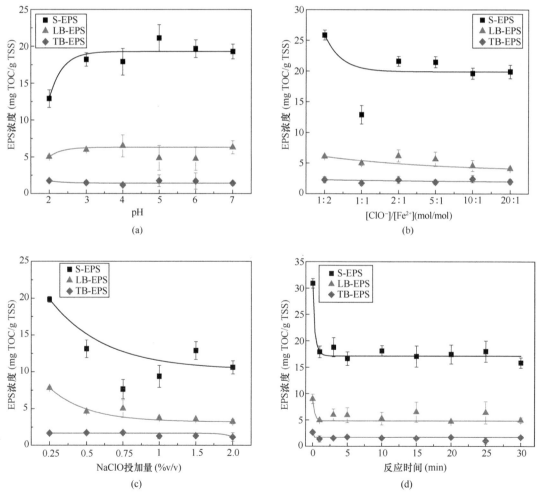

图 4-70　不同反应条件对 EPS 分布的影响

(a) pH；(b) ClO^- 与 Fe^{2+} 比例；(c) 次氯酸钠投加量；(d) 反应动力学

时，SEPS 达到较高的浓度，[ClO⁻]/[Fe²⁺]（mol/mol）＝1∶2 时 SEPS 含量最高，达到 25.84mg TOC/g TSS，这是由于过量 Fe²⁺ 对自由基的清除作用，[ClO⁻]/[Fc²⁺]（mol/mol）＝1∶1 时 SEPS 含量最低，为 12.89mg TOC/g TSS，此时体系中·OH 产率高且更多作用于微生物细胞，释放出更多结合水至液相中。

次氯酸钠投加量对污泥 EPS 浓度影响如图 4-71（c）所示，随着次氯酸钠投加量的增大，SEPS 和 LB-EPS 含量逐渐降低至平衡。当次氯酸钠用量为 0.75%（v/v）时，污泥的 SEPS 含量降到最低点，浓度分别为 7.64mg TOC/g TSS。继续增加次氯酸钠的投加量，污泥被过度氧化，污泥中大分子有机物裂解后转移到液相当中。图 4-70（d）是 EPS 随氧化时间的变化情况，从图中可以看出三层 EPS 随时间的变化不明显，反应在 1min 以内即可完成，在纯水体系中次氯酸与 Fe²⁺ 反应产生的羟基自由基速率为 2.94×10^{-5}M。

2. 亚铁活化次氯酸钠调理对污泥 EPS 组成的影响

高级调理技术主要是通过影响 EPS 来改善污泥脱水性能。图 4-71 中可以看出，随着 pH 的降低，溶解性蛋白质含量逐渐降低，并在 pH＜6 时逐渐达到平衡，当初始条件在

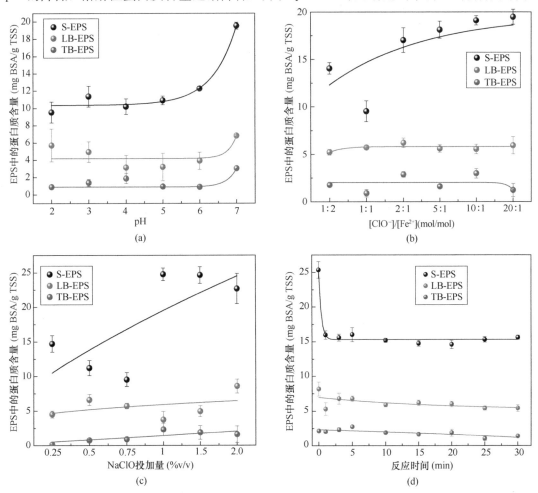

图 4-71　反应条件对污泥蛋白质分布的影响

（a）pH；（b）[ClO⁻] 与 [Fe²⁺] 比例；（c）次氯酸钠投加量；（d）反应动力学

pH＝2时蛋白质含量最低，为9.53mg BSA/g TSS，与脱水性能分析结果一致。在酸性条件下，蛋白质会发生水解和凝聚，提高污泥脱水性能，同时酸化保证了亚铁的浓度，提高了活化氧化次氯酸钠的效率，酸化和氧化对污泥调理呈现出协同效应。Fe^{2+}在体系中的活化效率影响次氯酸钠氧化效能，随着Fe^{2+}量降低，氧化产生的活性氧化物减少，无法有效地破坏污泥类凝胶结构的持水能力，而过量的铁盐能够降低体系中小分子蛋白质，而且铁盐的大量存在可能导致蛋白质变性。增加次氯酸钠投加量，相应提高了自由基的产生量，促使结合性EPS不断的裂解释放成溶解性EPS，并最终被氧化降解。

多糖含量的变化与蛋白质类似。从图4-72中可知，当pH＜5时多糖逐渐达到平衡，随后SEPS层中多糖含量趋于稳定，在pH为2～5范围内，多糖均有良好的降解效率。与蛋白质不同的是随着铁盐投加量的变化，三层EPS中的多糖浓度变化不大。而随着次氯酸钠投加量的增大，SEPS层中多糖的含量整体呈上升趋势，在次氯酸钠投加量为0.75％（v/v）时多糖含量降至最低为0.93mg/g TSS，结合性EPS中多糖含量逐渐降低并趋于平稳。随着次氯酸钠投加量的继续增大，产生的活性氧化物的浓度增大，三层EPS中多糖的含量逐渐降低，当次氯酸钠投加量进一步增大，过量的次氯酸钠量能够有

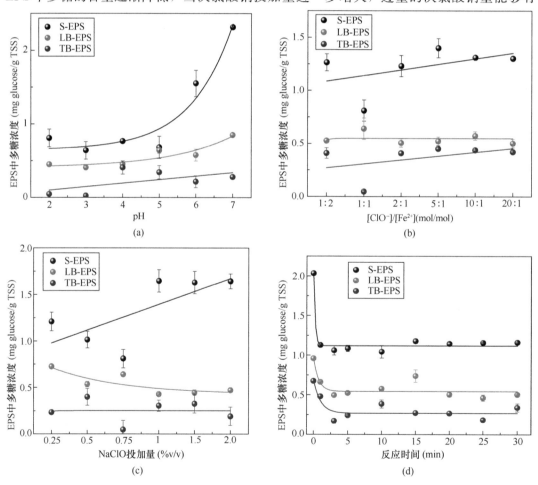

图4-72　反应条件对多糖分布的影响

（a）pH；（b）［ClO^-］与［Fe^{2+}］比例；（c）次氯酸钠投加量；（d）反应动力学

效地破坏污泥细胞导致 LB-EPS 和 TB-EPS 层转化为结合度更低的 SEPS。

从图 4-73 中可知,在 pH=6 时,SEPS 层中腐殖酸的含量急剧下降。当 pH<6 时腐殖酸含量趋于稳定,LB-EPS 和 TB-EPS 中腐殖酸含量并未随着 pH 影响发生明显变化。随着次氯酸钠与亚铁比例的升高,SEPS 中腐殖酸浓度升高,而 LB-EPS 中腐殖酸浓度下降,这是由于铁含量高时可以将腐殖酸压缩到结合性 EPS 中,而 Fe^{2+} 含量过低时,氧化释放出来的腐殖酸进入到液相当中,相应增加了 SEPS 中腐殖酸的含量。随着次氯酸钠投加量的提高,SEPS 层中的腐殖酸呈下降趋势,说明次氯酸钠氧化对腐殖酸的降解作用明显。另外,亚铁投加量的提高也能够降低腐殖酸的浓度,说明次氯酸钠氧化和铁离子絮凝对腐殖酸降低呈现协同作用。

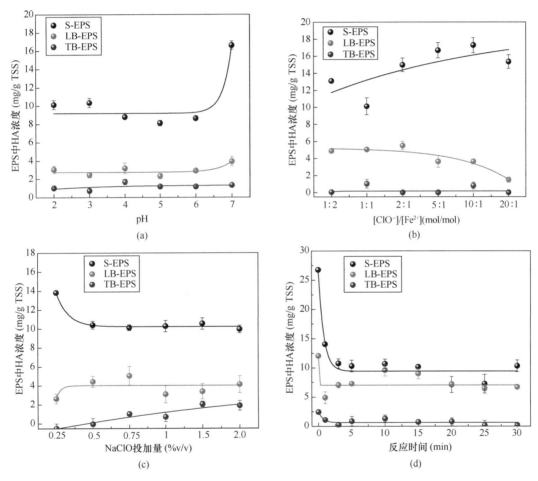

图 4-73 反应条件对腐殖酸分布的影响

(a) pH;(b)[ClO^-]与[Fe^{2+}]比例;(c)次氯酸钠投加量;(d)反应动力学

4.7.3 有机酸络合亚铁活化次氯酸钠联合调理对污泥特性的影响

1. 有机酸络合亚铁活化次氯酸钠联合调理对污泥脱水性能的影响

与中性的亚铁活化次氯酸钠体系相比,柠檬酸(CA)、酒石酸(TA)、草酸(OA)和乙二胺二琥珀酸(EDDS)能够络合亚铁,与次氯酸钠形成新的类 Fenton 反应体系,有效地提高次氯酸钠氧化效果。当络合剂处于适当浓度时,次氯酸钠氧化污泥效果都得到了显著的提高。

图 4-74 所示，OA、TA、CA 和 EDDS 与 Fe^{2+} 摩尔比分别为 1:1、2:1、1:1 和 1:2 时脱水效能最高。对比四种有机酸络合剂的最低点 CST_n、CMC 和 SRF 可以看出，经 OA 络合处理后，CST_n 为 2.96s×L/g，远低于其他三种有机酸络合剂。CMC 差异性不大，经 TA 和 OA 处理后的 CMC 在四种有机酸中最低，分别为 95.65% 和 95.66%。经 OA 和 EDDS 处理后 SRF 远低于 TA 和 CA，分别为 $3.37×10^8$ m/kg 和 $3.36×10^8$ m/kg。

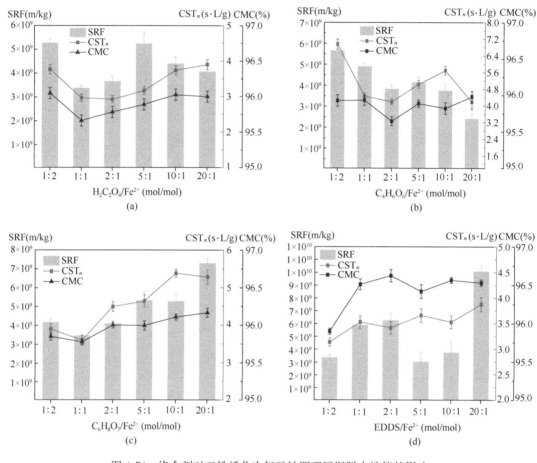

图 4-74　络合剂对亚铁活化次氯酸钠调理污泥脱水性能的影响

(a) OA；(b) TA；(c) CA；(d) EDDS

有机酸络合亚铁活化次氯酸钠污泥调理效果，络合剂效果从优到差的依次为 OA＞CA＞EDDS＞TA，络合剂在最优投加量下污泥的脱水具有明显差异，这可能与络合剂的分子结构有关，OA 对 Fe^{2+} 形成的空间位阻小于其他络合体系，又因亚铁活化次氯酸钠反应速率较快，因此在较低的络合配比时，络合的亚铁能够迅速参与氧化反应，而三价铁与 TA 形成沉淀起到了絮凝和骨架的作用强化了污泥脱水效能。CA 与 OA 相比，碳原子数量更多，结构更复杂，对 Fe^{2+} 会形成更大的空间位阻。EDDS 会与 Fe^{2+} 形成大体积的六配位络合物，通过配位作用形成的复杂分子结构在空间上紧密地包裹 Fe^{2+}，降低瞬间参与反应的 Fe^{2+} 的浓度，致使 Fe^{2+} 不能够与 HClO 反应，降解污泥中的生物聚合物。在 TA 体系里，络合剂的分解程度显著高于其他络合剂，随着反应的进行，络合剂持续发生降解，导致体系中 Fe^{2+} 部分转化为 Fe^{3+} 不利于活化氧化反应的进行。络合剂能够有效地提高 Fe^{2+} 的稳定性和铁离子的溶解性，但却阻碍了铁离子的水解反应，从而降低了其絮凝作用。而氧化作用裂解后三价铁重絮凝在污泥脱水中发挥了重要的作用。

2. 有机酸络合亚铁活化次氯酸钠联合调理对污泥絮体特性的影响

如图 4-75 所示，原泥絮体颗粒表面密实，表面光滑无孔状结构［图 4-75（a）］，此时

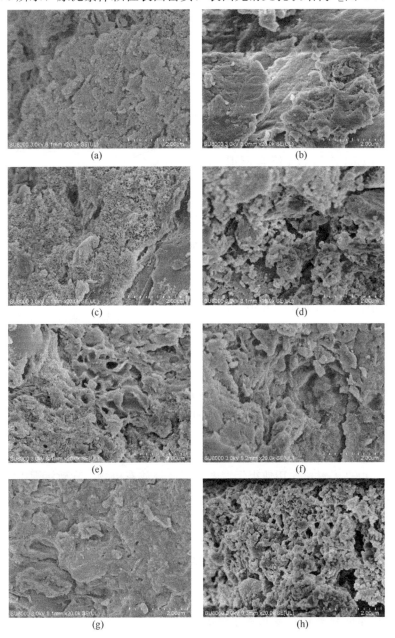

图 4-75　不同处理条件下污泥絮体的微观结构

（a）原泥；（b）pH＝2；（c）次氯酸钠投量＝0.75%（v/v）；（d）次氯酸钠投加量＝0.75%（v/v）；pH＝2；$[ClO^-]$／$[Fe^{2+}]$（mol/mol）＝1∶1；（e）$[OA]$／$[Fe^{2+}]$（mol/mol）＝1∶1；（f）$[TA]$／$[Fe^{2+}]$（mol/mol）＝2∶1；（g）$[CA]$／$[Fe^{2+}]$（mol/mol）＝1∶1；（h）EDDS／$[Fe^{2+}]$（mol/mol）＝1∶2

絮体颗粒持水能力强，水分难以从絮体颗粒中释放出来。经酸处理后［图 4-75（b）］污泥颗粒表面密实程度降低，污泥有机物在酸处理下表面发生变化，与下文中的激光共聚焦结论相同，蛋白质腐殖酸在酸性条件下部分裂解重排，均匀地分布在污泥颗粒表面。图 4-75（c）～图 4-75（h）污泥絮体颗粒经过了不同程度的氧化，其中可以看出，经 pH 调节和 OA 络合两种方法处理后，污泥絮体颗粒松散，孔状结构发达，说明次氯酸钠氧化导致污泥 EPS 中大分子有机物裂解，破坏了蛋白质等有机物表面的水化层，导致水分释放。由图 4-75（c）和图 4-75（d）可以看出，经过三价铁的絮凝作用，污泥颗粒发生重絮凝过水孔道增多，而过水孔道提高了污泥的脱水性能。在中性条件下，TA 与三价铁的结合能力最弱，三价铁的混凝作用增加了污泥絮体的絮团结构见图 4-75（f）。

如图 4-76 所示，使用 OA、TA、CA 和 EDDS 络合亚铁活化次氯酸钠调理污泥，处理前后污泥粒径均在（80±4）μm 左右。经 EDDS 和 OA 络合调理后污泥的粒径并未随络合剂的投加发生明显变化，而 TA 络合调理后粒径随着 TA 的增加呈上升趋势，CA 络合调理后粒径随 CA 投加量增加整体呈下降趋势。有机酸络合后亚铁活化次氯酸钠产生氯自由基，氯自由基对污泥 EPS 中有机物裂解作用有限，污泥絮体的破坏程度较小，因此粒径并未明显变化。TA 对三价铁的络合能力较弱，因此经过处理后，三价铁水解产生羟基铁促进了絮体颗粒的增大。

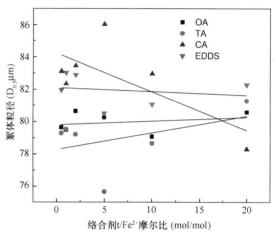

图 4-76　络合剂对亚铁活化次氯酸钠调理对污泥絮体粒径的影响

而 CA 分子量较小，三价铁与 CA 形成沉淀，污泥粒径随着 CA 投加量的增加而降低。

3. 有机酸络合亚铁活化次氯酸钠联合调理对污泥 EPS 特性的影响

图 4-77 是不同络合体系中污泥三层 EPS 的变化情况，随着络合剂与 Fe^{2+} 比例的增大，污泥中 SEPS 层含量逐渐升高至平稳，而 LB-EPS 的变化趋势与之相反。这可能是由于络合剂的加入提高了氧化作用使得污泥絮体裂解释放有机物，导致污泥 LB-EPS 层有机物释放至 SEPS 层。污泥絮体被氧化裂解，絮体结构密实，可压缩性降低，污泥的过滤脱水性能提高。从图 4-77 中可以看出，在 OA、CA 和 TA 的络合体系中，四种有机酸络合亚铁活化次氯酸钠氧化裂解 EPS 效率由高到低分别为：EDDS＞OA＞CA＞TA，污泥 SEPS 和 LB-EPS 变化幅度较大，而 EDDS 的络合体系中污泥三层 SEPS 变化不明显，可能是 EDDS 络合剂对 Fe^{2+} 活化具有一定的抑制作用。EDDS 与 Fe^{2+} 摩尔比大于 1:1 时，EDDS 能够完全络合 Fe^{2+}，与 Fe^{2+} 形成较大体积的六配位螯合物，降低内部 Fe^{2+} 活性中心的可及度，从而抑制了 Fe^{2+} 参与活化氧化反应。

图 4-78 是不同络合剂对污泥 EPS 中蛋白质的影响。已有研究表明，EPS 中蛋白质具有较强的持水能力，因此蛋白质含量对污泥脱水性能具有较大的影响。图中所示 EPS 中蛋白质的含量没有明显的变化，SEPS 中蛋白质含量明显高于 BEPS 中的蛋白质含量，溶解性有机物含量增加会导致污泥黏性的增加，使脱水性能恶化。图中蛋白质的含量变化与

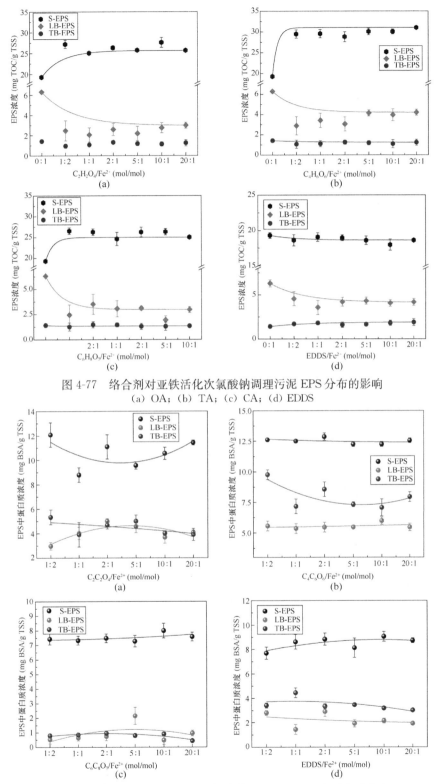

图 4-77　络合剂对亚铁活化次氯酸钠调理污泥 EPS 分布的影响
(a) OA；(b) TA；(c) CA；(d) EDDS

图 4-78　络合剂对亚铁活化次氯酸钠调理污泥 EPS 中蛋白质分布
(a) OA；(b) TA；(c) CA；(d) EDDS

污泥脱水性的变化趋势呈明显的正相关，正说明了蛋白质是影响污泥脱水的重要因素。然而不同的络合剂的配位也影响了络合效率，同时影响了亚铁的活化效果。络合剂与三价铁的络合作用同样影响了 EPS 中有机物的分布。由于 TA 与三价铁的结合能力最差，反应完成后，三价铁水解产生羟基铁形成混凝体系作用于有机物的凝聚吸附。而 CA 与铁离子形成的螯合物溶解度低，大部分三价铁宜与 CA 结合后沉淀，导致经氧化反应后小分子有机物难以团聚，影响了污泥絮体的形成和有机物中结合水的释放，降低了脱水性能。四种有机酸络合亚铁活化次氯酸钠降解蛋白质的浓度顺序为 CA＜EDDS＜OA＜TA。

如图 4-79 所示，多糖在 SEPS 层中分布明显高于结合层 EPS，TB-EPS 中多糖含量高于 LB-EPS。多糖在三层 EPS 中的分布趋势与蛋白质的分布有明显的正相关性，说明蛋白质和多糖通常是以糖蛋白的形式存在。污泥 EPS 中蛋白质和多糖的存在会导致污泥间隙内的结合水变多，最终导致污泥脱水性能变差。胞外糖含量是影响污泥沉降性、过滤性的主要因素。多糖作为一种碳水化合物，在水中只能以胶体的形式出现，所以 EPS 中多糖含量越高，其水合性越强，越多的水被结合在细胞壁在外的表面，使污泥脱水性能变差。四种有机酸络合亚铁活化次氯酸钠降解多糖的浓度顺序为 EDDS＜CA＜OA＜TA。

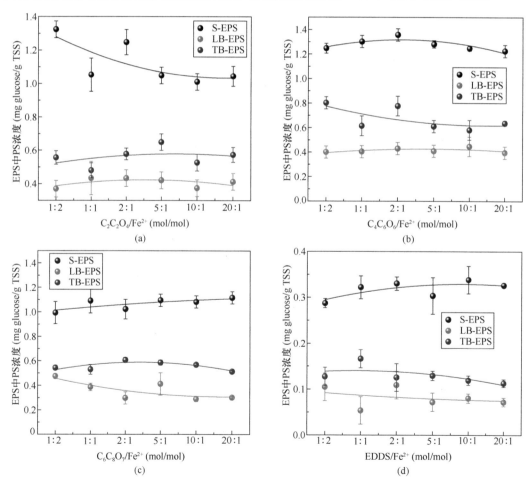

图 4-79　络合剂对亚铁活化次氯酸钠调理污泥 EPS 中多糖分布

(a) OA；(b) TA；(c) CA；(d) EDDS

如图 4-80 所示，腐殖酸在 SEPS 层中含量明显高于结合性 EPS，随着络合剂投加量的增加腐殖酸在三层 EPS 中的变化趋势不明显，由于腐殖酸很难被氧化，络合剂对氧化能力的提高作用有限。而且四种有机酸络合亚铁活化次氯酸钠裂解三层 EPS 中腐殖酸的含量 EDDS＜OA＜TA＜CA，证明了 CA 与三价铁的形成沉淀这一说法，导致三价铁无法混凝吸附腐殖酸，同时腐殖酸浓度与污泥脱水性能相关性弱，腐殖酸属于小分子有机物，持水能力较弱，对污泥脱水性能的影响不大。

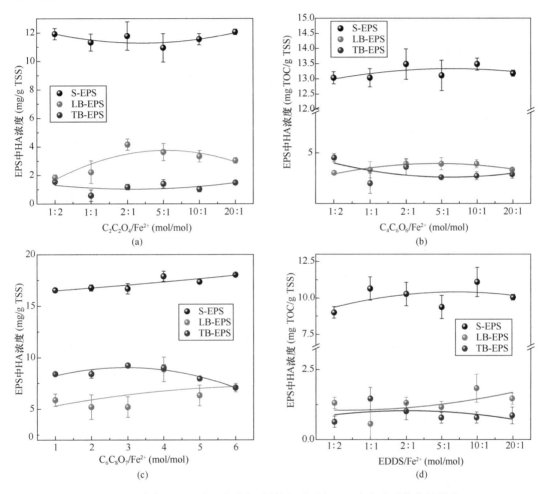

图 4-80　络合剂对亚铁活化次氯酸钠调理污泥 EPS 中腐殖酸分布的影响
(a) OA；(b) TA；(c) CA；(d) EDDS

图 4-81 显示，污泥中主要含有两类有机物，分别是微生物代谢产物和蛋白质类物质。在不调节 pH 的条件下调理污泥，SEPS 层中的 EPS 少许降低，结合性 EPS 荧光响应值没有明显变化。当在最优反应条件下调理时，TB-EPS 层中的荧光响应值明显降低，因此改变反应条件可以提高羟基自由基的产率，利用羟基自由基高的氧化还原电位将细胞进行深度氧化。除 CA 络合处理后的 SEPS 微生物代谢产物含量提高以外，经过络合后污泥中SEPS 和 LB-EPS 含量明显下降。这说明络合效果对亚铁活化次氯酸钠效果明显。络合后OA 三层 EPS 中荧光物质降低最为明显，与脱水性能的结论相同。与我们以前的研究结

论相同，污泥脱水性能与蛋白质相关性最强，低的蛋白质含量代表脱水性能的改善。

如图 4-82 所示，原泥中含有四个分子量的峰，分别为 894Da、1170Da、2396Da 和 3413Da。经过不同程度的氧化后，分子量大于 2000Da 的有机物均被裂解产生小分子有机物。共产生了多个分子量较小的峰值，分别为：75Da、250Da、350Da、550Da、600Da、700Da、800Da、1100Da。其中 350Da 分子量的有机物含量最高。络合处理后的污泥上清液有机物含量远高于非络合处理的污泥。该结果与污泥中 EPS 含量的变化一致。而反应

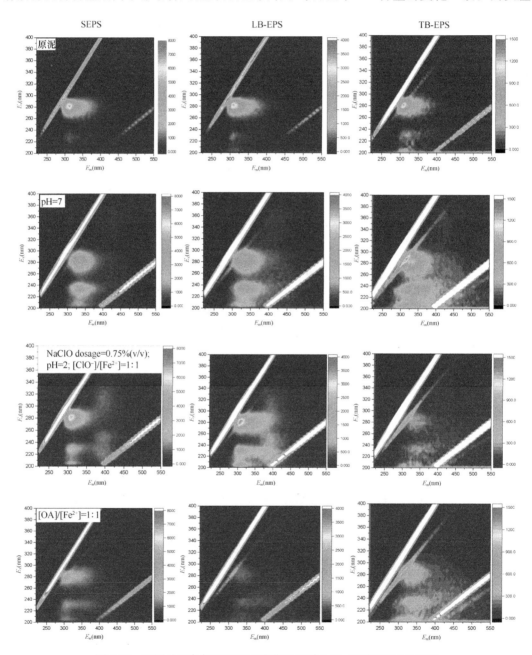

图 4-81　不同处理条件下污泥三维荧光光谱分析（SEPS 和 LB-EPS
样品稀释 10 倍测定，TB-EPS 样品稀释 100 倍测定）（一）

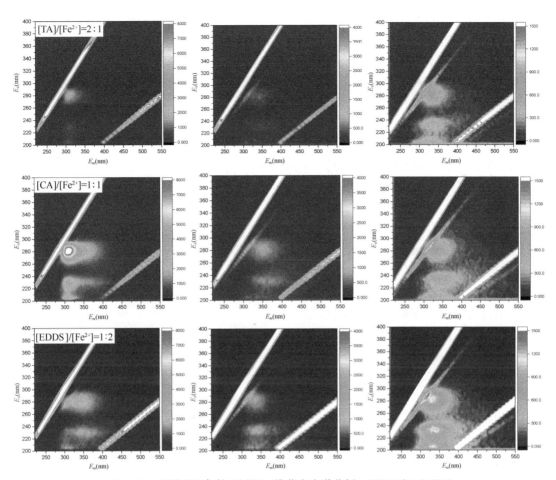

图 4-81　不同处理条件下污泥三维荧光光谱分析（SEPS 和 LB-EPS
样品稀释 10 倍测定，TB-EPS 样品稀释 100 倍测定）（二）

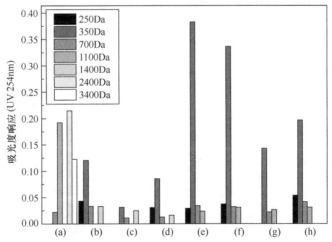

图 4-82　不同处理条件下分子量分布特性

（a）原泥；（b）次氯酸钠投加量＝0.75％（v/v）；（c）pH＝7；
（d）pH＝2，次氯酸钠投加量＝0.75％（v/v），［Fe^{2+}］／［ClO^{-}］
（mol/mol）＝1：1；（e）OA；（f）TA；（g）CA；（h）EDDS

后三价铁与有机酸的络合能力，有机酸与三价铁的络合抑制三价铁混凝作用，导致有机物絮凝吸附效果不明显。而有机酸的还原性影响了络合条件下有机物氧化程度。

而 pH＝2 时，污泥上清液中有机物含量明显降低，有机物经过酸化和氧化协同作用，EPS 释放后被充分降解。在亚铁活化次氯酸钠氧化体系下时，氧化后的二价铁被氧化成三价铁，三价铁发挥了本身混凝效果降低了有机物含量。

由于污泥 EPS 组分的复杂性并含有众多的官能团，因此很难从红外光谱中寻找精确的特征吸收峰来确定其具体物质。位于 $1635 \sim 1655 cm^{-1}$ 之间的特征峰表明 C＝O 键和蛋白质氨基酸 I 中 C-N 键的存在。位于 $1445 \sim 1455 cm^{-1}$ 位置出现的吸收峰，正是由蛋白质氨基酸 III 中 CH_3 和 CH_2 官能团的变形产生的。$1035 \sim 1070 cm^{-1}$ 吸收带表示的是污泥 EPS 多糖的特征吸收区间。红外光谱再次确定了污泥样品中蛋白质和多糖的存在。图 4-83 显示经过氧化调理后，$1635 \sim 1655 cm^{-1}$ 和

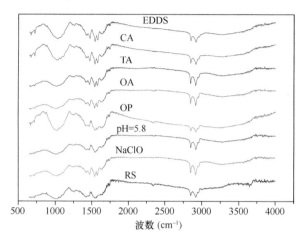

图 4-83　不同处理条件下污泥红外光谱分析

$1445 \sim 1455 cm^{-1}$ 位置出现的吸收峰明显的增强，这说明了蛋白质和多糖破坏后部分富集到污泥固相中。

如图 4-84 所示，多糖与蛋白质在污泥颗粒表面的空间分布不均，且荧光响应呈离散型分布，说明蛋白质与多糖并非完全是糖蛋白的形式存在。经酸化处理后［图 4-84(b)］，蛋白质和多糖均匀分布在污泥颗粒表面，证明有机物被酸化分解后变成小分子吸附在污泥颗粒表面上，而在酸性条件下蛋白质发生沉淀留在污泥絮体颗粒表面，呈现出蛋白质荧光强度高于多糖的现象。

单独次氯酸钠氧化后污泥中蛋白质和多糖的荧光强度介于原泥和氧化处理之间，证明非活化条件下氧化能力较弱，与污泥脱水性能结果一致。另外多糖荧光强度明显高于蛋白

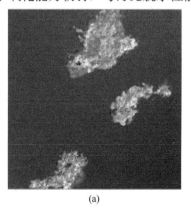
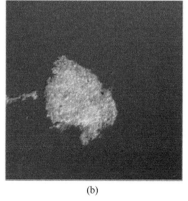

(a)　　　　　　　　　　　　　(b)

图 4-84　不同处理条件下污泥中蛋白质和多糖的空间分布（一）

(a) 原泥；(b) pH＝2

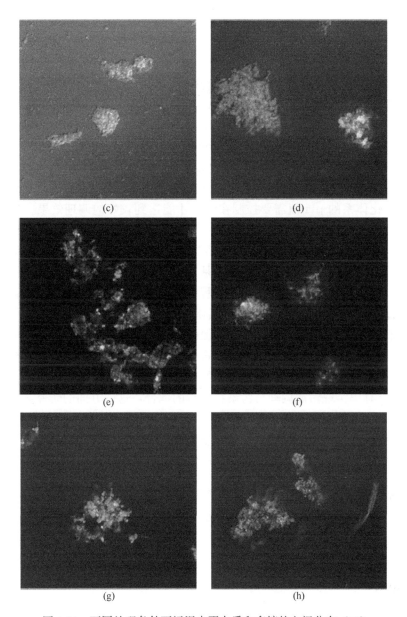

图 4-84　不同处理条件下污泥中蛋白质和多糖的空间分布（二）

(c) 次氯酸钠投加量＝0.75％（v/v）；(d) pH＝2；次氯酸钠投加量＝0.75％（v/v）；

$[ClO^-]/[Fe^{2+}]$ (mol/mol)＝1：1；(e)$[OA]/[Fe^{2+}]$ (mol/mol)＝1：1；

(f)$[TA]/[Fe^{2+}]$ (mol/mol)＝2：1；(g)$[CA]/[Fe^{2+}]$ (mol/mol)＝1：1；

(h) EDDS/$[Fe^{2+}]$ (mol/mol)＝1：2

质，证明蛋白质更容易被次氯酸钠氧化。图 4-84（e）～（h）显示，络合亚铁催化次氯酸钠氧化之后的荧光强度均有明显的降低，不同反应条件后调理污泥效果为 pH＝2＞EDDS＞CA＞TA＞OA。证明调节 pH 值对次氯酸钠产生自由基的反应活化性能最强。而络合时，络合剂的复杂结构形成的与亚铁络合的多个配位，结合亚铁能力更强，但是同时形成了更强的空间位阻。同时有机酸络合剂对三价铁的络合能力，影响了有机物的降解。

4.8 本章总结

本章介绍了几种污泥溶解和絮凝耦合调理技术，这些大致分为两类：第一类为基于氧化破解 EPS 和絮凝联合调理技术，包括 Fenton 试剂调理、螯合亚铁催化 Fenton 调理、高铁酸钾调理、过氧化物预氧化和混凝联合调理、亚铁和次氯酸钠耦合调理；第二类为基于污泥生物酶解与混凝联合调理技术。Fenton 试剂、螯合亚铁催化 Fenton、亚铁和次氯酸钠联合调理等均通过产生活性自由基氧化破坏污泥 EPS，促使结合水释放，原位产生的三价铁可以起到混凝作用，氧化和混凝协同作用可以有效改善污泥脱水性能。然而，但传统 Fenton 氧化体系的 pH 值需要控制在酸性才能达到较好的调理效果。污泥具有极强的酸碱缓冲能力，因而调理污泥的过程需要消耗大量的酸，调理成本较高。螯合亚铁催化Fenton 可以解决 Fenton 调理技术需要 pH 调节的问题，同时可以去除部分重金属，但脱滤液重金属进一步处理需要考虑。高铁酸钾是一种兼有氧化和絮凝的水处理药剂，污泥调理效果较好，但是成本较高，工程应用的过程中可以与传统的絮凝剂进行联合。过氧化物预氧化和絮凝联合调理技术也是首先通过氧化作用破坏污泥 EPS，促使结合水释放，然后在采用絮凝作用改善污泥的过滤性能，污泥的裂解作用往往会增加混凝剂的投加量，因而需要对氧化和絮凝进行精准控制。总体而言，基于氧化和絮凝的联合调理技术总体成本较高，但这些技术具有同步去除污泥中有害物质（病原菌、抗性基因、病毒、微量有机污染物）的功能，有望实现污泥调理与污染物削减的耦合，这一方面的研究需要进一步系统开展。生物酶调理过程同样会破坏 EPS 促使结合水释放，但会导致污泥絮体分散和更多的官能团暴露出来，这也会增加混凝剂投加量，该技术在工程应用依然有一定距离。

第 5 章　污泥电渗透脱水技术

电化学技术最初是应用于土壤的原位修复中，主要将该技术用于去除土壤中的重金属和有机污染物。与传统的深度脱水过程不同，近几年来，随着城市污泥问题的日益突出，该技术被应用于污泥脱水中，以达到对污泥深度脱水的目的，发展较为迅速。

5.1　污泥电渗透脱水的原理

传统的机械脱水仅能去除污泥中的自由水和间隙水，无法对污泥进行深度脱水，脱水后污泥的含水率通常在 $75\%\sim85\%$。电场辅助机械脱水（又称电渗透脱水），是一种将传统的脱水过程（如压力脱水）与结合电动效应结合，来促进固液分离，提高最终泥饼固含量。电场辅助机械脱水相比机械脱水可以获得更高的泥饼含固量。机械脱水过程包括两个阶段：第一个阶段是泥饼形成阶段，第二个阶段是通过机械力从滤饼中进一步压缩阶段。电场辅助可以应用于任何一个或两个脱水阶段，也可以作为脱水过程的前/后处理。

污泥颗粒表面的胞外聚合物（EPS）中含有一些带负电的官能团，为了平衡这些电荷，颗粒表面就会吸附一些阳离子，这便构成了污泥的双电层系统。如图 5-1 所示，当有外在电场存在时，带负电的污泥絮体会往阳极方向迁移，夹杂在污泥絮体中的水就会向阴极渗透，在这个过程中伴随着电泳、电迁移和电渗透等动电现象。根据 Barton 等人的研究分析，污泥机械-电脱水过程可以大体分为 5 个过程，首先是机械压滤使得污泥中大部分游离水脱出，然后污泥絮体向阳极迁移，当泥饼形成后污泥絮体将停止迁移，随后电极上进行的电化学反应使得污泥体系维持电荷平衡从而脱水状态继续维持，最后当水分不再是连续相时，整个体系电阻升高产生大量的欧姆热，电渗透脱水过程结束[4, 5]。在电渗透

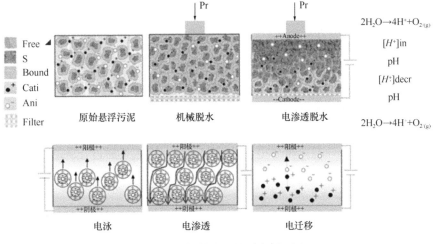

图 5-1　电场辅助机械脱水原理图

脱水过程中几种动电现象为：

（1）电化学反应：在水溶液中施加电场时，为了保持电荷平衡，水发生电解。在阳极附近产生 H^+，在阴极产生 OH^-。因此，阴极附近的 pH 增加，而阳极附近的 pH 下降。电化学反应在电脱水过程中起着重要作用。

（2）电泳：指带电粒子（如生物大分子）相对于静止液体的运动。

（3）电渗析：发生在介质的固/液界面上，电渗透引起大量水分子的位移。

（4）电迁移：离子在溶液中相对于溶液的迁移，每种物质根据自己的离子迁移率移动，这是电荷、扩散系数和温度的函数。只有当系统处于平衡状态时施加的电子平衡被电极上的电子交换破坏时，电迁移才有可能发生，这是电化学反应的结果。电极上的电子转移会产生电迁移，从而恢复电子的完整性。当粒子尺寸接近于零时，电迁移被认为是电泳的一种特殊情况。

（5）电位沉积：当带电粒子由于重力作用在电解质溶液中沉降而产生电场时发生。当粒子在液体中沉降时，粒子周围的扩散层的一部分被剪切掉，从而导致电荷分离，产生电位差。这种情况与电泳相反，因为粒子运动会产生电场。

（6）电位流动：当电解质溶液通过施加压力被迫流过带电颗粒表面而产生电场时，流动电位就发生了。漫射层移动部分的反离子由于液体在表面上的水力位移而被拖走，这导致离子在液体流动的方向积累，从而产生电位差。这种情况也与电渗透相反。

5.2 污泥电渗透的工艺类型

目前污泥电渗透脱水装置都是用小试规模的装置进行的，分为水平或垂直装置、压力和真空装置等。电渗透脱水工艺可以与传统的机械脱水方式相结合来提高污泥脱水效率。电渗透脱水技术需要耗时较长，增加了污泥脱水的能耗，需要改进电渗透脱水工艺来提高污泥脱水效率，降低能耗。在小试规模上用于大多数电脱水研究的设备包括圆形和长方形的测试单元、柱体和容器。电脱水装置可分为四大类：电增强型真空或压力脱水垂直装置、电增强型压缩脱水立式装置、立式多级电脱水装置、卧式电脱水装置。除了电场以外，其他一些预处理手段也可以增强污泥的电渗透脱水效率，如超声、高级氧化、絮凝等。

1. 超声辅助电渗透脱水

超声处理可以提高污泥的脱水性能，马德刚等人研究了超声辅助电场脱水装置的试验，如图 5-2 所示，利用超声波低频声波使污泥内部产生空化作用，提高了污泥的脱水效率。通过考察超声波声强与作用时间等因素后表明，在电渗透脱水（压力 0.1MPa，电压 60V），超声声强 $0.255W/cm^2$，作用时间 3.5min 的条件下：脱水速率由单一电渗透脱水的 4.88% 增大到 12.44%，且降低了电流的衰减速率，稳定了通过介质的电流，在一定程度上加速了脱水速率。

2. 高级氧化辅助电渗透脱水技术

李亚林等采用高级氧化技术与电渗透相结合的方式（图 5-3），利用 Fe^{2+} 与电场的协同作用，活化过硫酸盐产生硫酸根自由基破坏污泥中的有机质，提高污泥的脱水效果。通过试验得出，在最佳条件下，泥饼含水率低至 60% 以下，且硫酸根自由基在泥饼中的均匀分布，有利于减小污泥中阴阳两极水分相差较大的问题，提高了泥饼的均匀性，便于后续的污泥处置。

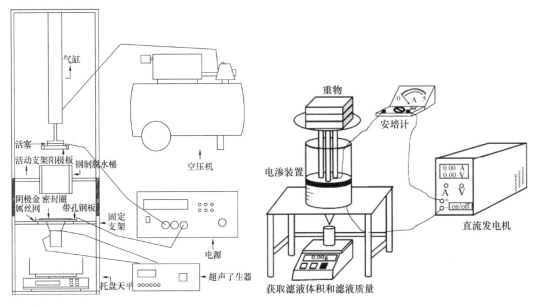

图 5-2　超声辅助电渗透脱水装置　　　　图 5-3　高级氧化辅助电渗透脱水装置

3. 机械辅助电渗透脱水技术

曹秉帝等人研究了不同操作条件（电压、离子强度、pH）对电场辅助机械脱水的脱水速率、污泥泥饼含固量的影响，用扫描电子显微镜（SEM）和比表面积分析仪（BET）测量阴阳两极污泥饼的形态特征，通过荧光、分子量、总有机碳分析确定了阴阳两极滤液的含量和组分。其电场辅助机械脱水装置如图 5-4 所示。

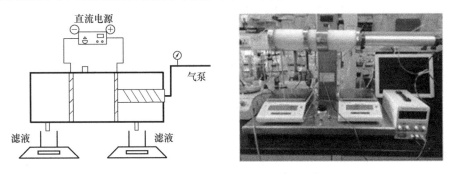

图 5-4　电场辅助机械脱水装置

4. 聚电解质辅助电渗透脱水技术

电渗透脱水过程中，电流的减小会增加污泥电阻，可以通过添加电解质与无机盐的方式来提高污泥的电导率。卢宁等通过在污泥中加入电解质，提高污泥电导率，进而提高电流的方法来解决这一问题。通过试验发现，电解质硝酸钠的加入，使脱水过程中的电流值明显提高，同时缩短了污泥脱水时间，增加泥饼含固率，但未能较大程度改善能耗问题。Saveyn 研究表明：采用低分子聚电解质对污泥进行处理较高分子聚电解质有着更好的污泥过滤效率。Tuan 等研究表明：聚电解质的添加是必要的，可增加泥饼的含固率。

5.3 污泥电渗透的影响因素

采用电渗透技术可以有效对污泥进行深度脱水，但是也有很多因素会对脱水效果造成影响，如含水率、电压梯度、电流密度和电化学效应等。

（1）含水率：当污泥的含水率较高时，可以保证电脱水过程中的电路畅通。但是随着脱水过程的进行，阳极处的含水率会降低，污泥逐渐干化，使得电阻迅速升高，电流也迅速降低，此时电脱水过程便会终止。

（2）电压梯度：随着电压梯度的增加，电渗透脱水初始阶段的电驱动力也会增加，因此脱水速率也会相应提高。

（3）电流密度：在电渗透脱水过程中，当通过污泥的电流密度增加时，电极附近的电解反应也会更加强烈，这会增强污泥中离子的传输速度，但是相应的脱水能耗也会增加。

（4）气体的产生：由于在电渗透脱水过程中有电解水的现象存在，因此在阳极附近和阴极附近都会产生气体，如果这些气体不能及时排出的话，会阻碍电极与污泥的接触，从而对电渗透脱水过程造成影响。

（5）Zeta 电位：污泥的 Zeta 电位受 pH、离子浓度等的影响很大，Zeta 电位值的增加会促进污泥电渗透脱水效果，反之则会抑制污泥的电渗透脱水效果。

（6）pH：在电渗透脱水过程中，由于水的电解会使阳极附近的污泥 pH 降低，阴极附近污泥的 pH 升高。随着 pH 的降低，污泥的 Zeta 电位也在降低，因此阳极附近的电渗透脱水过程会被抑制，而阴极附近的电渗透脱水速率则因 pH 的升高而增加。

（7）电导率：若污泥中的离子浓度过高，会压缩污泥的双电层，使 Zeta 电位降低，从而不利于污泥的电渗透脱水，但是当污泥中离子浓度较高时，在相同电压下通过污泥泥饼的电流就会增加，这会有利于污泥的电渗透脱水。因此，电导率的变化对污泥的脱水效果影响有限，但是对脱水能耗会有较大影响。

（8）欧姆热：在电渗透脱水过程中，由于有电流的通过，因此泥饼会发热。泥饼温度的增加会降低水分的黏度，这会提高污泥的脱水效果。

5.4 污泥电渗透脱水过程中有机质转化的区域化特征

5.4.1 运行条件对污泥电渗透脱水性能的影响

曹秉帝等人通过研究不同操作条件对污泥电渗透脱水过程污泥的区域化效应，着重解析了电渗透反应器中不同区域对有机质的调控作用及其对污泥电脱水性能的影响机制。图 5-5 是不同操作条件下阴阳极平均电脱水速率的变化趋势。在没有施加电场时，阴阳两极的脱水速率一致，根据 Mitchell 和 Soga 等人的研究阴阳两极的电脱水速率的差值 R_d（电渗透系数）可以反映电渗透脱水效果，R_d 值越大电渗透作用越强。

图 5-5（a）和图 5-5（d）是不同电压下阴阳两极平均电脱水速率，可以看到随着电压的增加阳极的平均电脱水速率没有明显变化，而阴极的电脱水速率增加，当电压从 0V 增加到 55V 时阴极的平均电脱水速率从 0.074mL/s 增加到 0.089mL/s。污泥电脱水过程中

存在电泳、电渗透和电迁移等动电现象，根据 Mahmoud 等人的研究发现，电脱水过程中电渗透的速率可以根据公式（5-1）计算：

$$\overrightarrow{v} = \frac{D\zeta}{4\pi\mu}\nabla\varphi \tag{5-1}$$

式中　D——污泥体系的介电常数；

　　　μ——动力黏度系数；

　　　Z——Zeta 电势；

　　　$\nabla\varphi$——加在介质中的电压。

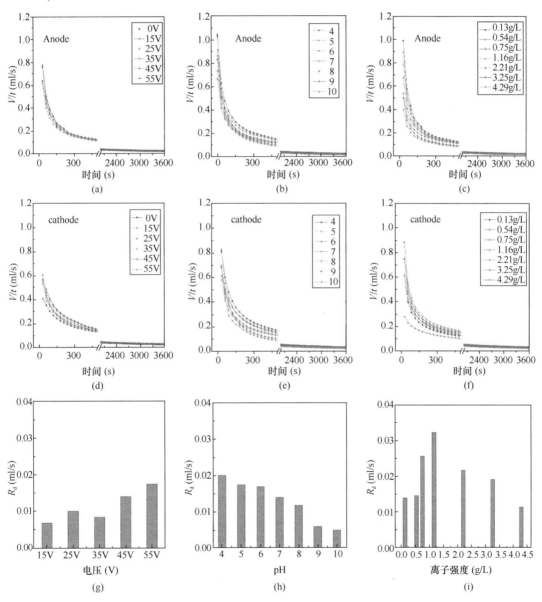

图 5-5　不同条件对污泥电渗脱水速率的影响

（a）（d）（g）电压；（b）（e）（h）pH；（c）（f）（i）离子强度

根据公式（5-1），电脱水速率与电压成正比例关系，因此增加电压可以提升阴极电脱水速率。图 5-5（g）是不同电压下 R_d 值的变化，可以看出随着电压的增加 R_d 值升高，说明随着电压升高电渗透效果增强。

图 5-5（b）、（e）是不同 pH 对阴阳两极平均电脱水速率的影响，随着 pH 的升高阴阳两极的电脱水速率都呈下降趋势，酸性条件可以促使污泥絮体凝聚，改善污泥的脱水性，而碱性条件时污泥的结合型 EPS 大量溶出会使得污泥黏度增加导致污泥的脱水性能恶化，从公式（5-1）中也可以看出电脱水速率会随着污泥黏度的增加而减小，因此当 pH 从 4 升高到 10 时阴阳两极的电脱水速率下降。图 5-5（h）是 pH 对 R_d 的影响，随着 pH 的升高 R_d 呈下降趋势，说明 pH 的升高会使电渗透效果减弱。

图 5-5（c）、（f）是不同离子强度下阴阳两极平均电脱水速率变化趋势，可以看到随着离子强度的增加阴极的电脱水速率先增加后减小，在离子强度为 1.16g/L 时阴极电脱水速率达到最大值 0.103g/L，从图 5-5（i）可以看到 R_d 的变化趋势与阴极电脱水速率一致。说明适量的增加离子强度可以增强污泥的电脱水效果，但是离子强度过高会破坏电脱水效果。污泥电渗透系数 R_d 与阴极平均电脱水速率具有一致性，在污泥电脱水过程中电极表面会产生电化学反应，这些反应会对污泥的泥饼微观结构和 EPS 分布有很大的影响，而泥饼的微观结构和 EPS 在污泥脱水过程中扮演重要的角色，因此研究不同操作条件下泥饼结构变化和 EPS 区域分布特征是很有必要的。

5.4.2 不同条件下电渗透脱水过程中电流的变化

如图 5-6 所示，不同操作条件下（电压、pH 和离子强度）电渗透脱水过程中存在电流的动态变化。结果表明，电流在电渗透脱水过程开始时迅速升高，在 5min 左右达到最大值，然后迅速下降，这一结果与 Mahmoud 等人的结论一致。研究发现，在脱水过程中，随着阳极和阴极距离的减小，污泥的电阻降低。随后在脱水污泥中形成的不饱和污泥层的影响下，电阻增大。同时，两个电极的气体释放导致泥饼中空隙的出现，增加了系统的电阻。电流随电压的升高而增大，调节 pH 值和提高离子强度后电流值也随之增大。在电渗透脱水过程中，电流反映了电化学反应速率，电流越大，电极上电子转移越快，电化学反应越强烈。

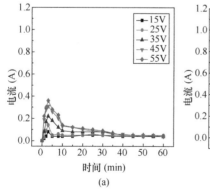

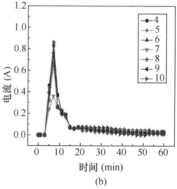

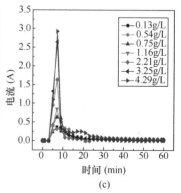

图 5-6 不同操作条件下电流的变化

（a）电压；（b）pH；（c）离子强度

5.4.3　电化学反应

　　根据式（5-2）~~式（5-4），可以推断阳极产生活性氧化剂（O_2，Cl_2）和 H^+，而 OH^- 是在阴极产生的，因此在电渗透脱水过程中存在阳极氧化和 pH 梯度效应。研究发现，活性氧化剂和 pH 对污泥 EPS 的溶解释放有一定的影响。如图 5-7（a）、（b）所示，在两个电极上，随着电压的增加，滤液 pH 值没有明显变化。这一结果与 Mahmoud 等人

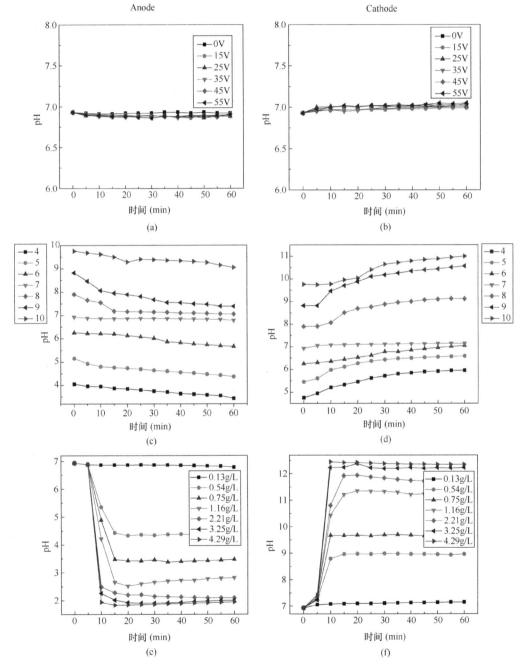

图 5-7　不同操作条件对阴阳极滤液 pH 变化的影响

（a）（b）电压；（c）（d）pH；（e）（f）离子强度

的报告不符，造成这种情况的主要原因可能是污泥样品之间的电导率差异，进而导致了电化学反应强度的差异。在调节污泥 pH 和增加离子强度后，阴阳两极滤液的 pH 有较大的差异，从图 5-7（c）、（d）可以看出，调节 pH 后阳极滤液的 pH 降低而阴极滤液的 pH 升高，从图 5-7(e)、(f)可以看出，阴阳两极 pH 出现明显的梯度差，在离子强度为 4.29g/L 时阳极滤液 pH 降低到 1.96 而阴极滤液升高到 12.5。

$$\text{阳极:} \quad 2H_2O(l) \rightarrow 4H^+ + O_2 + 4e^- \qquad (5-2)$$

$$Cl^- + 2e^- \rightarrow Cl_2(g) \qquad (5-3)$$

$$\text{阴极:} \quad 2H_2O(l) + 2e^- \rightarrow 2OH^-(aq) + H_2(g) \qquad (5-4)$$

5.4.4 污泥饼的微观结构

使用薄刀片分别收集阴极端和阳极端的泥饼，然后对阴阳两极泥饼进行孔隙检测分析，图 5-8 是阴阳两极泥饼孔容的变化结果。从图中可以看到，阴阳两极泥饼的孔容出现了明显的差异，阴极孔容比阳极孔容高，在电脱水过程中阴阳两极泥饼孔容出现差异主要是由于电泳现象导致的，电泳作用促使污泥絮体向阳极移动从而导致阴极泥饼结构相比阳极更为疏松，Lee 等人也发现电脱水过程中阴极泥饼的孔隙率要比阳极高。

图 5-8（a）显示，随着操作电压的增加，阳极泥饼孔容没有明显变化，阴极泥饼孔容缓慢上升，在 55V 电压时，阴阳两极泥饼孔容差值达到最大；图 5-8（b）显示，随着 pH 从 4 上升到 10，泥饼在两个电极上的孔容减小。阴极泥饼的孔结构比阳极更丰富，但随着污泥 pH 的升高，两电极上的泥饼形态差异减小，因为在较高的 pH 水平下，电渗透脱水效率减弱。图 5-8（c）表明，阴极饼的孔容随离子强度的增加先增大后减小，当离子强度为 1.16 g/L 时，阴极泥饼孔容达到最大为 0.14 cm³/g，而与此同时，两电极间的孔容差异达到最大。

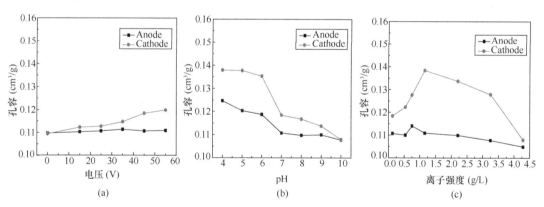

图 5-8 不同操作条件下阴阳极泥饼孔容变化
(a) 电压；(b) pH；(c) 离子强度

图 5-9 为污泥饼平均电渗脱水速率与孔容之间的 Pearson 关系。结果表明，阳极（$R^2 > 0.79$，$p < 0.02$）和阴极（$R^2 > 0.87$，$p < 0.03$）的电渗透脱水速率与污泥泥饼的孔容密切相关，表明污泥饼的结构越丰富，电渗脱水速率越快。

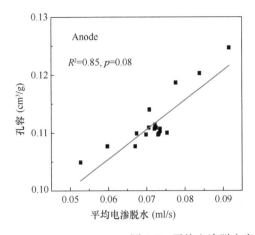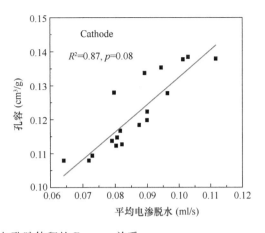

图 5-9　平均电渗脱水率与孔隙体积的 Pearson 关系

5.5　典型无机混凝剂预调理对污泥电渗脱水行为的影响

无机混凝剂作为污泥脱水常用的预调理药剂，现已被广泛使用，但无机混凝剂预调理对污泥电渗脱水效果及电渗脱水过程中 EPS 区域化分布的研究还鲜有报道。因此，本节主要介绍以下三个部分：第一，研究三种典型无机混凝剂（$FeCl_3$、PAC 和 HPAC）预调理对污泥电脱水效果以及 EPS 区域化分布的影响；第二，分析无机混凝剂预调理对污泥絮体电泳、电渗透作用的影响；第三，提出无机混凝剂预调理改善污泥电脱水过程的作用机制。

5.5.1　无机混凝剂预调理对污泥电渗脱水效果的影响

图 5-10 是无机混凝剂对污泥电渗脱水速率的影响，从图中可以看到随着混凝剂投加量的增加，阴极的电渗脱水速率升高，当 HPAC、PAC 和 $FeCl_3$ 投加量为 0.15g/g TSS 时，阴极平均电渗脱水速率从 0.045g/s 分别升高到 0.091g/s、0.094g/s 和 0.095g/s，经 $FeCl_3$ 调理后污泥阴极电渗脱水速率增加最大，随着混凝剂投加量的继续增加阳极电脱水速率没有明显变化。电渗透脱水的速率可以采用上述 Mahmoud 等人的研究的方法。电渗脱水速率与污泥电导性和 Zeta 电位正相关，无机混凝剂的加入会提高污泥的离子强度和电导性，还会改变污泥的 Zeta 电位，阴极电渗脱水速率发生变化。此外，电渗脱水过程中阴极是污泥的主要排水端，因此阴极的电渗脱水速率明显高于阳极。

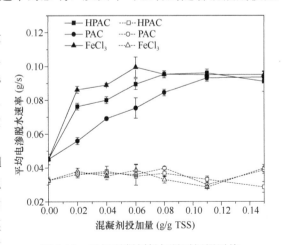

图 5-10　无机混凝剂投加量对污泥平均电渗脱水速率的影响

5.5.2 无机混凝剂预调理对污泥电脱水过程中电特性的影响

1. 电流变化

图 5-11 是电脱水过程中经三种无机混凝剂调理后电流变化情况，可以看到在电脱水初始阶段电流迅速增大，在进行到 5min 左右时电流达到最大值，然后电流迅速下降，且随着混凝药剂投加量的增加电流呈上升的趋势。Mahmoud 等人研究发现，在电脱水开始阶段阴阳两极的电极板距离减小会使得污泥体系的电阻变小，所以在初始阶段电流迅速上升，随着电脱水过程的进行，污泥中水分减少和阴阳两极产生的气体使得污泥体系电阻增大，导致电流开始下降。经 HPAC 调理后的污泥体系电流比 PAC 和 $FeCl_3$ 要高，说明 HPAC 调理污泥的电导性比 PAC 和 $FeCl_3$ 要高，这主要是因为 HPAC 中中聚合态 Al_b 较多，Al_b 主要是由高电荷的铝离子形态组成，使得 HPAC 对污泥的离子强度的提高程度更高。

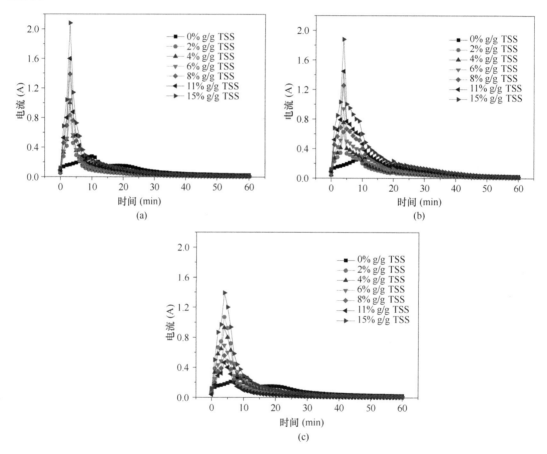

图 5-11　无机混凝剂对污泥电脱水电流变化的影响
(a) HPAC；(b) PAC；(c) $FeCl_3$

2. 动电现象

图 5-12 是无机混凝剂对污泥絮体 Zeta 电位的影响，可以看到随着 HPAC、PAC 和 $FeCl_3$ 投加量的增加污泥 Zeta 电位上升，当混凝药剂投加量为 0.15g/g TSS 时，经 HPAC、PAC 和 $FeCl_3$ 调理后的污泥絮体 Zeta 电位分别升到 20.6mV、15.7mV 和

5.6mV，在药剂投加量为 0.08g/g TSS 时污泥达到等电点。由于污泥的电脱水速率大小与污泥絮体的 Zeta 电位的绝对值成正比，当药剂投加量高于 0.08g/g TSS 时，污泥絮体的 Zeta 电位转变成正值，影响电脱水效果。这与电脱水速率的结果一致，在混凝剂投加量大于 0.08g/g TSS 时，阴极的电脱水速率不再增加。

在毛细结构和多孔结构介质中外加电场可以引起电渗透现象，在污泥电脱水过程中当施加电压为 0 V 时，阴阳两极的电脱水速率应该相等，根据 Mitchell 和 Soga 等人的研究，阴阳两极的电脱水速率的差值 R_d 可以反映电渗透强度，图 5-13 是无机混凝剂对污泥电脱水过程中电渗透强度的影响，从图中可以看出，经混凝剂调理后污泥电渗透强度增加，在混凝剂投加量为 0.08g/g TSS 时电渗透强度增加幅度达到平衡，电渗透强度增加趋势与电脱水效果变化趋势一致。

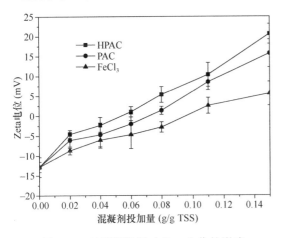

图 5-12　无机混凝剂对 Zeta 电位的影响

图 5-13　无机混凝剂对电渗透强度的影响

5.5.3　无机混凝剂预调理对污泥理化性质的影响

1. 污泥絮体结构特性

图 5-14 是无机混凝剂对絮体结构的影响。随着混凝剂投量的增加，污泥絮体粒径变

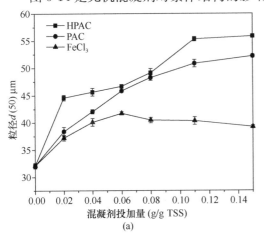

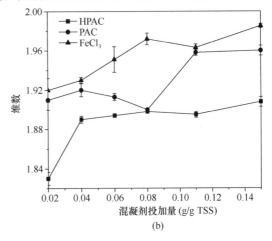

图 5-14　无机混凝剂对污泥絮体结构的影响

(a) 絮体粒径；(b) 分型维数

大，HPAC 调理后污泥絮体增幅最大，$FeCl_3$ 调理污泥絮体增幅最小。HPAC、PAC、$FeCl_3$ 投量为 0.15g/g TSS 时，污泥絮体粒径分别从 $32\mu m$ 增加到 $55\mu m$、$52\mu m$、$37.5\mu m$；图 5-14（b）是经无机混凝剂调理后的污泥絮体分形维数结果，其中 $FeCl_3$ 调理后形成的絮体分型维数较 PAC 和 HPAC 更大，说明 $FeCl_3$ 调理形成的污泥絮体较 PAC 和 HPAC 更密实，这与 Niu 等人的研究结果一致[21]。污泥的高絮体结构强度使得泥饼成形过程中形成更多的孔道，有利于水分的渗透脱离，可以看到污泥结构强度结果与电渗透系数变化一致，因此 $FeCl_3$ 调理污泥的电渗透系数增强效果优于 HPAC 和 PAC。

2. EPS 特性

图 5-15 是无机混凝剂对污泥 SEPS、LB-EPS 和 TB-EPS 的影响，随着混凝剂投加量的增加，SEPS、LB-EPS 和 TB-EPS 浓度都呈下降趋势。混凝剂投量为 0.15g/g TSS 时，HPAC、PAC 和 $FeCl_3$ 调理后的污泥可提取 EPS 含量分别从 203.8mg/L 降低到 80.17mg/L、120.16mg/L、77.62mg/L。这说明经混凝剂调理后 LB-EPS 和 TB-EPS 被压缩，使得污泥絮体更加紧密，从而使得可提取 EPS 含量下降，其中 $FeCl_3$ 调理后可提取 EPS 含量降幅最大，这与污泥絮体结构结果一致。随着混凝剂的增加，污

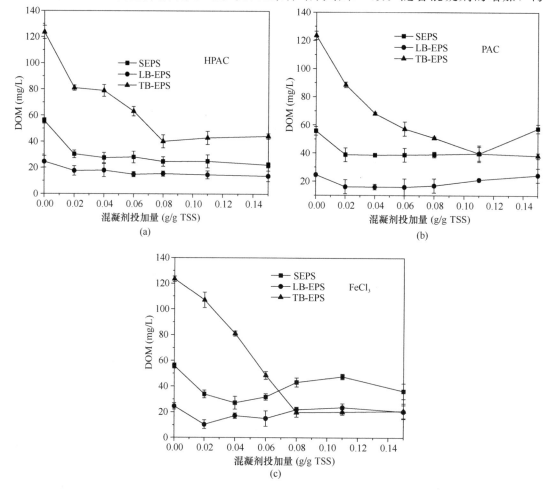

图 5-15 无机混凝剂对污泥 EPS 组分的影响

（a）HPAC；（b）PAC；（c）$FeCl_3$

泥絮体变得更加密实，且 FeCl₃ 调理后形成的污泥絮体较 HPAC 和 PAC 形成的絮体粒径更小，絮体结构更为密实。

5.5.4　无机混凝剂预调理对污泥电脱水过程中 EPS 区域化分布的影响

在电脱水过程中，阴阳两极滤液中的 DOM 的变化特征往往可以代表阴阳两极 EPS 溶解分布的特征，同时 EPS 的区域化分布对污泥的电脱水效果有显著的影响，因此需对无机混凝剂调理后的阴阳两极滤液中 DOM 含量和组分的变化情况进行分析。

1. DOM 含量

图 5-16 为 HPAC、PAC 和 FeCl₃ 调理对阴阳两极 EPS 浓度的影响，混凝剂调理后阴阳两极的 EPS 含量出现较明显的差异，阴阳两极的 EPS 含量均呈下降趋势，阳极 EPS 含量比阴极高，在混凝剂投加量为 0.15g/g TSS 时，经 HPAC、PAC 和 FeCl₃ 调理后阴阳两极 EPS 含量分别从 87.02mg/L、88.6mg/L 降低至 63.3mg/L、72.0mg/L；60.3mg/L、73.0mg/L；50.5mg/L、80.5mg/L。这是因为电场下的电泳作用导致污泥絮体向阳极迁移，从而使得阳极 EPS 含量比阴极高，根据 Cao 等人的研究，随着离子强度的增加，污泥电脱水过程中的阴极碱化作用和阳极酸化氧化作用增强，阴阳两极 EPS 含量呈上升趋势，而无机混凝剂的加入会压缩污泥絮体双电层结构，使得 EPS 更难溶解释放，而较低

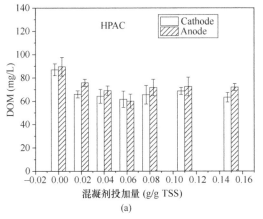

(a)

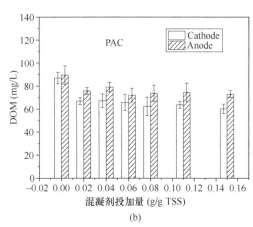

(b)

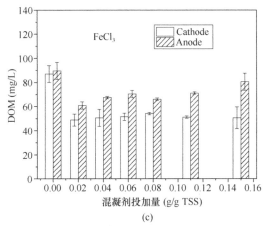

(c)

图 5-16　无机混凝剂对阴阳两极 EPS 浓度的影响

（a）HPAC；（b）PAC；（c）FeCl₃

的 EPS 含量有助于污泥的脱水过程，可以看到经 $FeCl_3$ 调理后的阴阳两极 EPS 含量最低，其结果与电脱水效果一致。

2. DOM 组成

表 5-1 是无机混凝剂调理后污泥电脱水阴阳两极滤液 DOM 荧光峰强度，在未投加混凝剂时，阴阳两极 DOM 中各荧光峰值 Peak A、Peak B、Peak C 和 Peak D 分别为 172.9、208.8、173.4、140.9 和 551、306、198、195.1，可以看到阳极 DOM 中各荧光值整体比阴极高，而且随着混凝剂投加量的增加，4 个荧光峰的峰值呈下降趋势，HPAC 和 PAC 投加量为 0.15 g/g TSS 时，阴阳两极 DOM 中 4 个荧光峰的峰值强度分别从 152.8、131.4、117.6、89.31 和 281.9、100.3、127.3、130.5 降低到 167.2、145.8、113.9、124 和 290.5、275.9、125.1、156。$FeCl_3$ 投加量为 0.15 g/g TSS 时，阴阳两极 DOM 中 4 个荧光峰的峰值强度分别为 144.4.、118.3、96.03、135.8 和 222、222.5、131.5、126.6，$FeCl_3$ 调理后阴阳两极荧光降低幅度更大，这与 DOM 的结果相一致。

无机混凝剂对阴阳两极 DOM 荧光强度峰值的影响　　　　　　　表 5-1

混凝剂	投加量 (g/g TSS)	DOM（阴极）				DOM（阳极）			
		色氨酸	芳香族蛋白质	腐殖酸	富里酸	色氨酸	芳香族蛋白质	腐殖酸	富里酸
		(280/335)	(225/340)	(330/410)	(275/425)	(280/335)	(225/340)	(330/410)	(275/425)
	原泥	172.9	208.8	173.4	140.9	551	306	198	195.1
HPAC	0.02	150.3	104.5	154.2	121.5	481.9	366.2	184.6	261
	0.04	121.1	89.97	143.5	108.2	393.3	356.3	173.7	197.6
	0.06	134.3	138.28	118.8	170.4	364.6	237.1	192.1	107.6
	0.08	155.53	100.2	112.5	135.7	376.2	255.2	105.6	126.5
	0.11	147.6	140.57	112.4	104.4	232.7	136.8	142.7	147.5
	0.15	152.8	131.14	117.6	89.31	281.9	100.3	127.3	130.5
PAC	0.02	166.3	125.6	116.5	131.9	557	438.1	168.9	195.8
	0.04	150.6	123.9	175.2	164.8	479.7	410.6	120.6	191.3
	0.06	156.32	141.16	126.9	102.3	352	406.3	131.8	166.4
	0.08	190.91	116.9	157.2	149.2	381	325	133.7	154.7
	0.11	160.4	169.2	116.4	106.3	298	379.7	139.2	126.2
	0.15	167.26	145.84	113.9	124	290.5	275.9	125.1	156
$FeCl_3$	0.02	135.77	146.58	116.3	103.8	357	322.4	129.6	145.7
	0.04	178.49	176.86	114.7	83.06	382	284.1	122.2	184.2
	0.06	173.63	192.546	112.9	93.33	322	298.8	156.3	181.8
	0.08	221.18	196.232	125.6	96.48	285	298.5	131.3	181.8
	0.11	268.89	216.22	119.4	99.81	253.4	281.2	193.6	188.1
	0.15	144.48	118.37	96.03	135.8	222	222.5	131.5	126.6

注：阴阳两极滤液均稀释 20 倍。

5.5.5 无机混凝剂改善污泥电脱水机理

污泥电脱水过程中阴极是主要疏水端，电脱水效果及动电现象（电泳和电渗透等）与 EPS 溶解释放密切相关，经无机混凝剂 HPAC、PAC 和 FeCl₃ 调理后的污泥离子强度增加，污泥絮体结构强度增加，促进电泳效果，同时使得 EPS 结构压缩，导致 EPS 更难被溶解出来，缓解滤膜堵塞。与 HPAC 和 PAC 相比，投加 FeCl₃ 形成的絮体尺寸更小且密实，压缩 EPS 作用更强，可以看出经 FeCl₃ 调理后污泥的电脱水效果改善最好，说明在无机混凝改善污泥电脱水过程中，压缩污泥 EPS 起到很重要的作用。图 5-17 为无机混凝剂改善污泥电脱水机理图，可以看出提高污泥体系电导性和压缩 EPS 两种作用共同提升了污泥电脱水效果。

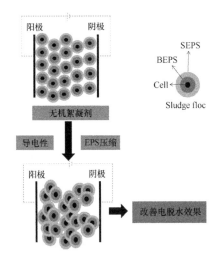

图 5-17 无机混凝剂改善污泥
电脱水效果机理

5.6 污泥电脱水过程中重金属的迁移转化与强化去除技术

污泥中重金属含量是制约其填埋资源化处置的瓶颈，本小节通过研究阴阳两极滤液及泥饼中的重金属含量，并采用螯合剂柠檬酸对污泥进行预调理，主要目的在于：第一，研究阴阳两极滤液及泥饼中重金属含量，了解污泥电脱水过程中重金属分布特征；第二，分析阴阳两极泥饼中重金属的活性，明确污泥电脱水过程中重金属的去除效率；第三，判断螯合剂柠檬酸强化污泥电脱水同步去除污泥重金属的方法是否可行。

5.6.1 不同操作条件下阴阳两极重金属的分布

图 5-18(a)和(b)为不同电压条件下阴阳两极滤液中重金属含量分布，可以看出随着电压的增加阴极滤液中重金属含量不同程度增加，当电压为 55 V 时，Zn、Ni、As、Cd、Cr、Pb、Cu 分别从 6.200mg/kg TSS、7.012mg/kg TSS、2.869mg/kg TSS、2.180mg/kg TSS、4.708mg/kg TSS、2.098mg/kg TSS、3.962mg/kg TSS 增加到 26.127mg/kg TSS、13.954mg/kg TSS、5.792mg/kg TSS、2.770mg/kg TSS、5.015mg/kg TSS、2.888mg/kg TSS、9.923mg/kg TSS，阳极重金属含量未出现明显变化趋势，Hg 含量在增加电压前后均低于检出限。在污泥电脱水过程中，电泳现象促使带负电的污泥絮体向阳极移动，同时带正电的重金属离子进行电迁移向阴极移动，其中电泳作用和电迁移现象都与施加电压成正相关，所以导致阴极滤液重金属含量随着电压增加而增加。

图 5-18（c）和（d）为不同离子强度条件下重金属含量分布图，可以看出随着离子强度的增加阴阳两极滤液重金属含量均呈现先增加后降低的趋势，在 0.07 g/g TSS 投加量时，重金属含量达到最大值，这与电脱水速率的变化趋势是一致的，随着离子强度增强，污泥电脱水速率先增加后降低。此外，可以看到不同离子强度条件下的重金属含量普遍高于不同电压条件下的重金属含量，这主要是因为提高污泥离子强度后，电脱水过程中的电

化学反应加剧，阳极酸化氧化作用产生的 Cl_2 和 O_2 等氧化性物质和阴极碱化作用可以有效溶解 EPS，使得包裹在 EPS 中的重金属离子溶解释放，从而滤液中的重金属含量升高。

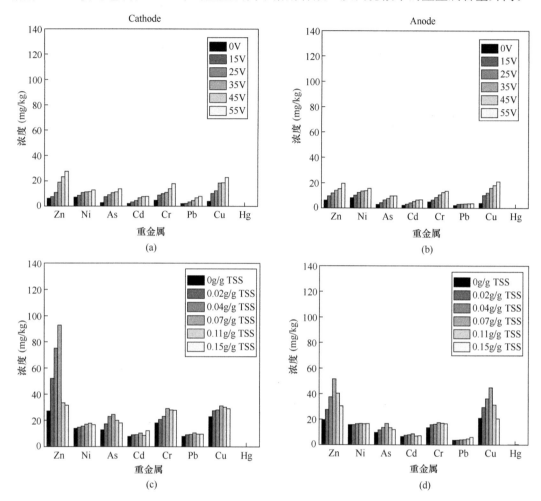

图 5-18 不同操作条件对阴阳两极滤液重金属分布的影响

（a）阴极-电压；（b）阳极-电压；（c）阴极-离子强度；（d）阳极-离子强度

5.6.2 不同操作条件对阴阳两极泥饼重金属稳定性（PMI）的影响

根据 BCR（European Community Bureau of Reference）分级提取法，阴阳两极泥饼中重金属可以分为 4 种形态：可交换态/酸溶态（F_1），重金属以弱结合态存在，易受环境条件变化的影响，具有较强的水溶性；可还原态（F_2），重金属主要以无定形铁锰氧化物和水化氧化物结合的形态存在，可以间接被生物利用，具有较强的潜在迁移性；可氧化态（F_3），重金属主要以与有机质和硫化物结合的形态存在，具有较强稳定性；残渣态（F_4），重金属主要来源于天然矿物，通常不能被生物利用，可迁移性很小。

根据 Li 等人的研究，潜在迁移指数（Potential Mobile Index，PMI）可以更直观有效的了解污泥泥饼中不同形态重金属的稳定性。PMI 是指污泥中的某种重金属在环境中可能向其他介质（如植物、水体等）迁移的部分所占重金属总量的质量百分比，PMI 取值越接近 100%，则表明该重金属在环境中的潜在迁移性越强（或活性越强），计算方法见式（5-5）：

$$PMI = \frac{F_1 + F_2}{\sum F_i} \times 100\%$$

(5-5)

式中 F_1——某种重金属的可交换态的质量分数（mg/kg）；

F_2——某种重金属的可还原态的质量分数（mg/kg）；

$\sum F_i$——重金属的四种形态的质量分数之和，即总质量分数（mg/kg）；指重金属连续提取的第 i 种形态，$i=1, 2, 3, 4$。

图 5-19（a）和（b）是不同电压条件下污泥泥饼的重金属 PMI 分布，随着电压增加，阴极 PMI 不同程度增加，当电压从 0V 升高到 55V 时，Zn、Ni、As、Cd 的 PMI 指数分别从 64.1%、66.2%、51.6%、44.4%增加到 82.9%、77.3%、71.8%、51.6%，说明这四种金属活性增强，Cr、Pb、Cu、Hg 的 PMI 在初始条件下均未超过 50%，随着电压提高后未发生明显变化，且 Hg 的 PMI 极低，说明 Cr、Pb、Cu、Hg 的迁移转化能力弱，在污泥中以稳定态存在。根据 Scancar 等人的研究，金属离子的迁移转化不但受外界环境

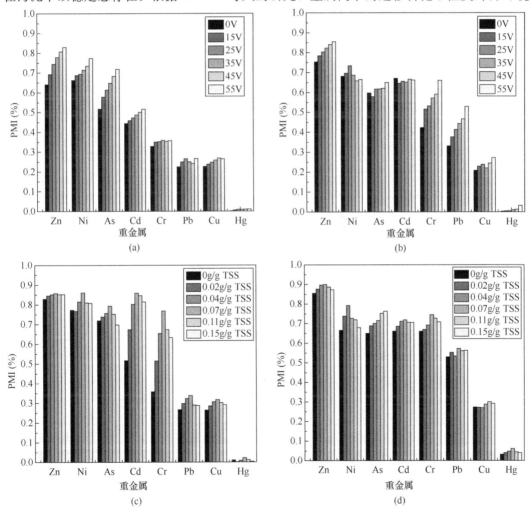

图 5-19 不同操作条件对阴阳两极泥饼重金属稳定性（PMI）的影响

（a）阴极-电压；（b）阳极-电压；（c）阴极-离子强度；（d）阳极-离子强度

的影响，也与自身特性有关，Cu、Cr、Pb 具有极强的有机物络合能力，主要以氧化态存在，其次是赋存在矿物晶格中的残渣态，污泥中重金属 PMI 的增加说明重金属容易实现由稳定态向活跃态的迁移转化，这对污泥中重金属的去除具有积极作用。

图 5-19（c）和（d）为不同离子强度下阴阳两极泥饼中重金属 PMI 分布，阴极重金属 PMI 指数随着离子强度的上升先增加后降低，并且在 Na_2SO_4 投加量为 0.07 g/g TSS 时，各重金属 PMI 均达到最大值，与阴极滤液中各重金属含量的变化趋势一致，阳极 PMI 随着离子强度变化未出现明显规律，说明适当的增加离子强度可以增加污泥中重金属的活性，过高的离子强度会降低重金属的活性。这主要是因为离子强度过高使得阴极碱化作用加剧，过高的碱化作用可以使污泥中的蛋白质类物质大量溶出，其对污泥中的重金属具有一定的吸附作用，使得污泥中的重金属更难以迁移。

5.6.3 不同操作条件下污泥电脱水过程中重金属的去除率

污泥泥饼中的重金属是限制污泥土地利用的重要因素，因此污泥中重金属的去除率是污泥调理过程中的重要参数。污泥中的重金属去除率根据式（5-6）计算得之：

$$R = \frac{C_0 - C_t}{C_0} \tag{5-6}$$

式中　C_0——电脱水前污泥中某重金属含量（mg/kg TSS）；

　　　C_t——电脱水后污泥泥饼中某重金属含量（mg/kg TSS）。

图 5-20（a）为不同电压对污泥重金属去除率的影响，随着电压的增加污泥中各重金属去除率增加，在施加电场时污泥中重金属会向阴极迁移，此外，由于包裹在污泥中的重金属释放，使得更多的重金属从污泥固相中转移到滤液。随着离子强度增加，各重金属的去除率呈现先增加后减小的趋势［图 5-20（b）］，与 PMI 变化趋势一致，当离子强度增加到 0.07 mg/g TSS 时，Zn、Ni、As、Cd、Cr、Pb、Cu 和 Hg 的去除率分别增加到 42.7%、53.2%、43.2%、57.7%、51.5%、43.6%、24.1% 和 24.6%。这说明合理增强离子强度可以提升污泥电脱水过程中的重金属去除率，但是过高的离子强度会影响其对污泥中重金属的去除效果。

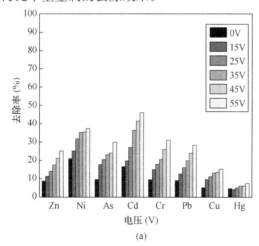
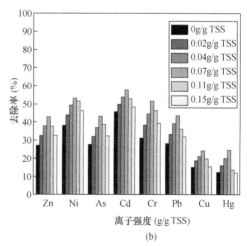

图 5-20　不同操作条件对泥饼重金属去除率的影响

(a) 阴极；(b) 阳极

5.6.4 污泥电脱水过程中重金属的迁移去除机理

图 5-21 是污泥电脱水过程中重金属去除机理模型图，污泥电脱水过程中产生的阳极酸化氧化作用和阴极碱化作用可以导致 EPS 溶解，EPS 溶解促使包裹在其中的重金属离子会释放出来，从而使得污泥中的重金属去除率升高，当离子强度过高时，会使得电化学反应加剧，导致结合型 EPS（BEPS）的大量析出。根据 Gao 等人的研究，组成 BEPS 的蛋白质、腐殖酸、多糖等组分含有羟基、羧基等阴离子官能团，能够通过电中和、络合、离子交换、静电吸引等作用吸附重金属。此时 BEPS 对溶解出的重金属进行吸附，使得重金属滞留于污泥中，降低污泥重金属的去除率。

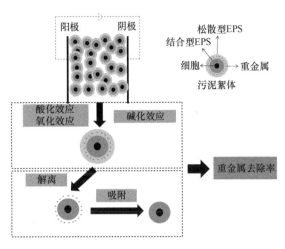

图 5-21 污泥电脱水过程中重金属的迁移去除机理

5.6.5 柠檬酸强化污泥电脱水效果同步去除重金属

柠檬酸是一种金属络合剂，其可以提高污泥的离子强度，同时对污泥中的重金属离子进行络合作用，因此接下来将研究其对污泥电脱水及重金属去除效果的影响。

1. 柠檬酸对污泥电脱水效果的影响

图 5-22（a）为不同柠檬酸投加量下污泥电脱水速率的变化，可以看出随着柠檬酸投加量的增加，两极的脱水速率都呈上升趋势，在投加量达到 $0.07g/g$ TSS 后，电脱水速率趋于平衡，阴阳两极的电脱水速率分别从 $0.062mL/s$、$0.049mL/s$ 升高到 $0.072mL/s$、$0.055mL/s$，其中阴极脱水速率整体高于阳极速率。如图 5-22（b）所示，柠檬酸投加量增加使得泥饼含水率先降低后增高，原泥泥饼含水率为 70.3%，在柠檬酸投加量为 $0.07g/g$ TSS 时，泥饼含水率降低至 58.7%，随后含水率缓慢增加。柠檬酸的加入可以

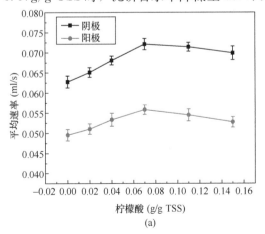

(a)

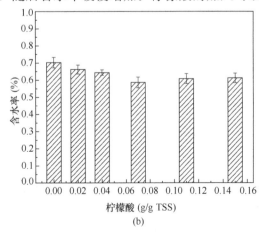

(b)

图 5-22 柠檬酸对污泥电脱水效果的影响

（a）电脱水速率；（b）泥饼含水率

提高污泥的电导性，促进污泥电渗透作用，从而使得污泥电脱水速率上升。

2. 柠檬酸对污泥电脱水过程中 EPS 区域化分布的影响

图 5-23 表明阴阳两极滤液的 DOM 含量随着柠檬酸投加量增加而增加，阴极含量高于阳极含量，在柠檬酸投加量为 0.15g/g TSS 时阴阳两极滤液的 DOM 含量分别从 112.3mg/L、55.8mg/L 升高到 301.6mg/L、168.8mg/L。随着柠檬酸投加量的增加，污泥的电导率增强，电脱水过程中的电化学反应加剧，使得阴极碱化作用和阳极酸化氧化作用增强，导致 EPS 溶出。EPS 中富含黏性蛋白类物质，当 EPS 溶出量过多时，导致污泥黏度上升，电脱水效果恶化，因此在柠檬酸投加量超过 0.07g/g TSS 时，污泥电脱水速率和泥饼含固率呈现下降趋势。

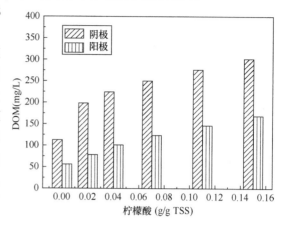

图 5-23　柠檬酸对污泥电脱水阴阳两极 DOM 含量的影响

EEM-PARAFAC 分析发现柠檬酸-电脱水污泥的滤液中主要有 3 个荧光峰：荧光峰 1-芳香类蛋白物质（E_x/E_m：270/340 nm），荧光峰 2-腐殖酸类物质（E_x/E_m：320/400 nm），荧光峰 3-富里酸类物质（E_x/E_m：275/440 nm）。图 5-24 为柠檬酸投加量对两极滤液中 DOM 荧光峰值的影响，随着柠檬酸投加量的增加阴极滤液中荧光峰 1 响应值升高，而荧光峰 2 没有明显变化，阳极滤液中荧光峰 3 也没有明显变化，说明随着柠檬酸含量的增加阴极滤液中。

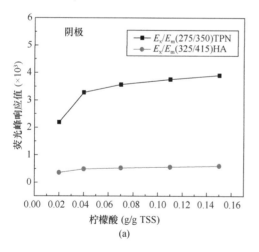 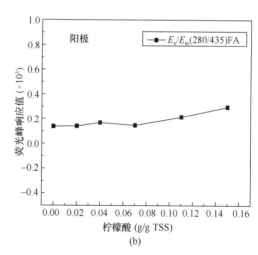

图 5-24　柠檬酸对污泥电脱水阴阳两极 DOM 组分的影响

（a）阴极；（b）阳极

3. 柠檬酸对阴阳两极重金属分布的影响

（1）阴阳两极滤液中重金属含量

随着柠檬酸投加量的增加，阴极滤液中重金属含量先上升后趋于稳定(图 5-25)，投加量为 0.11g/g TSS 时，阴极滤液中 Zn、Ni、As、Cd、Cr、Pb、Cu 和 Hg 的含量分别从 26.13mg/kg、13.95mg/kg、13.79mg/kg、7.77mg/kg、18.01mg/kg、7.89mg/kg、20.95mg/kg、0.89mg/kg 增加到 124.76mg/kg、23.43mg/kg、33.22mg/kg、10.15mg/kg、25.06mg/kg、20.476mg/kg、70.11mg/kg、1.24mg/kg，其中 Zn、Cu、As 增长最为明显。阳极滤液中重金属含量普遍低于阴极，这主要因为在电脱水过程中，电迁移作用使得金属离子向阴极移动，从而导致阴极滤液中重金属含量比阳极高，此外，柠檬酸投加量增加导致的阴极碱化作用可以溶解释放 EPS，使得包裹在 EPS 中的重金属离子释放到滤液中。

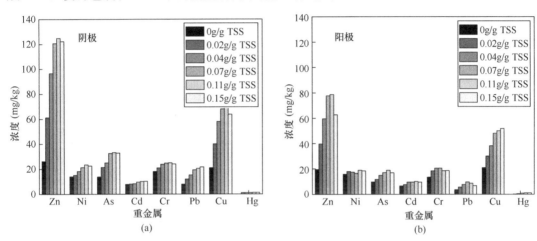

图 5-25　柠檬酸对污泥电脱水阴阳两极重金属含量的影响
(a) 阴极；(b) 阳极

（2）阴阳两极泥饼中重金属的稳定性

图 5-26 为经柠檬酸调理后阴阳极泥饼的重金属潜在迁移指数（PMI）变化图，阴极 Zn、Ni、As、Cd、Cr、Pb、Cu 的 PMI 指数随着柠檬酸投加量的增加先升高后降低，在柠檬酸投加量为 0.11g/g TSS 时，PMI 值达到最大。Zn、Ni、As、Cd、Cr、Pb、Cu 的

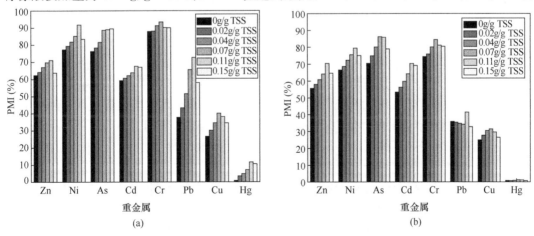

图 5-26　柠檬酸对污泥电脱水重金属 PMI 的影响
(a) 阴极；(b) 阳极

PMI 指数分别从 82.9%、74.9%、71.8%、51.6%、35.7%、26.7%、26.4% 增加到 90%、85%、80%、63.8%、50%、56.5%、34.6%。随着柠檬酸投加量的增加，阳极泥饼中 Zn、Ni、As、Cd、Cr 的 PMI 先升高后降低，Pb、Cu、Hg 的 PMI 变化不大。随着柠檬酸投加量的增加，阳极酸化氧化作用和阴极碱化作用增强，EPS 中的重金属离子释放到滤液中，重金属离子活性增强。柠檬酸过量时，EPS 释放出过量的蛋白类物质，对重金属产生吸附作用，从而降低重金属离子的活性，PMI 随之降低。

4. 柠檬酸对污泥电渗透脱水过程中重金属去除率的影响

图 5-27 为柠檬酸对污泥电渗透脱水过程中重金属去除率的影响，随着柠檬酸投加量的增加，污泥中各重金属去除率呈现先增加后减小的趋势，与 PMI 变化趋势一致，当离子强度增加到 0.11 mg/g TSS 时，Zn、Ni、As、Cd、Cr、Pb、Cu 和 Hg 的去除率分别增加到 61.4%、64.2%、61.7%、62.2%、57.2%、54.5%、51.6% 和 86.6%，整体去除率相比电脱水处理时更高，说明柠檬酸的加入可以缓解蛋白质对重金属的吸附作用，进一步提高污泥中重金属的去除率，达到强化污泥电脱水同步去除重金属的效果。

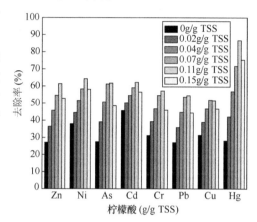

图 5-27 柠檬酸对污泥电渗透脱水过程重金属去除率的影响

5.7 碳基材料对污泥电渗透脱水及其燃料化运用的影响

5.7.1 碳基材料调理对污泥电渗透脱水效果的影响

1. 均脱水速率变化

碳基材料在电渗透脱水过程中不仅可以吸附由于电化学作用溶出的 EPS，从而降低污泥体系的黏度，而且由于碳基材料具有一定的导电作用可以加快电子在污泥体系中的转移，从而起到促进电渗透脱水的效果。将商品活性碳用去离子水进行反复冲洗，以达到去除表面灰分的作用，烘干保存并标记为 AC-0，需要注意的是碳基材料改性洗涤过程中均使用真空干燥器对活性碳进行烘干。将 AC-0 与 KOH 固体粉末按照质量比为 1:4 的比例混合，管式炉中以 5℃/min 加热至 600℃，并保温 1.5h，自然冷却后洗涤至中性再浸渍于稀 HNO_3 溶液中在室温下搅拌反应，洗涤干燥后标记为 AC-5 备用。

不同碳基材料处理后的污泥平均电渗透脱水速率如图 5-28（a）所示。阳极的脱水速率明显低于阴极，碳基材料大大提高了阴极的脱水速率，石墨的电渗透脱水增强效果优于 AC-0 和 AC-5。加入 5% g/g TSS 石墨后阴极的平均脱水速率从 0.05g/L 提高到 0.095g/L。然而，碳基材料对于阳极的污泥脱水速率没有明显的影响。图 5-28（b）为电渗透脱水后泥饼含水率，污泥泥饼含水率随碳基材料投加量的增加而降低，AC-0、AC-5 和石墨用量为 20% g/g TSS 时，泥饼含水率分别由 58.3% 降至 50.1%、46.3% 和 45.2%。图 5-28（c）～（f）为不同处理条件下的脱水泥饼，结果表明，石墨强化电渗透脱水调理的污泥饼体表面出现了最多的裂纹。

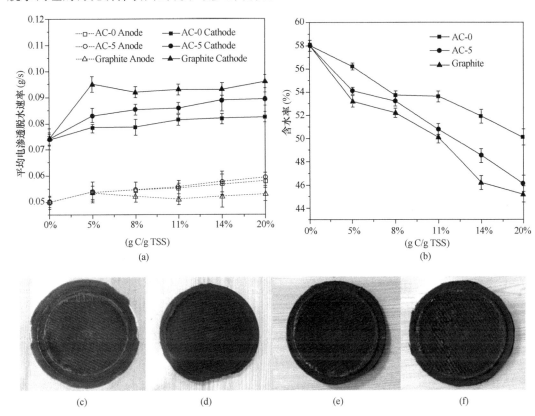

图 5-28 碳基材料对电渗透脱水平均速率的影响

(a) 污泥电渗透脱水速率；(b) 污泥饼的含水率；(c) 原泥经电渗透脱水后的泥饼照片；

(d) AC-0；(e) AC-5；(f) 石墨在 20% g/g TSS 条件下处理电渗透脱水后的污泥饼图

2. 电流变化

图 5-29 为电渗透脱水过程在电流变化图，从图中可以发现在脱水的前 15min，电流快速增大，然后到达最高峰后开始下降，这是因为在脱水初期，机械压力作用导致脱水装置内污泥被压实，污泥絮体孔隙内充满水分，污泥体系电阻呈现降低趋势，同时伴随脱水装置体系电流的升高。而随着脱水进一步进行，含水率降低的同时电阻增强，电流会逐渐降低，直至电流趋近于 0A。在投加碳基材料后，电渗透脱水过程中的电流开始出现变化，电流的峰值增大，尤其是石墨调理后的污泥，电流峰值增加明显，在 AC-5 和石墨投量为 20% g/g TSS 时，最大电流分别为 0.36A 和 0.45A。这是因为活性碳 AC-5 和石墨较高的导电性对污泥的电渗透脱水过程起到促进作用，污泥体系导电性能提高会加剧电化学反应，使得阴阳两极的电解水反应加剧，阳极产生更多 H^+，阴极产生更多 OH^-，电化学反应的加剧也会影响脱水过程的电流变化，碳基材料在污泥体系中可以加快电子的传递。

图 5-29 (d) 为碳基材料用量为 20% g/g TSS 时的电化学阻抗谱，处理后污泥电阻与碳基材料电导率呈负相关。对样品的电行为进行等效电路建模，理想电路模型包括 2 个电阻和 1 个电容。参数 R_{ct} 用于评估电极表面的电子转移率，原始污泥、AC-0、AC-5 和石

墨处理后污泥的 R_{ct} 分别为 357.6Ω、347.8Ω、302.7Ω 和 235.6Ω。结果表明，碳基材料加速了电极表面的电子转移。

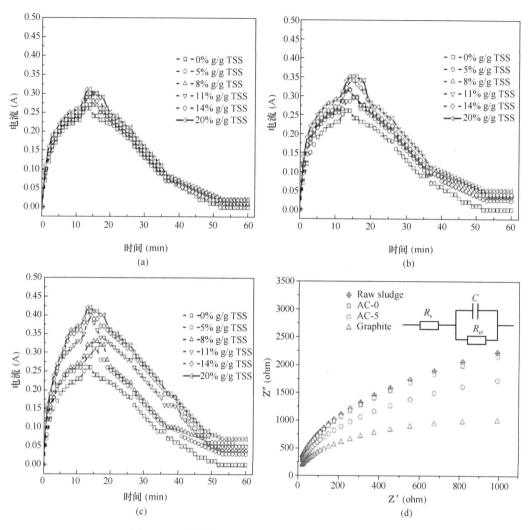

图 5-29　不同碳基材料电渗透脱水过程中电流变化

（a）AC-0；（b）AC-5；（c）石墨；（d）碳基材料处理（20% g/g TSS）后的污泥电化学阻抗谱

3. Zeta 电位和泥饼孔容分析

使用薄刀片分别收集阴极端和阳极端的泥饼切片，然后对阴阳两极泥饼进行孔隙检测分析。图 5-30（a）为阴阳两极泥饼孔隙率变化特征，阴极饼的孔隙体积大于阳极。这种现象归因于电泳效应，它促进污泥絮体从阴极转移到阳极，因此在阴极形成的泥饼比在阳极形成的泥饼更松散。阴极泥饼的孔隙率随碳基材料用量的增加而增加，其中石墨调理下污泥饼的孔隙率增幅最大。在 20% g/g TSS 石墨条件下，阴极泥饼的孔容从 0.11 cm³/g 增加到 0.15 cm³/g，说明石墨对污泥絮体电泳的增强作用强于 AC-0 和 AC-5。碳基材料不仅提高了污泥的电导率，还提高了污泥饼的结构强度和孔容，有利于压力过滤下的水分释放。

从图 5-30（b）可以看出，污泥絮体的 Zeta 电位随着碳基材料剂量的增加而增大。当 AC-5 和石墨投加量为 20% g/g TSS 时，污泥絮体电动电势分别从 −9.3mV 降低到 −11.3mV 和 −12.9mV，表明这两种材料调理后的污泥电泳迁移率高于 AC-0，这与污泥饼孔容分析结果相符。碳基材料在污泥处理中不仅具备骨架作用，可以降低泥饼的压缩性，还能提供丰富的排水通道。另外，阴极作为电渗透脱水过程中主要的渗水侧，阴极污泥饼孔容的增加更有助于电渗透脱水效果的提升。

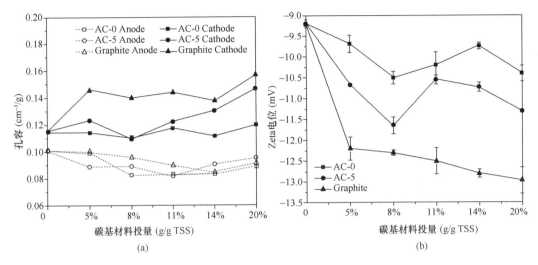

(a)

图 5-30　碳基材料调理对污泥

（a）两极泥饼孔容；（b）Zeta 电位的影响

4. 电渗透效应

电渗透脱水过程中两电极间的脱水速率差（R_d）可以用来反映电渗透效应（R_d）。图 5-31 为碳基材料对污泥电渗透效应的影响，随着碳基材料剂量增加，污泥的电渗透效应增强，且变化趋势与碳基材料电导率一致。换而言之，碳基材料可以通过提高污泥电导率，从而促进污泥电渗透效应。此外，碳基材料的骨架作用提供了更多释放水的通道，进一步了促进污泥电渗透效应的提升。

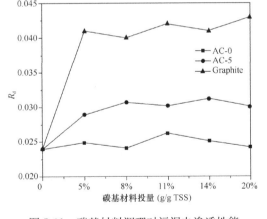

图 5-31　碳基材料调理对污泥电渗透性能

5.7.2　碳基材料调理对污泥滤液性质的影响

许多研究表明，EPS 是影响污泥脱水行为的主要因素，通过分析污泥滤液中 DOM 的含量和组成，可以明确碳基材料对污泥电脱水下 EPS 的影响。图 5-32 为电渗透脱水过程中不同碳基材料对污泥滤液 DOM 浓度的影响，可以发现阴极滤液 DOM 含量高于阳极 DOM 含量，这是由于阴极产生的大量羟基基团（OH⁻）导致了 EPS 中阴离子官能团的去质子化。此外，负电性的污泥絮凝体在电流作用下会向阳极迁移，因此阴极 DOM 含量高于阳极。蛋白质类物质是 EPS 的主要组分，蛋白质溶解将增加污泥黏度，堵塞滤膜。高浓度 DOM 不利于污泥的过滤，降低污泥滤液中 DOM 浓度有利于污泥脱水性能的提升。AC-5 对 DOM 的吸附效果优于其他两种碳基材料，AC-5 处理（20％ g/g TSS）后阴极滤液和阳极滤液的 DOM 含量分别由 49.96mg/L 和 28.61mg/L 降至 24.21mg/L 和 14.14mg/L。

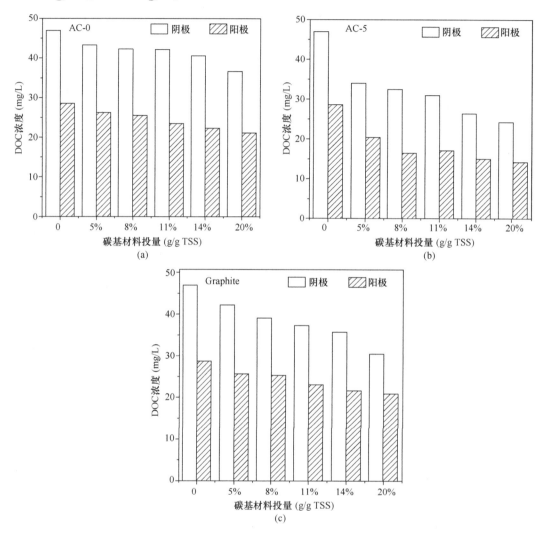

图 5-32　不同碳基材料阴阳两极 DOM 浓度
(a) AC-0；(b) AC-5；(c) 石墨

对不同碳基材料调理的电脱水污泥滤液进行三维荧光扫描，扫描结果中主要存在三个荧光峰，分别为色氨酸类蛋白、芳香类蛋白和腐殖酸，对应波长如表 5-2 所示。原始污泥在电渗透脱水后，阴极滤液的色氨酸类蛋白、芳香类蛋白和腐殖酸对应的荧光响应值为 297、410、300，阳极滤液色氨酸类蛋白、芳香类蛋白和腐殖酸对应的荧光响应值为 1840、2389、285。滤液荧光强度随碳基材料剂量的增加而减弱，AC-5 的 DOM 削减效果更优。当 AC-5 剂量为 20％ g/g TSS 时，阴极和阳极的荧光强度分别为 353.8、499.6、79.7 和 50.4、110.5、86.8。

　　阴极滤液中蛋白质和腐殖质等 DOM 对污泥电解脱水过程的影响比阳极滤液中的 DOM 更为重要。黏性蛋白在阳极的电化学氧化作用下被氧化成小分子，减轻了黏性蛋白对污泥脱水过程的不利影响。另一方面，阴极碱化导致大量 EPS 溶解和释放，其中的高分子 DOM 导致污泥的过滤性能恶化。碳基材料有效削减了滤液中的蛋白质和腐殖质，从而缓解了滤膜堵塞。

不同碳基材料对阴阳两极滤液荧光强度的影响　　　表 5-2

碳基材料	投量 (g/g TSS)	DOM（阴极）			DOM（阳极）		
		色氨酸类蛋白	芳香类蛋白	腐殖酸	色氨酸类蛋白	芳香类蛋白	腐殖酸
		λ_{E_x/E_m} 280/335	λ_{E_x/E_m} 225/340	λ_{E_x/E_m} 330/410	λ_{E_x/E_m} 280/335	λ_{E_x/E_m} 225/340	λ_{E_x/E_m} 330/410
AC-0	0	287.2	407.4	291	1897	2345	274
	5%	208.7	447.2	150.7	1691	2331.5	80.3
	8%	182.3	457.4	123	1215.6	1919.6	40.1
	11%	228.3	416	103.2	1077.4	1854.9	169.3
	14%	205.3	407.8	80.3	992.2	1795.2	55.3
	20%	220	479.3	78.1	835.2	1684.7	43.9
AC-5	0	287.2	407.4	291	1897	2345	274
	5%	73.2	129.5	121.5	769.5	1005	152.4
	8%	106.1	145.9	201.7	544.9	791.3	136.7
	11%	53.4	96	109.2	414.1	693.4	115.4
	14%	43.2	110.3	90.4	618.5	787.7	116.8
	20%	50.4	110.3	86.8	353.8	499.6	79.7
石墨	0	287.2	407.4	291	1897	2345	274
	5%	285	312.2	352.7	1589	1412	203.9
	8%	218.6	263.1	386.8	1209	1139	198.8
	11%	192.2	263.7	277.9	1029	1189	196.8
	14%	152.9	206	238	897	1642	195.6
	20%	178.7	239.2	275.6	679	1296	192.7

注：阴阳两极滤液均稀释 10 倍。

5.7.3　碳基材料调理在电渗透脱水过程的能耗分析

　　碳基材料能提高污泥电导率，提高污泥絮凝体的电导率和电渗透效果，吸附 EPS 从而减轻滤布的堵塞。同时，碳基材料也可以作为骨架，降低污泥的可压缩性，从而提供更多的渠道来释放水。与石墨相比，AC-5 具有较大的比表面积和丰富孔隙，因此 AC-5 对 EPS 的吸附性能优于石墨，而石墨的导电性优于 AC-5。可见，石墨对提高污泥电脱水性能更有效，说明碳基材料的电导率对污泥电脱水效果的影响大于碳基材料的 EPS 吸附能力。图 5-33 为碳基材料改善污泥电脱水过程的机理图。电渗透脱水的能耗计算见公式 (5-7)：

$$E = p/m = UI(t)\mathrm{d}t/m \qquad (5-7)$$

式中　E——电渗透所需能耗（kWh/kg）；

　　　M——脱水质量（kg）；

　　　U——操作电压（V）；

　$I(t)$——电流（A）；

　　　T——脱水时间（h）。

碳基材料投加量的增加伴随着脱水能耗和泥饼含水率的降低，运用较低能耗的同时实现污泥减量化的处置。相较于其余三种碳基材料，石墨调理显著提高了电渗透脱水效率，降低了电渗透脱水能耗。

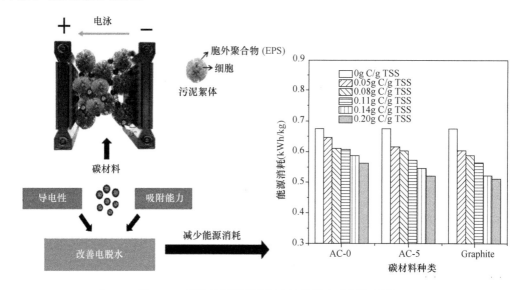

图 5-33　碳基材料调理污泥电渗透脱水过程机理图

5.7.4　碳基材料调理对污泥泥饼性质的影响

图 5-34（a）为不同碳基材料处理后的电脱水污泥饼热值，AC-0、AC-5 和石墨材料的热值分别为 15.76 MJ/kg、21.66MJ/kg 和 28.45 MJ/kg。污泥饼热值随着碳基材料用量的增加而增加，未调理污泥热值为 13.92 MJ/kg，AC-0、AC-5 和石墨调理后污泥泥饼（20% g/g TSS）热值分别增加到 15.73MJ/kg、15.74MJ/kg 和 17.27MJ/kg。

图 5-34（b）为碳基材料的热重曲线（TG）和微商热重分析曲线（DTG），三种碳基材料在升温前段都保持了质量稳定，温度达到 600℃后 AC-0 和 AC-5 质量大幅削减，石墨具备更好的热稳定性，温度达到 900℃后开始逐渐分解。

图 5-34（c）为碳基材料调理后电脱水泥饼的 TG 曲线和 DTG 曲线。随着温度的升高，所有泥饼的质量都明显下降。DTG 曲线中有三个失重峰，这三个失重峰对应污泥的三个失重区间。在温度升至 100℃时污泥中的结合水开始析出，这个时候对应的第一个失重峰出现，在 220~350℃区间出现了两个失重峰，这两个失重峰的产生原因是挥发性物质的析出。碳基材料调理后的污泥燃尽温度高于未调理污泥，且其可持续燃烧的时间也高于未调理的污泥。这是因为污泥中挥发分物质含量较高，同时固碳含量低于煤的固碳量，添加碳基材料之后，使其更耐燃，石墨材料处理后的污泥饼可燃性最优。

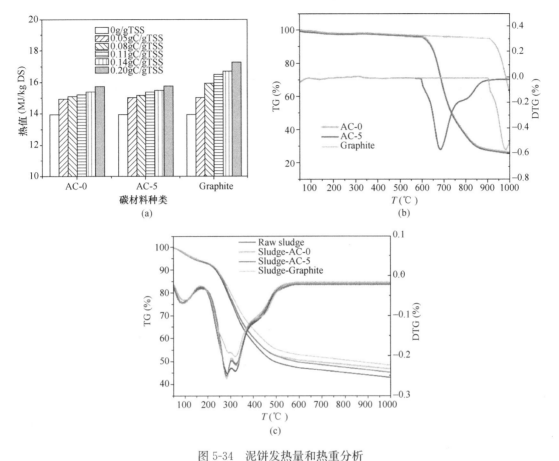

图 5-34　泥饼发热量和热重分析

（a）污泥饼发热量；（b）碳基材料的热重分析；（c）碳基材料调理后污泥泥饼的热重分析

5.7.5　泥饼燃料化运用分析

市政污泥所产生的高位热值据估算大概为煤燃烧产生热值的 1/2，污泥年产量大，本节从能量利用角度分析了污泥成为燃料被利用的可能性。研究中发现污泥作为单一燃料时，其燃烧是不容易进行的，而在污泥中掺杂一定含热量高的辅助燃料时，能对污泥起到助燃作用，进一步使得污泥泥饼更耐烧。污泥燃料化运用是利用污泥中的热量和外加辅助燃料使污泥充当燃料，资源化运用的同时彻底实现污泥无害化的处置。国内外常见的应用技术中包括单独焚烧，或者依赖外界设备，如燃煤锅炉，垃圾焚烧等。把脱水干化的污泥进行焚烧及燃料化运用具有广阔的应用前景。图 5-35 为电渗透脱水过程中污泥的燃料化运用机理图，本节中，在污泥系统中加入碳基材料可以提高污泥的导电性，使溶解的 EPS 在污泥系统中被吸附，可以减轻滤布的污染，强化污泥脱水效果，经碳基材料调理后的污泥含水率可降低至 50% 以下，经碳基材料调理后的污泥在电渗透脱水后不仅可以降低泥饼含水率而且可以增加泥饼燃烧热值。干化污泥自身的热值有限，以碳基材料作为污泥燃料化运用的辅助燃料，使得污泥燃烧性能提高，可达到劣质煤的燃烧热值，对干化污泥后期资源化利用具有重要意义。

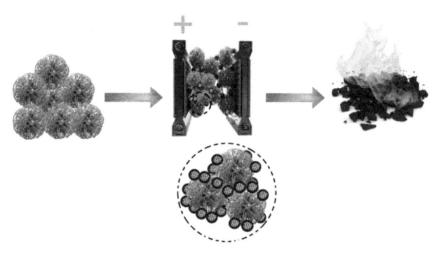

图 5-35　电渗透脱水污泥的燃料化运用

5.8　本章总结

在电渗透过程中，不同的运行条件（电压、pH 和离子强度）会对污泥电渗透脱水性能和脱水过程中存在的电流有一定的影响。污泥电渗透脱水过程中两极的 EPS 转化具有显著的差异性，阳极氧化导致 EPS 降解作用可以促进电渗透脱水过程，而阴极碱化作用导致 EPS 溶解，污泥过滤性能恶化。无机混凝预调理可以提升污泥絮体结构强度，离子增强污泥电化学效应，增强污泥电渗透脱水效率。电渗透技术的问题在于能耗高，电极容易腐蚀，将污泥电渗透脱水过程与重金属去除进行耦合是一个新的技术增长点。针对较高浓度重金属污染的污泥，通过调节污泥溶液化学性质和投加有机酸络合剂，实现电化学效应与络合作用的协同耦合，达到污泥中重金属强化分离的目的，不同重金属去除率达到30%～50%；通过引入石墨化碳基材料以强化电脱水过程中电子传递，提高泥饼的导电性能，协同碳基材料的骨架助滤作用和 EPS 吸附作用改善污泥脱水性能，最终实现污泥电渗透脱水和燃料化处理的工艺耦合，污泥含水率降至 40% 以下。污泥中通常还含有氯离子，同时含有大量的有机质，那么电渗透过程中产生的活性氯会与有机质反应产生消毒副产物，氯代副产物的生成机理和控制是一个亟待解决的科学问题。

第6章 污泥调理—高效脱水与资源化耦合技术

污泥深度脱水的主要目的是以较为经济的方式，减小污泥体积，提升污泥后续处理的效能，降低污泥处理处置综合成本。同时，污泥调理—深度脱水过程必然会影响后续污泥处置过程，那么如何将污泥调理—深度脱水与后续资源化过程结合，从而提高污泥资源化产物的品质成为一个重要的技术研究方向。本章重点介绍几种典型的污泥调理—深度脱水与资源化耦合的技术路线，包括高级厌氧消化污泥诱导结晶耦合氨氮回收协同有机高分子絮凝调理技术、污泥调理耦合催化热解制备多功能碳基材料、污泥水热转化耦合有机质回收技术等，初步构建了一个污泥调理—深度脱水与资源化耦合的技术体系。

6.1 诱导结晶耦合氮磷回收协同有机高分子絮凝调理技术

高级厌氧消化污泥是一种高效的污泥资源化工艺，广泛用于生物质回收，有毒有害物质稳定化以及污泥减量。研究表明，高级厌氧消化污泥的性质与传统的污泥具有显著的差异性，具有颗粒小、碱度高、溶解性微生物代谢产物（SMP）浓度高、黏度大、过滤性能差等特点。目前主要采用的常规的羟基铝调理剂、铁系无机絮凝剂均会导致污泥液中的碱度大幅降低，从而增加厌氧氨氧化脱氮的成本。针对此类有机质充分稳定的厌氧消化污泥，根据其高碱度、高氨氮和高磷酸盐的特性，本节提出了诱导原位结晶骨架助滤耦合絮凝强化脱水技术絮体结构调控的技术原理，即利用 Mg 盐与厌氧消化污泥中 NH_4^+ 和 PO_4^{3-} 原位结合，生成 $Mg：NH_4：PO_3^{3-}=1：1：1$ 的 $MgNH_4PO_3$ 沉淀（俗称鸟粪石，MAP）。在不消耗碱度的情况下，以形成鸟粪石沉淀作为结晶核心，不仅支撑污泥的絮体结构，降低污泥的可压缩系数，利用原位结晶产生的磷酸铵镁吸附污泥液中黏性的大分子物质，同时联合有机高分子电解质的絮凝作用，强化污泥的过滤性能，从而减轻后续厌氧氨氧化过程的氨氮的处理负荷，提高污泥的氨磷营养物质的含量，有助于改善其土地利用效能。

6.1.1 镁盐诱导结晶对高级厌氧消化污泥特性的影响

1. 镁盐诱导结晶对污泥脱水性能的影响

当污泥体系 pH＝8 时，投加 $MgCl_2$ 后 PO_4^{3-} 和 NH_4^+ 的浓度下降到相对较低的水平，说明此 pH 条件适宜 MAP 反应的进行，后续实验直接在原泥条件下（pH＝7.9）进行。如图 6-1 所示，当 Mg：P 大于 1：1.5 时，SRF 和 CSTn 随着 $MgCl_2$ 投加量的升高而下降，说明此过程形成了 MAP 改善了污泥的脱水性。当 Mg：P 为 1：1.5 时，污泥脱水性随着 $MgCl_2$ 投加量的增加先恶化后增强，可能由于反应过程中生成了 $Mg_3(PO_4)_2$ 而非 MAP。$Mg_3(PO_4)_2$ 的溶解度积常数（$K_{sp}=6.31×10^{-26}$）远低于 $MgNH_4PO_3$（$K_{sp}=2.5×$

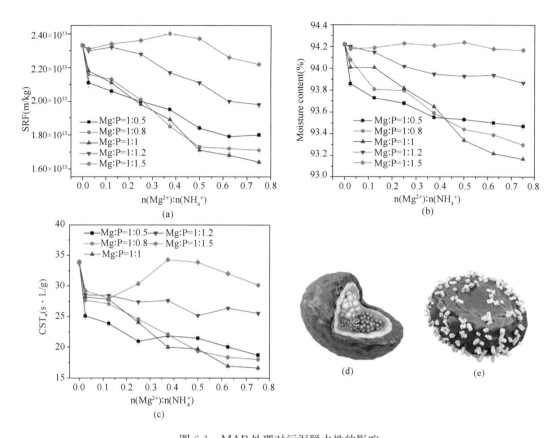

图 6-1　MAP 处理对污泥脱水性的影响

（a）SRF；（b）水分含量；（c）CST_n；（d）原始厌氧消化污泥絮体；（e）MAP 处理后的污泥絮体

10^{-13}），$Mg_3(PO_4)_2$ 在 PO_4^{3-} 浓度较高时优先沉淀。$Mg_3(PO_4)_2$ 沉淀的粒径小并且容易阻塞滤饼孔和过滤介质，从而使污泥脱水性恶化。MAP 原位结晶提高了污泥的脱水性，但抽滤过后泥饼的含水量仍然很高，因而有必要通过化学絮凝来进一步改善厌氧消化污泥的脱水性能。

2. 镁盐诱导结晶过程污泥液中氨氮和磷酸盐的转化过程

MAP 处理后污泥中剩余 NH_4^+-N、Mg^{2+} 和 PO_4^{3-} 浓度的变化如图 6-2（a）～（c）所示。随着 Mg^{2+} 和 PO_4^{3-} 投加量的增加，NH_4^+ 残留量减少，MAP 反应发生时，NH_4^+-N 的最大回收率为 46.05%。当 Mg：P 为 1：1.5 时，NH_4^+ 的浓度没有达到最小值［图 6-2（a）］，这可能是由于竞争反应导致 $Mg_3(PO_4)_2$ 沉淀的生成。在高 PO_4^{3-} 含量下 Mg^{2+} 转化为 $Mg_3(PO_4)_2$，并且可用于 MAP 的 Mg^{2+} 的比例降低，导致 NH_4^+ 去除率降低。如图 6-2（b）所示，当 Mg：P 小于 1：1.2 时，随着 Mg^{2+} 浓度增加 PO_4^{3-} 浓度明显增加，表明大多数 PO_4^{3-} 未参与反应。当 Mg^{2+}：NH_4^+ 小于 0.25 时，随着 Mg^{2+}：NH_4^+ 的上升，PO_4^{3-} 含量没有显著变化，说明大多数 PO_4^{3-} 被沉淀，同时液体中的 Mg^{2+} 浓度逐渐增加。在 Mg^{2+}/NH_4^+ 值较低时，污泥液中的剩余 Mg^{2+} 有降低的趋势。

图 6-3 表示了 NH_4^+ 和 PO_4^{3-} 的消耗度，当 Mg^{2+} 和 PO_4^{3-} 剂量增加时，消耗的 Mg^{2+}

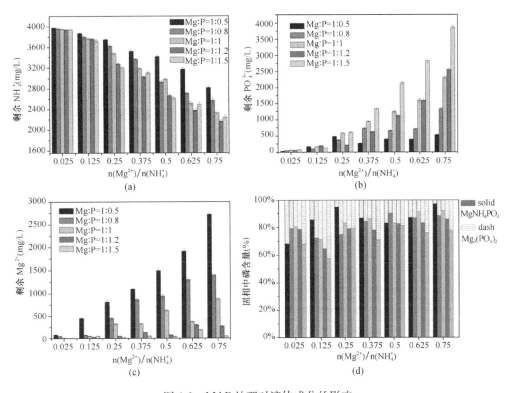

图 6-2　MAP 处理对液体成分的影响

（a）NH_4^+；（b）PO_4^{3-}；（c）Mg^{2+}；（d）固相中的磷的分布

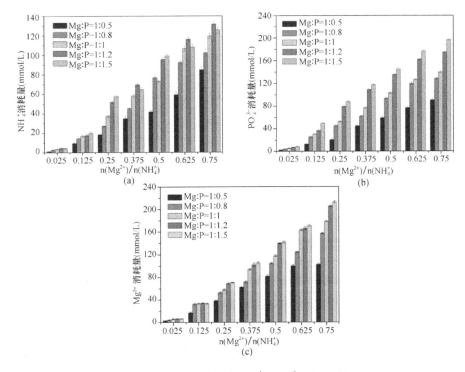

图 6-3　污泥中消耗的 NH_4^+、PO_4^{3-} 和 Mg^{2+}

也会增加，污水中 NH_4^+ 的去除率主要与 MAP 的结晶程度有关，所以消耗的 NH_4^+ 直接影响 MAP 结晶。除了当 Mg：P 为 1：1.5 时，其余情况下污泥脱水性能和 MAP 的产量也有很大的关联。一部分消耗的 PO_4^{3-} 会转化成 MAP，少量转化成 $Mg_3(PO_4)_2$。主要的反应见式（6-1）～式（6-2）所示：

$$Mg^{2+} + NH_4^+ + HPO_4^{3-} = MgNH_4PO_4 \downarrow + H^+ \tag{6-1}$$

$$3Mg^{2+} + 2HPO_4^{3-} = Mg_3(PO_4)_2 \downarrow + 2H^+ \tag{6-2}$$

PO_4^{3-} 和 NH_4^+ 消耗之间的差异表明产生了 $Mg_3(PO_4)_2$。图 6-2（d）显示了 MAP 和 $Mg_3(PO_4)_2$ 的相对比例。在一定的 Mg^{2+}：NH_4^+ 下，随着 PO_4^{3-} 剂量的增加，产物中 $Mg_3(PO_4)_2$ 的比例也会增加。试验结果表明，高浓度的 PO_4^{3-} 会产生大量的 $Mg_3(PO_4)_2$，这阻碍了水的释放并降低了污泥脱水性能。因此，MAP 和 $Mg_3(PO_4)_2$ 之间与 PO_4^{3-} 的竞争反应会影响污泥脱水性能。

图 6-4 反映了 MAP 的结晶反应动力学。可以看出，反应 3min 后，PO_4^{3-} 的浓度达到 22.1mg/L 的平衡。虽然 Mg^{2+} 被迅速消耗，仍可观察到直到 20min 时一段持续缓慢下降的过程，可能是镁离子与有机化合物螯合从而形成金属有机络合物。因此，Mg^{2+} 不仅诱导 MAP 结晶反应，也可通过混凝作用来结合污泥中的 EPS。

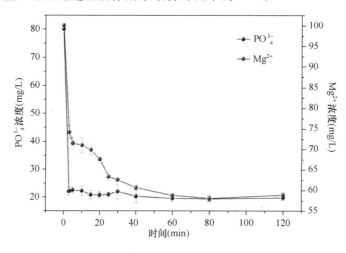

图 6-4　PO_4^{3-} 和 Mg^{2+} 反应的动力学曲线

3. 镁盐诱导结晶对高级厌氧消化污泥絮体形态的影响

图 6-5 为不同 pH 下污泥形态的变化。经过 MAP 处理之后，絮凝物表面变得更粗糙并且表现为多孔形态。反应体系 pH＝6.5 时生成粒径大小为 5～6μm 的楔形鸟粪石结晶，覆盖在污泥表面并嵌入絮凝物中，形成结晶骨架，从而起到支撑絮体结构的作用。鸟粪石晶体在 pH 为 9.5 时基本上消失，说明高 pH 限制了 MAP 的结晶反应。

4. 镁盐诱导结晶过程中溶解性 EPS 特性的变化

在 DOC 含量小于 10 mg/L 的范围，EEM 的荧光强度可用于测量 EPS 含量。在高级厌氧消化污泥的 3D-EEM 图谱（图 6-6）中观察到三个不同的峰，峰 A[$\lambda(E_x/E_m)＝285nm/350nm$]，峰 B[$\lambda(E_x/E_m)＝235nm/375nm$] 和峰 C[$\lambda(E_x/E_m)＝320nm/290nm$]，

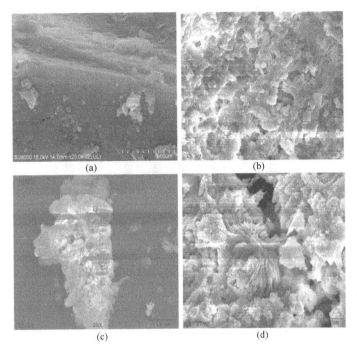

图 6-5　不同 pH 条件下 MAP 处理后 FE-SEM 形貌图

（a）原泥；（b）pH＝6.5；（c）pH＝8；（d）pH＝9.5

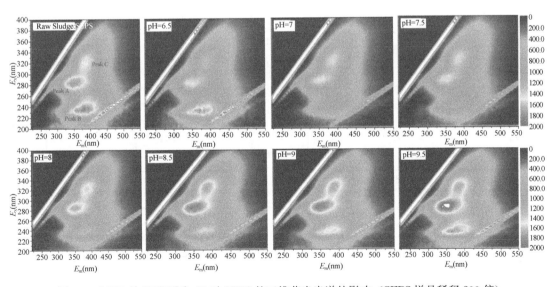

图 6-6　MAP 处理后不同 pH 对 SEPS 的三维荧光光谱的影响（SEPS 样品稀释 200 倍）

分别表示可溶性微生物代谢产物，络氨酸类蛋白质和腐殖酸以及富里酸物质。由图 6-7 可观察到，经处理的污泥的 EPS 荧光强度比 pH 为 6.5～7.5 的原泥弱，但随着 pH 升高荧光强度逐渐增强。该结果表明，在结晶过程中形成的 MAP 吸附了生物聚合物，在高 pH 下生物聚合物的阴离子官能团的去质子化作用提高了生物聚合物溶解性。

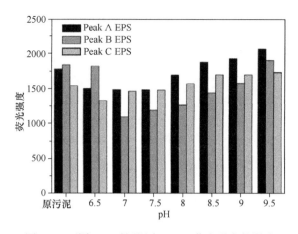

图 6-7 不同 pH 对污泥中 SEPS 荧光强度的影响

6.1.2 PAM 与 MAP 联合调理高级厌氧消化污泥

1. PAM 分子结构对高级厌氧消化污泥脱水性能的影响

选择 3 种 PAM 用于进一步的污泥调理（图 6-8）：阳离子聚丙烯酰胺（CPAM）、非离子型聚丙烯酰胺（NPAM）和阴离子型聚丙烯酰胺（APAM）。PAM 主要通过吸附架桥和氢键相互作用捕获和聚集污泥颗粒。不同 PAM 调理后，污泥 CST_n 降低，CPAM 明显优于 NPAM 和 APAM，有效地改善了污泥脱水性能，泥饼水率降至 83.23%。污泥絮凝物通常具有净负电荷，因此电中和降低了污泥颗粒之间的静电排斥并改善了絮凝性能。

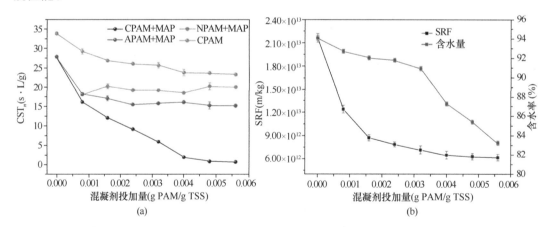

图 6-8　MAP（Mg^{2+}：NH_4^+ = 0.025；Mg：P = 0.8）协同有机物絮凝对污泥脱水性的影响

(a) CST_n；(b) MAP 协同 CPAM 絮凝下的 SRF

2. PAM 与 MAP 联合调理对污泥絮体形态的影响

从图 6-9（a）可以看出，经过不同的 PAM 调理后污泥絮体尺寸均增大，其中 CPAM 调理后增加的尺寸最为明显。粒径的变化与 SRF 和 CSTn 的变化明显相关，并且较大的粒径有助于污泥脱水性能改善。CPAM 絮凝后的分形维数（D_f）[图 6-9（b）]显著增加，这表明形成了更紧凑的絮体结构。根据 DLVO 理论，CPAM 的高正电荷密度导致胶体污泥颗粒的双电层被压缩，从而导致更致密的 EPS 结构和更紧密的絮体结构。同时 CPAM

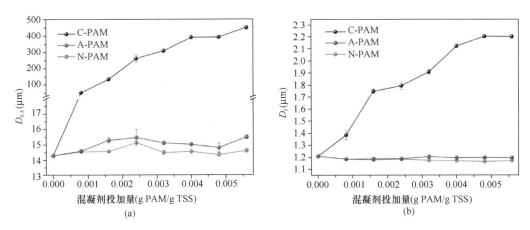

图 6-9　MAP 协同不同结构的 PAM 絮凝对絮体粒径的影响

（a）絮体粒径；（b）分形维数

具有分支结构，而 APAM 和 NPAM 是链状结构。分支结构增强了架桥效应，对后续絮体生长影响很大。由于 CPAM 形成的较大絮体导致了较低的表面张力，因此一些吸附在絮凝物上的水分得到释放。

因为高级厌氧消化污泥的胞外聚合物（蛋白质和多糖）已经被充分降解，絮凝活性较低，经过絮凝后的污泥絮体容易在泵送过程中被破坏，因而有必要通过"絮凝—破损—重絮凝"实验评估絮凝体在机械剪切作用下的变化特征（图 6-10）。在加入 CPAM 后，絮体粒径迅速增加并在 5min 内达到平衡，这是一种快速的絮凝反应。由于絮体对机械剪切敏感所以在破裂阶段更快的旋转导致更严重的破坏和更低的恢复系数（表 6-1），所以必须精细控制试验中絮凝过程的机械搅拌，才能保证颗粒物的絮凝效能。

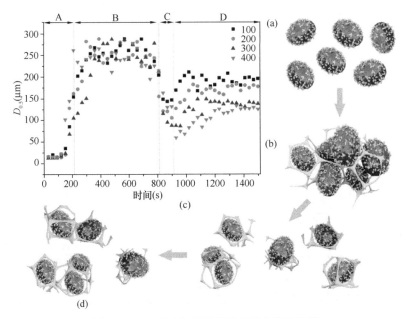

图 6-10　CPAM 在不同的转速形成絮体强度

（a）原泥絮体；（b）絮体絮凝；（c）絮体破损；（d）絮体重絮凝

速度梯度（s^{-1}）	$B_f(\%)$	$R_f(\%)$	速度梯度（s^{-1}）	$B_f(\%)$	$R_f(\%)$
43.21	43.16	42.21	193.27	65.53	29.47
112.08	53.98	39.94	284.57	68.8	29.31

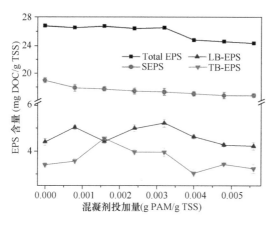

图 6-11　CPAM 对厌氧消化污泥中 EPS 的影响

3. PAM 与 MAP 联合调理对污泥 EPS 特性的影响

由图 6-11 可以看出，随着 CPAM 的增加，可提取的总 EPS 略有下降，这可能与压缩的 EPS 结构有关，SEPS 组分随着 CPAM 的增加逐渐减少，而 LB-EPS 和 TB-EPS 分数先增加然后减少。该结果表明，在低剂量的 CPAM 下，SEPS 被转化为 LB-EPS 和 TB-EPS，而剩余的 EPS 被双电子层的压缩抵消，导致 LB-EPS 和 TB-EPS 的进一步减少。SEPS 对污泥过滤性有重要影响，当可溶性聚合物在被牢固地捕获和压缩到结合层时，污泥的脱水性得到改善。LB-EPS 和 TB-EPS 的压缩还导致更密实的絮体结构和部分间隙水的释放。

6.1.3　Mg-CPAM 凝胶调理对污泥特性的影响

1. Mg-CPAM 凝胶的性质

通过扫描电镜（图 6-12）可以看出，CPAM 和 Mg-CPAM 凝胶分子结构间的明显差异。CPAM 是直径为 5 μm 的细长分支结构，而 Mg-CPAM 凝胶的分支较厚，直径为 20μm。CPAM 是直径为 5 μm 的细长分支结构，而 Mg-CPAM 凝胶的分支较厚，直径为 20μm。热重分析和导数热重分析曲线（图 6-13）表示 CPAM 和 Mg 的热程度不同。PAM 的分子链在高盐度中从拉伸状态变为压缩状态，因此在 PAM 中检测到黏度降低。当 PAM 溶液稀释后，分子链逐渐从压缩状态变为拉伸状态，这有效增加了絮凝效果。

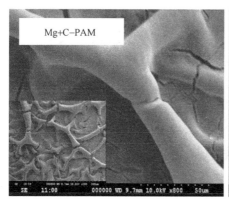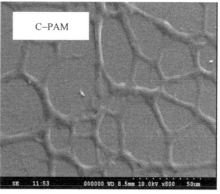

图 6-12　Mg-CPAM 与 CPAM 的扫描电镜图

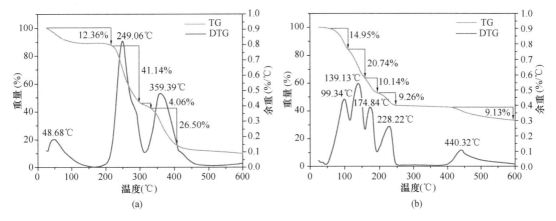

图 6-13 热重分析和导数热重分析曲线

(a) CPAM；(b) Mg-CPAM

2. Mg-CPAM 凝胶调理对污泥脱水性能的影响

用不同的 $MgCl_2$ 浓度（1%，2%，5%和 7%）来制备 Mg-CPAM 凝胶并评估污泥调理的效率（图 6-14）。CST_n 随着 Mg-CPAM 凝胶（以 CPAM 剂量计）的增加而降低。与使用 1% Mg-CPAM 凝胶调理相比，2%、5% 和 7% Mg-CPAM 凝胶明显降低了 CST_n，这表明较高的 Mg 和 CPAM 比例提高了污泥调理的效率。与 MAP 结晶和 CPAM 絮凝联合调理相比，Mg-CPAM 凝胶在降低 SRF 和 CST 方面更为显著。Mg-CPAM 凝胶调理过程中结晶和絮凝同步发生，形成了高结构强度的絮凝体，从而改善了污泥脱水性能。在 Mg-CPAM 凝胶调理后，污泥滤液的碱度仅略微降低但仍保持在高水平，这满足进一步厌氧氨氧化处理的要求。

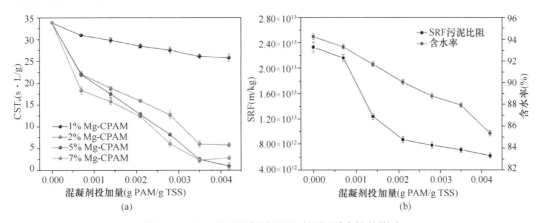

图 6-14 Mg-CPAM 凝胶调理对污泥脱水性的影响

(a) CST_n；(b) 7% Mg-CPAM 凝胶调理污泥的 SRF

3. Mg-CPAM 凝胶调理对污泥絮体粒径的影响

由图 6-15 可以看出，用 2%、5% 和 7% Mg-PAM 凝胶调理污泥后絮体粒径增加。Mg-CPAM 凝胶在改善污泥脱水性方面具有很好的协同效应。如上所述，CPAM 的分子链在高盐溶液中压缩。这些压缩分子在厌氧消化污泥中更容易扩散，分子链随着 CPAM 分子周围的盐浓度的降低而逐渐伸展开来，从而使絮凝效果得到改善，絮凝效果在较高的

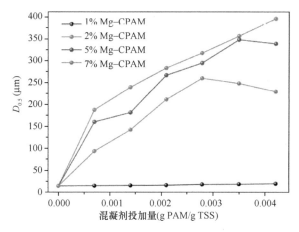

图 6-15 Mg-CPAM 凝胶调理对絮体粒径的影响

凝胶投加量下更明显。在中性和碱性条件下 MAP 带负电荷，因此 MAP 晶体可与 CPAM 相互作用并通过静电相互作用捕获污泥絮体来提高絮凝能力。研究表明，MAP 晶体可以吸附有机化合物，对 SEPS 和 LB-EPS 的吸附有助于形成紧凑的絮体结构，从而降低泥饼的可压缩性。

4. Mg-CPAM 凝胶调理对污泥絮体微观形貌的影响

用 Mg-PAM 凝胶调理后，污泥表面变得粗糙并且孔隙发育良好，这些孔隙可以作为释水通道（图 6-16）。在较高的 Mg 和 CPAM 比例下，污泥表面孔径逐渐增加。从图 6-16（d）中可以看到一簇直径为 $4\mu m$ 的粒状结晶颗粒。这些结晶颗粒可以作为支撑污泥絮体的骨架的作用，这将增加絮体结构强度并促进脱水。

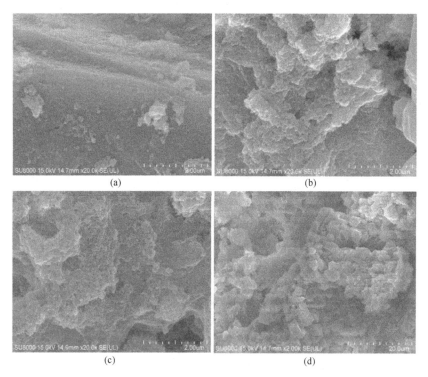

图 6-16 Mg-CPAM 凝胶调理后泥饼絮体形态
（a）原泥；（b）1％Mg-CPAM 凝胶；（c）5％Mg-CPAM 凝胶；（d）7％Mg-CPAM 凝胶

5. Mg-CPAM 凝胶调理对污泥固相组成的影响

（1）Mg-CPAM 凝胶调理对污泥固相矿物组成的影响

通过与标准 JCPDS 数据库比较，获得并分析了 Mg-CPAM 凝胶调理前后污泥的 XRD 图谱［图 6-17（a）］。XRD 图中原泥的峰值与石英峰值相似（PDF 卡：01-0649），可能来自污泥中的硅质矿物。在 XRD 图中出现的调理后出现新的峰与 MAP（鸟粪石，国际衍射数据中心 PDF 卡 03-0240）相关。

（2）Mg-CPAM 凝胶调理对污泥官能团结构的影响

在原泥的 FT-IR 光谱上发现了各种特征峰［图 6-17（b）］。2925～2935cm^{-1}和2850～2860cm^{-1}的峰表明存在多糖，蛋白质和腐殖质的脂肪链。吸收波长在 2930cm^{-1} 和 1650cm^{-1} 之间与腐殖酸有关。1635 和 1655cm^{-1} 之间的光谱带与 C＝O 的伸缩振动和蛋白质的酰胺Ⅰ上的 C-N 相关。1445～1455cm^{-1} 的吸收带是由于酰胺Ⅲ 的 CH$_3$ 和 CH$_2$ 基团的形变。从 1015～1045cm^{-1} 观察到的光谱带（O-H 基团的伸展振动）是 EPS 多糖的特征吸收区域。傅里叶变换红外光谱分析的结果与污泥中蛋白质，多糖和腐殖质一致。然而，经过 Mg-CPAM 凝胶调理后，1016cm^{-1}、1455cm^{-1} 和 1646cm^{-1} 处的峰的吸收强度减弱，并且在 2924cm^{-1} 和 2857cm^{-1} 处的吸收峰几乎消失。结果表明，污泥 EPS 中的蛋白质和腐殖质被 MAP 结晶所覆盖，这与 EPS 分析一致。

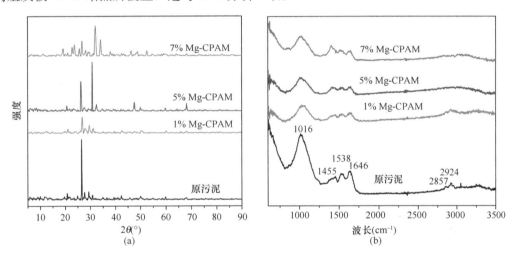

图 6-17　Mg-CPAM 凝胶调理后泥饼的特征
（a）XRD；（b）FT-IR

6.2　化学调理对污泥碳基材料结构及其吸附行为的影响作用

热解碳化作为一种很有前景的技术，可以将有机污泥转化为有用的产品，例如生物油和碳基材料。化学调理—深度脱水可以降低污泥含水率，从而降低污泥干化—热解的能耗，然而化学调理必然会影响污泥碳的结构特性与吸附能力。本节系统地表征了不同的污泥化学调节［聚合氯化铝（PAC），氯化铁（FeCl$_3$），KMnO$_4$-Fe（Ⅱ）和芬顿试剂（Fenton 试剂）］对污泥碳（SBC）理化性质的影响。并将不同的 SBC 应用于污水处理厂二级出水的深度处理。使用三维荧光光谱（3D-EEM）分析结合 DOM 的物理和化学分级来评估污水处理厂二级出水中溶解的有机物（DOM）的吸附处理行为。

6.2.1　化学调理剂对污泥碳理化性质的影响

1. 不同污泥碳的热稳定性

使用热重-差热分析（TG-DTA）测定不同污泥碳的热稳定性，结果如图 6-18 所示。

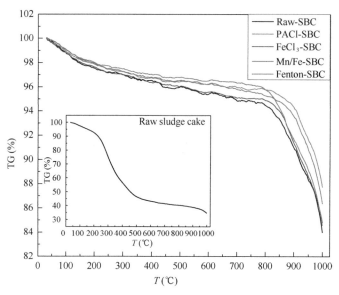

图 6-18　调理后的污泥碳的热稳定性曲线

可以清楚地看出，当温度升高时，原料污泥饼的质量损失率为 55.62%。到 550℃时污泥中的有机物质已经基本降解。在 800℃之前仅有 4.21%～5.53% 的质量含量损失，而在 800℃之后污泥碳的质量含量显著降低，所有污泥碳都表现出优异的热稳定性，这也表明完全饱和状态下的 SBC 可在低于 800℃的温度下再生。与原泥污泥碳（Raw-SBC）相比，调理后污泥碳（SBCs）的热稳定性明显提高，Mn/Fe-SBC 热稳定性最强，其次是 PACl-SBC 和 Fenton-SBC，$FeCl_3$-SBC 相对较差。因此，作为化学调理剂添加的无机盐可以转化为金属氧化物或矿物质，其比有机部分具有更强的化学稳定性，因此也相应增强了 SBC 的热稳定性。

2. 污泥碳的形貌特征

原泥饼和 SBCs 的比表面积如图 6-19 所示。在热解之后，所有 SBCs 的比表面积均显

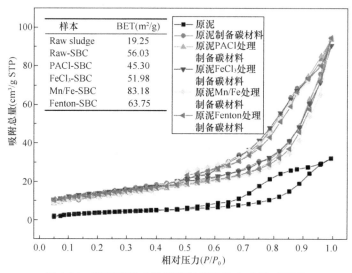

图 6-19　原泥碳及改性后污泥碳的比表面积（BET）

著增加，其中 Mn/Fe-SBC 的比表面积最大，达到 83.18m²/g，其次是 Fenton-SBC，达到 63.75m²/g。在热解过程之后，PAC-SBC 和 FeCl₃-SBC 的 BET 比表面积有略微降低，这主要是因为用 KMnO₄-Fe（Ⅱ）或 Fenton 调理的污泥絮体被氧化分解成为更小的颗粒，使得污泥热解过程中孔隙结构进一步发育。然而，絮凝反应是 PACl₃ 和 FeCl₃ 调理的主要作用，因此，EPS 和三价阳离子之间的电中和和络合作用导致污泥颗粒聚合成更大的絮体结构，这也会降低 SBCs 的孔隙率。

使用扫描电镜（SEM）来观察原泥饼和 SBCs 的微观结构，SEM 结果如图 6-20 所示。原泥饼的表面相对光滑，由大量无明显孔隙结构的颗粒堆积而成［图 6-20（a）］。然而在热解处理之后，SBCs 的孔隙明显发育。SBCs 基础的晶体结构表现为 C 元素的有序组合，同时也包含晶体状的无机部分。除此之外，经过化学预处理的 SBCs 包含更小的絮体结构和不规律的微观晶体结构排列。

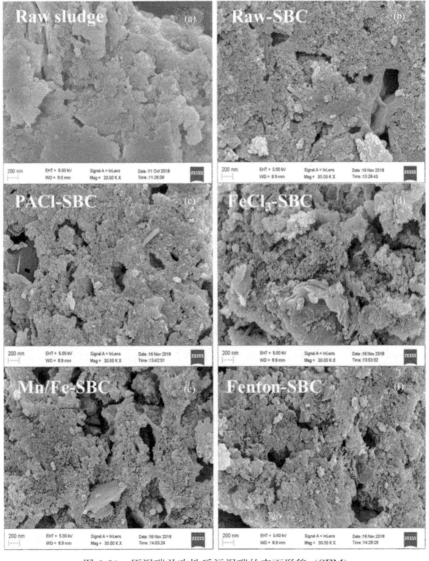

图 6-20　原泥碳及改性后污泥碳的表面形貌（SEM）

3. 污泥碳的化学组分

如图 6-21（a）所示，利用 FT-IR 对原泥碳和改性后碳材料的表面官能团进行分析。3400cm^{-1}附近的峰值是醇、酚和 H_2O 分子的拉伸振动引起的。泥饼和 SBC 在 1655 至 1470cm^{-1}处是芳香族骨架振动峰（C=C/C=O）。在 2900cm^{-1}左右出现 C-H 伸缩振动双峰，推测是由于甲基和乙基的 C-H 伸缩振动的不对称现象。3400cm^{-1}处的羟基峰强度在 SBC 热解过程急剧下降，表明该过程大大减少了亲水基团数。在 1460cm^{-1}和 1260cm^{-1}的弯曲振动峰在热解碳化过程之后几乎消失，主要是由于烷基化合物的分解。另外，1540cm^{-1}处的谱带，对应于 N-H/C-N 蛋白质中的振动吸收峰也被减弱，主要是因为产生氨气和/或其他吡咯和吡啶类物质。因此，固体中的挥发性物质和部分无机化合物通过热解和碳化得到有效分解。此外，研究发现 Fenton-SBC 表现出最强的芳香基团特征峰，其次是 FeCl$_3$-SBC，PACl-SBC 和 Mn/Fe-SBC［图 6-21（a）所示］。在该波长范围内，Raw-SBC 的吸收峰未出现。据报道，SBCs 芳族基团中高含量碳元素可增强其吸附性能。

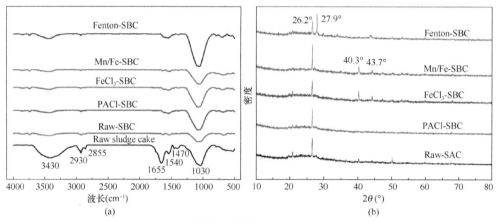

图 6-21　原泥碳及改性后污泥碳的化学特征
（a）FT-IR；（b）XRD

SBC 的 X 射线衍射（XRD）图谱显示在图 6-21（b）。在所有 SBCs 样品中都检测出 26.2°的峰值，这是典型的 002 平面结晶石墨。一般来说，无定形碳是生物碳的主要形态，而碳化过程会产生石墨化碳。在 PACl-SBC 中检测到结晶石墨结构存在于 FeCl$_3$-SBC，但不出现在 Mn/Fe-SBC 或 Fenton-SBC 中。此外，白云母、蒙脱石、白云石和石英等矿物也在 SBC 中被检测到。因为这些矿物在高温下稳定存在，可以有效改善 SBC 的化学稳定性。为了进一步探究 SBC 的晶体组成，使用了 Jade 6.0 软件分析 XRD 模式，结果如表 6-2 所示。在不同的 SBC 中，SiO$_2$ 晶体含量均占据主导地位。同时 PACl-SBC、FeCl$_3$-SBC 和 Raw-SBC 表现出相似的晶体组成，然而 Mn/Fe-SBC 和 Fenton-SBC 中晶体含量急剧下降。如图 6-21（b）所示，Fenton-SBC 的 XRD 图谱显示在 27.9°处有明显的 K$_2$Ca(CO$_3$)$_2$ 特征峰。Mn/Fe-SBC 和 FeCl$_3$-SBC 中特征峰在 40.3°处的峰值指示 Fe2p。这些结果表明污泥中引入的铁主要是二价形式存在的。此外，Ca$_3$Al$_2$O$_6$ 晶体在 Raw-SBC 和 PACl-SBC 中被检测到，表明它们可以用作 Al 掺杂的 CaO 基吸附剂。从而，SBC 中 Ca$_3$Al$_2$O$_6$ 的存在可能会增强吸附性能，以去除特定的有机污染物。值得注意的是 Mn/Fe-SBC 的 XRD 图谱未显示特征峰 Mn，表明通过化学调节引入的 Mn 元素在 SBC 中处于非晶态。

XRD 识别结果

表 6-2

Raw-SBC Crystal Structure	FOM	PACl-SBC Crystal Structure	FOM	FeCl$_3$-SBC Crystal Structure	FOM	Mn/Fe-SBC Crystal Structure	FOM	Fenton-SBC Crystal Structure	FOM
Quartz low, dauphinee-twinned-SiO$_2$	4.6	Quartz-SiO$_2$	4.2	Quartz-SiO$_2$	8.3	Quartz-SiO$_2$	8.8	Quartz low, dauphinee-twinned-SiO$_2$	11.8
Quartz-SiO$_2$	4.9	Quartz-SiO$_2$	5.0	Quartz-SiO$_2$	9.8	Quartz-SiO$_2$	8.9	Quartz-SiO$_2$	14.4
Quartz low-SiO$_2$	5.1	Quartz low, dauphinee-twinned-SiO$_2$	7.4	Quartz low, dauphinee-twinned-SiO$_2$	12.0	Quartz low, dauphinee-twinned-SiO$_2$	12.2	Quartz-SiO$_2$	18.7
Graphite-C	13.6	Carbon-C	12.6	Carbon-C	23.7	Carbon-C	26.4	Moganite-SiO$_2$	43.3
Carbon-C	15.1	Graphite-C	19.5	Graphite-C	24.3	Carbon-C	29.4	Carbon-C	99.9
Carbon-C	18.9	Carbon-C	20.6	Moganite-SiO$_2$	24.3	Graphite-C	38.5		
Carbon-C	21.9	Graphite-3R, syn-C	22.9	Moissanite-51R, syn-SiC	27.6	Moganite-SiO$_2$	46.0		
Moganite-SiO$_2$	23.2	Carbon-C	25.2	Sinoite, syn-Si$_2$N$_2$O	31.6				
Calcium Aluminum Oxide-Ca$_3$Al$_2$O$_6$	31.8	Calcium Aluminum Oxide -Ca$_3$Al$_2$O$_6$	26.4	Carbon-C	38.1				
Sinoite, syn-Si$_2$N$_2$O	34.0	Moganite-SiO$_2$	26.8						
		Sinoite, syn-Si$_2$N$_2$O	36.3						

X射线光电子能谱（XPS）可用于研究SBC的化学成分。如图6-22所示，XPS显示在C1s，O1s和N1s的结合能处的峰分别为284eV、533eV和398eV，以及弱Al2p，Fe2p和Mn2p峰值分别位于75eV、711eV和660eV。Mn/Fe-SBC和Fenton-SBC的C1s含量相对较高，而O1s含量较低，Raw-SBC，PACl-SBC和$FeCl_3$-SBC表现出较高的O1s含量。有报道提到生物碳对有机分子的吸附能力物质随着碳材料的表面氧原子数的增加而减少，这可能是影响不同SBC吸附性能的重要因素。SBCs官能团会显著影响其对有机物的吸附能力，因为官能团的数量和类型的多样化会改变SBC的极性、亲水性、催化性能、表面电荷和骨架电子密度。为了进一步了解SBC元素的特征，将C1s可以拆分为4个亚峰，结合能为284.5 ± 0.2、285.1 ± 0.2、286.4 ± 0.2和$288.9\pm0.2eV$，分别代表C-C，C-O，C=O和O-C=O官能团。不同官能团的百分比显示在图6-24，Raw-SBC包含大量的C=O和少量O-C=O，$FeCl_3$-SBC中O-C=O的含量最高，为22.44%，而Mn/Fe-SBC较低。

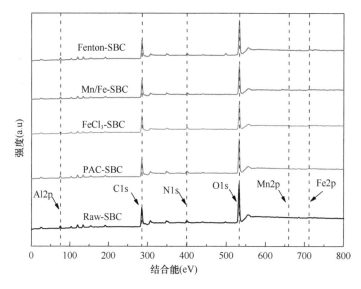

图6-22　不同SBCs的XPS图谱

另外，使用XPS光谱分析Fe、Mn和Al的化合价态来了解其机理SBC对有机物的吸附（图6-23）。如图6-23（a）所示，712.4eV和725.6eV的两个峰值分别对应Fe 2p3/2和Fe 2p1/2。Fe 2p3/2处的峰值可分为709.9eV和712.4eV两处，对应Fe（Ⅱ）和Fe（Ⅲ）。该结果表明Fe（Ⅱ）和Fe（Ⅲ）是污泥中铁的主要价态化学调节过程（通过$FeCl_3$、$KMnO_4$-Fe（Ⅱ）或Fenton）。另外，Mn/Fe-SBC的XPS光谱［图6-23（b）］在642.2eV和653.4eV处显示出明显的特征峰，这对应于Mn（Ⅳ）。此外，在74.6eV处的峰对应于PACl-SBC中被氧化的Al，表明Al以Al_2O_3的形式存在。

6.2.2　不同调理剂处理后的污泥碳在二级出水处理中的吸附性能

1. 碳材料对溶解性有机物（DOMs）的吸附效率

SBC剂量和吸附时间对DOM去除效率的影响如图6-25所示。结果表明DOM去除效率随着SBC剂量增加时在60min达到平衡，其中确定最佳SBC剂量为3.0g/L。Fenton-

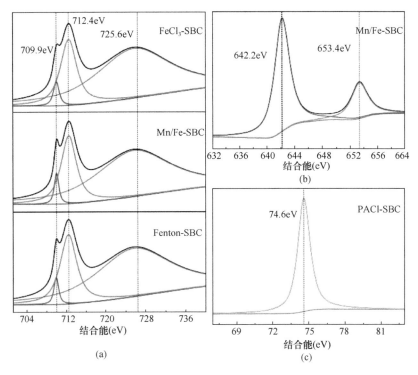

图 6-23　改性后污泥碳的元组成（XPS）

（a）Fe2p；（b）Mn2p；（c）Al2p

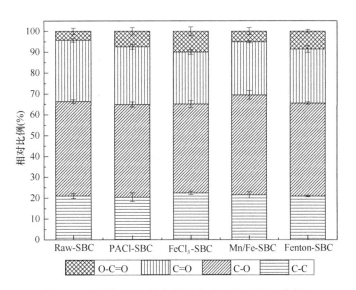

图 6-24　不同 SBCs 的官能团占比（基于 XPS 分析）

SBC 和 Mn/Fe-SBC 在去除 DOM 方面明显优于其他 SBC，并且最大的 DOM 去除效率分别达到 57.08% 和 56.10%。Fenton-SBC 和 Mn/Fe-SBC 卓越的吸附性能可能是由于其较高的比表面积和不定形碳，这对去除二沉池中的 DOM 有利。此外，准二级模型可以更好地描述 SBC 对 DOM 的吸附［图 6-25（d）］。计算得到 Raw-SBC、PACl-SBC 和 FeCl$_3$-SBC 的 q_e 值分别为 18.79mg/g、18.99mg/g 和 18.62mg/g，而 Mn/Fe-SBC 和 Fenton-

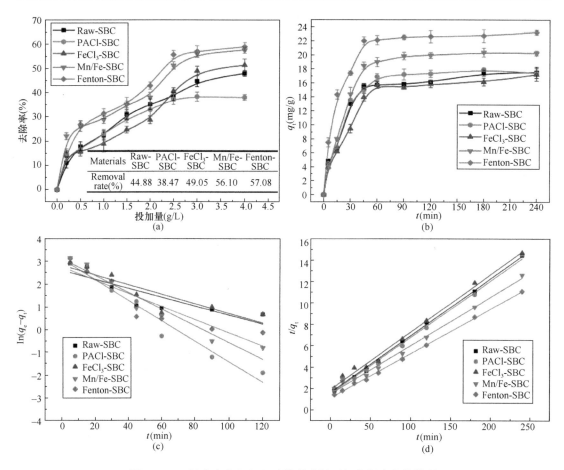

图 6-25　二级出水中 DOMs 去除效率随时间和温度变化情况

SBC 的 q_e 值为更高，分别为 22.12mg/g 和 24.04mg/g。有研究进行了复杂有机污染物为 70～2800mg/g 时 SBC 的吸附性能研究，结果低于本节所制备材料的吸附能力。吸附过程遵循准二级动力学模型，表明吸附很可能为化学吸附。如前所述，推断 DOM 的吸附机制为可能为 SBC 和 DOM 的表面官能团之间的氢键合和疏水相互作用有关。

2. DOMs 可处理性评估

因为操作简单，响应速度快和低成本等特点，紫外线分光光度计已被广泛用于评估水质。选取最佳剂量（3.0g/L）条件下，吸附后 SBC 的全波长扫描如图 6-26（a）所示。观察到原水在 200～350nm 存在明显的吸收峰，在 280 nm 处的吸收峰与 C＝C 和芳香环有关。同时，在 210nm 处的吸收峰代表 C-OH 和 COOH 官能团。在 210 和 280nm 处的吸收峰的强度在 SBCs 的吸附处理后明显下降，表明芳香族物质和疏水性有机物质得到有效去除。

不同荧光区域分别代表 DOMs 色氨酸样蛋白（TPN），芳香族蛋白（APNs），腐殖酸（HAs）和富里酸（FAs）四个组分。另外，使用 PARAFAC 软件确定不同有机物质的荧光峰和荧光强度。如图 6-26(b)～(f)所示，APNs，TPNs 和 FAs 的荧光强度均随着 SBC 投入量的增加而减弱；当 SBC 剂量为 3g/L 时，APN，TPNs 和 FAs 的去除效率最大。作为主要的荧光成分，APNs 的强度为在很大程度上减少了 TPNs 和 FAs 的数量。具体而言，在经过 Raw-SBC，PACl-SBC，FeCl₃-SBC，Mn/Fe-SBC 和 Fenton-SBC 处理后，APNs 的荧光

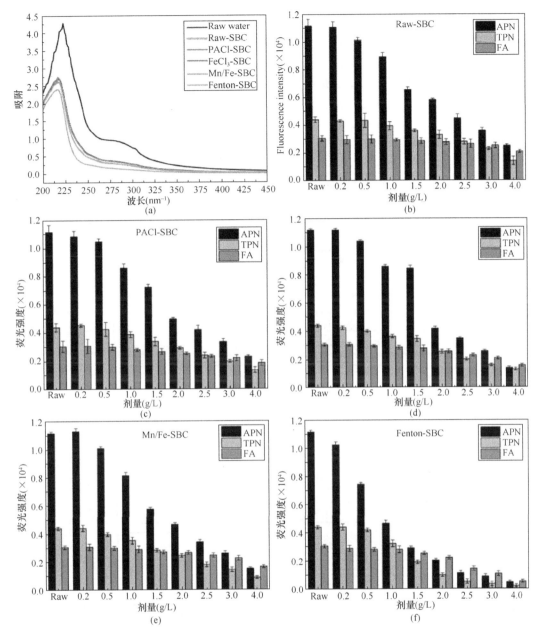

图 6-26　最佳剂量为 3g/L 时，不同 SBC 吸附的水样品的 UV-vis 光谱

(a) SBC 吸附前的荧光成分变化；(b~f) 不同 SBC 处理后，APN，TPN 和 FA 的荧光强度

强度分别降低了 67.87%，70.03%，76.94%，76.76% 和 82.07%。这些结果表明，芳香类物质通过 SBC 吸附得到有效去除，并且 Mn/Fe-SBC 和 Fenton-SBC 去除效果最佳。

3. DOMs 的分级表征

使用 HP-SEC 进行物理分级分离。HP-SEC 可以用于测量分析原水中有机物的种类〔包括 613Da、1943Da 和 3688Da，如图 6-27 (a) 所示〕。有机物样品主要分为根据分子量大小分为两个部分：中分子量物质（1000~4000Da）和低分子量物质（<1000Da）。类 FA 和类 HA 物质分布在中等分子量的成分之中，而色氨酸样物质（蛋白质、多肽和寡

肽）广泛分布在不同的分子量范围。图 6-27（a）说明通过不同的 SBC（3.0g/L）吸附 DOMs 后水中残余物质的平均分子量（AMWs）。SBC 吸附后 613Da 峰强度显著降低，说明芳香化合物更容易通过 SBC 吸附去除。此外，1943Da 和 3688Da 也急剧下降，表明 FA 物质和类蛋白物质（中分子量）也被同时去除，这些结果与 3D-EEM 分析相吻合。分布在中等分子量范围内的芳香蛋白和色氨酸蛋白被有效去除。而且，Mn/Fe-SBC 处理后在水样中没有检测到新的 MW 峰，这表明 Mn/Fe-SBC 中的 MnO$_2$ 不会降解 DOM，SBC 更容易吸附中分子量物质。

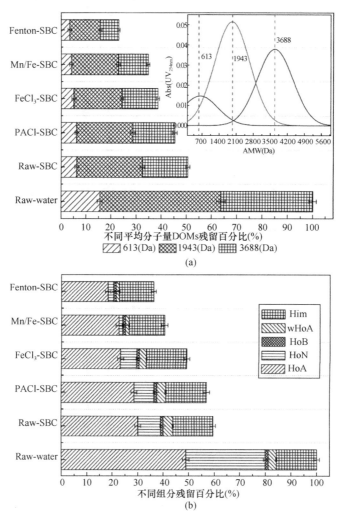

图 6-27　不同的 SBC 吸附后不同分子量对应的 DOM 残留百分比
（a）使用峰拟合软件根据峰面积计算残留百分比；（b）不同 SBC 吸附后 DOM 中不同成分的残留百分比

通过树脂吸附（RA）进行化学分级，研究 SBC 对不同 DOMs 组分的吸附效果。树脂分级源于色谱分离法，根据色谱分离原理，水样从树脂柱上不断加入，首先吸附最弱的部分在柱子上很快达到吸附饱和最先流出，而吸附较强的部分逐渐达到吸附饱和后流出；以此类推，吸附最强的部分最后流出。最后通过计算各阶流出溶液的浓度差即可得到各组分的含量。如图 6-27（b）所示，疏水性酸（HoAs），疏水性中性（HoNs）和亲水性物质

（Hims）在原水总 DOMs 中占比分别为 48.91%，31.11% 和 15.65%，而疏水性碱（HoBs）和弱疏水性酸（wHoAs）含量相对较低。有研究表明废水中的疏水部分主要由羧酸，酯和芳烃组成。HoB 和 Him 很难通过 SBC 去除，而 HoA 和 HoN 在 SBCs 处理后含量大幅下降。SBC 的表面以酸性官能团为主，在水溶液中 SBC 对有机物质的吸附主要取决于有机物质与 SBCs 表面形成的氢键作用。因此，SBCs 对 HoAs 的吸附能力优于 HoBs。疏水性有机化合物更容易被吸附在 SBC 的表面，而 Hims 很难通过 SBC 吸附去除。此外，Mn/Fe-SBC 和 Fenton-SBC 在去除 wHoA 方面表现良好，而 Raw-SBC，PACl-SBC 或 FeCl$_3$-SBC 处理效果较差。此结果主要是由于 wHoA 部分为亲水小分子（有机酸），Mn/Fe-SBC 和 Fenton-SBC 表现出更高的比表面积和更高的孔隙率，可以为有机物提供更多可用的吸附位点物质。因此，Mn/Fe-SBC 和 Fenton-SBC 在去除 WhoA 方面优于其他 SBC，无机矿物（例如 K$_2$Ca(CO$_3$)$_2$ 和 Ca$_3$Al$_2$O$_6$）也可能在去除亲水分子中起重要作用。

6.3　污泥化学调理耦合催化热解制备多功能碳基材料及其在水质净化中的应用

高锰酸钾亚铁盐体系［KMnO$_4$-Fe(Ⅱ)］是由具有氧化性的高锰酸钾（KMnO$_4$）和亚铁盐（Fe(Ⅱ)）组成，其中 Fe(Ⅱ) 可以原位形成具有絮凝能力的三价铁离子 Fe(Ⅲ)，这个体系被广泛应用于水处理和污水污泥处理。在本节中，将 KMnO$_4$-Fe(Ⅱ) 调理与催化污泥热解过程相耦合，制备集吸附和催化于一体的多功能碳材料，然后再将其应用于含砷和有机物的复合污染地下水处理过程中。

6.3.1　KMnO$_4$-Fe（Ⅱ）对污泥特性的影响

1. KMnO$_4$-Fe（Ⅱ）对污泥脱水性能的影响

KMnO$_4$ 和 Fe(Ⅱ) 的质量比和投加量对污泥脱水性能的影响如图 6-28(a) 所示。固定 KMnO$_4$ 浓度值为 1000mg/L，当 KMnO$_4$ 和 Fe(Ⅱ) 的质量比高于 2/1 时，污泥的 CSTn 开始增加。当 KMnO$_4$ 和 Fe(Ⅱ) 的质量比低于 2/1 时，随着 Fe(Ⅱ) 剂量的增 CSTn 逐渐

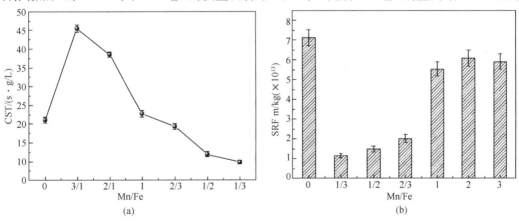

图 6-28　KMnO$_4$-Fe（Ⅱ）剂量对污泥脱水性能的影响

(a) CST；(b) 污泥比阻

注：在每批试验中 KMnO$_4$ 浓度控制在 1000mg/L。

降低。当 $KMnO_4$ 和 $Fe(II)$ 的质量比为 1/3($Fe(II)$浓度为 3000 mg/L)时，CSTn 达到最小值(9.81s·L/g)。如图 6-28(b)所示，根据 SRF 的结果，随着 $KMnO_4$-$Fe(II)$ 的加入，污泥的 SRF 不断降低，但当 $KMnO_4$ 和 $Fe(II)$ 的质量比超过 2/3 时 SRF 基本不再降低，当 $KMnO_4$ 和 $Fe(II)$ 的质量比为 1/3 和 1/2 时，污泥 SRF 达到最小值(SRF=1.16×10^{13} m/kg)。结合 CST 和 SRF 的结果表明，当 $KMnO_4$ 和 $Fe(II)$ 的质量比为 1/3 或 1/2 时，污泥脱水性能达到最佳。这种现象很可能是当 $KMnO_4$ 的用量超过 $Fe(II)$ 质量浓度(Mn/Fe的质量比为(3/1)~(1/1)时，没有足够的 $Fe(II)$ 用于通过 $KMnO_4$-$Fe(II)$ 体系形成原位 $Fe(III)$，并且污泥中的 EPS 主要通过 $KMnO_4$-$Fe(II)$ 体系中原位生成的 $Fe(III)$ 的作用而絮凝。因此，当 $Fe(II)$ 的用量高于 $KMnO_4$ 时，对 $KMnO_4$ 氧化形成原位 $Fe(III)$ 有利，EPS 中的有机物可以通过丰富的 $Fe(III)$ 有效絮凝，最终促进污泥脱水性能的提高。

2. $KMnO_4$-Fe (II) 对污泥絮凝物 Zeta 电位和粒径的影响

为了揭示 $KMnO_4$-$Fe(II)$ 的污泥调理机理，研究了不同质量比的 $KMnO_4$ 和 $Fe(II)$ 对污泥 zeta 电位(ZP)和平均尺寸(MS)的影响。图 6-29 发现污泥的 ZP 随着 $Fe(II)$ 用量的增加而增加，这主要是由于 $KMnO_4$ 与 $Fe(II)$ 之间的有效氧化反应，促进原位形成的羟基铁与污泥 EPS 之间的静电中和。然而，当 $KMnO_4$ 和 $Fe(II)$ 的质量比剂量超过 1/2 时，污泥的 ZP 忽然降低，静电中和主要是由 $KMnO_4$/$Fe(II)$ 比例为 1/2 之前原位形成的 $Fe(III)$ 絮凝引起的，但过量的 $Fe(II)$ 可能抑制 $KMnO_4$ 的氧化过程并导致 $Fe(III)$ 形成的下降，因而 ZP 出现了降低。

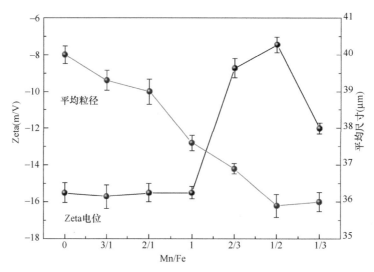

图 6-29 $KMnO_4$-Fe (II) 质量比对污泥 Zeta 电位变化及污泥平均粒径的影响

此外，研究发现随着 $Fe(II)$ 投加量的增加，WAS 的平均粒径略有下降($KMnO_4$ 用量固定在 1000mg/L)。据报道 $KMnO_4$ 处理对污泥氧化有效，蛋白质和多糖可以通过 $KMnO_4$ 氧化作用释放到液相中(尤其是蛋白质)，导致污泥絮凝物的颗粒尺寸减小。此外，由于 $Fe(III)$ 对 EPS 具有很强的絮凝能力，氧化的 EPS 可以通过 $KMnO_4$-$Fe(II)$ 体系中原位形成的 $Fe(III)$ 进一步絮凝，然而过量的 $Fe(II)$ 可以抑制 $KMnO_4$ 在 O_2 存在下的氧化过程，因此污泥颗粒的平均粒径将略大于在 $KMnO_4$ 和 $Fe(II)$ 的最佳质量比条件下调理的污泥粒径。综上所述，用于污泥调理的 $KMnO_4$ 和 $Fe(Ⅱ)$ 的最佳质量比剂量为 $1/2$，选择其作为进一步合成 Fe-Mn-SBC 材料的最佳剂量。

3. $KMnO_4$-Fe（Ⅱ）对污泥 EPS 分布和组成的影响

从图 6-30 中可以看出，随着 $Fe(Ⅱ)$ 用量的增加，TB-EPS 和 LB-EPS 中蛋白质和多糖的浓度（特别是蛋白质类物质）的浓度降低（$KMnO_4$ 浓度固定为 1000mg/L），这是因为 $KMnO_4$-Fe（Ⅱ）原位生成的 $Fe(Ⅲ)$ 使 EPS 絮凝结构更紧密。此外，在 $KMnO_4$ 和 $Fe(Ⅱ)$ 的质量比小于 $1/3$ 之前，随着 $Fe(Ⅱ)$ 用量的增加，EPS 浓度降低，这主要是因为原位形成的 $Fe(Ⅲ)$ 比预先制备的 $Fe(Ⅲ)$ 表面拥有更多反应位点，对 EPS 具有更强的结合能力。然而，当 $KMnO_4$ 和 $Fe(Ⅱ)$ 的质量比用量增加超过 $1/3$ 时，过量的 $Fe(Ⅱ)$ 会抑制 $KMnO_4$-Fe（Ⅱ）之间的氧化反应，导致原位形成的 $Fe(Ⅲ)$ 的减少，污泥中 EPS 的絮凝减弱。

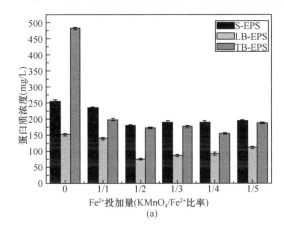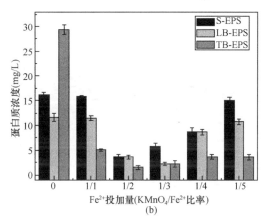

图 6-30　$KMnO_4$-Fe（Ⅱ）质量比剂量对蛋白质浓度（a）和多糖浓度（b）的影响

注：$KMnO_4$ 剂量固定为 1000mg/L。

此外，使用 PARAFAC 分析分离 3D-EEM 光谱中的不同组分，结果显示在 S-EPS 和 L-EPS 中检测到三种主要荧光化合物，包括组分 1-富里酸样（FA），组分 2-腐殖质酸样（HA）和组分 3-色氨酸蛋白（TPN）。在 TB-EPS 中存在两种主要的荧光化合物，包括组分 3-色氨酸蛋白（TPN）和组分 1-富里酸样（FA），如图 6-31 中所示。对于 S-EPS，发现 $KMnO_4$-Fe（Ⅱ）调理后 EPS 的荧光强度降低，特别是 FA 化合物比其他化合物降低更明显。在 LB-EPS 和 TB-EPS 中，TPN 在 $KMnO_4$-Fe（Ⅱ）处理后比其他化合物下降幅度更明显。此外，在 $KMnO_4$/Fe（Ⅱ）$<1/2$ 时，随着 $Fe(Ⅱ)$ 用量的增加，EPS 的所有荧光响应均降低，然后当 $KMnO_4$/Fe（Ⅱ）$>1/2$ 时，EPS 的荧光响应略有增加。值得注意的是，EPS 的荧光特性变化与污泥脱水性能的变化保持一致。EPS 首先被氧化成较小的化合物，然后被原位形成的 $Fe(Ⅲ)$ 絮凝。然而，过量的 $Fe(Ⅱ)$ 可能会抑制 $KMnO_4$ 的氧化性能，$Fe(Ⅱ)$ 的浓度超过 $KMnO_4$ 的浓度时，EPS 的氧化效率降低，导致 EPS 的氧化—絮凝性能变差。这些结果表明，EPS 受 $KMnO_4$ 的氧化和 $KMnO_4$-Fe（Ⅱ）原位形成 $Fe(Ⅲ)$ 絮凝过程的影响，这些均会影响污泥脱水性能。

4. $KMnO_4$-Fe（Ⅱ）调理后污泥中的蛋白质和多糖分布

使用激光扫描共聚显微镜（CLSM）分析表征 $KMnO_4$-Fe（Ⅱ）调理前后污泥中的蛋白质和多糖分布情况。如图 6-32(a)和(b)，可以清楚地观察到污泥中的蛋白质和多糖被分解

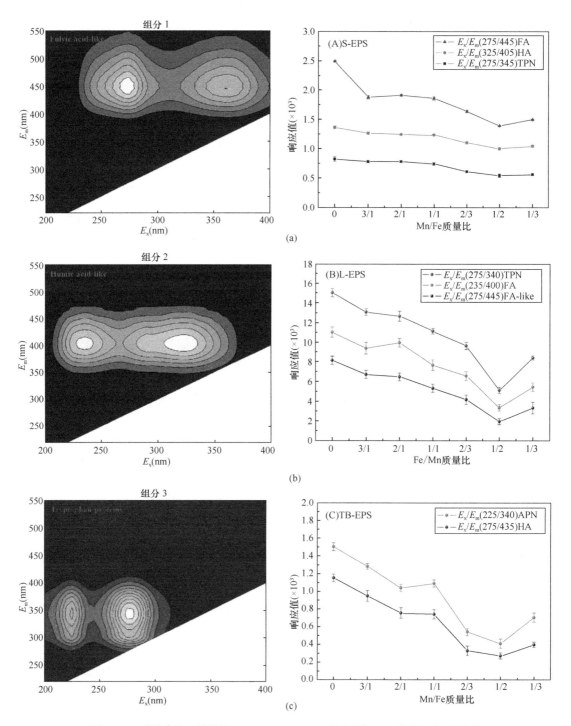

图 6-31　不同质量比剂量的 KMnO$_4$-Fe（Ⅱ）对污泥中 EPS 荧光强度的影响
（a）可溶性 EPS（S-EPS）；（b）松散粘合-EPS（L-EPS）；（c）紧密粘合-EPS（TB-EPS）
注：KMnO$_4$ 浓度固定在 1000mg/L。

成较小的分子。由于污泥中的 EPS 被 KMnO$_4$ 氧化，污泥中的蛋白质和多糖遭受破坏并释放到液相。图 6-32(c)表明污泥中的蛋白质和多糖在 KMnO$_4$-Fe(Ⅱ)处理后重新团聚并形成较大的聚集体。这是因为 KMnO$_4$-Fe(Ⅱ)调理过程中形成原位 Fe(Ⅲ)，而 Fe(Ⅲ)可有效絮凝蛋白质和多糖，提高污泥脱水性能。

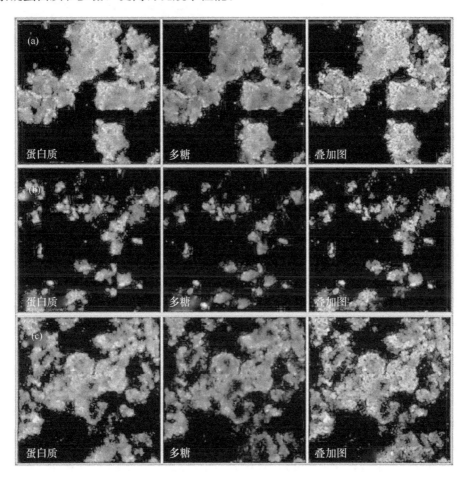

图 6-32　用激光扫描共聚焦显微镜（CLSM）观察污泥中蛋白质和多糖的具体分布
（a）原污泥；（b）污泥由 KMnO$_4$（KMnO$_4$ 的剂量为 1000mg/L）；
（c）由 KMnO$_4$-Fe（Ⅱ）体系调节的污泥

6.3.2　多功能碳基材料（Fe-Mn-SBC）的表征

1. Fe-Mn-SBC 的形貌特征

如图 6-33(a)所示，Fe-Mn-SBC 的 BET 表面积为 100.08m^2/g，而原泥 SBC 的 BET 比表面积仅为 54.99m^2/g。此外，使用 Malvern Zetasizer Nano 仪器测量 Fe-Mn-SBC 的粒度，得知 Fe-Mn-SBC 的平均尺寸为 3.429μm。KMnO$_4$-Fe(Ⅱ)作为热解催化剂显著改善了 SBC 的比表面积和孔隙率。原泥饼（WAS）和调理后泥饼（Fe-Mn-WAS）主要由介孔组成，Fe-Mn-WAS 的介孔在碳化过程中转变为微孔，由于微孔的比表面积大于介孔隙材料的比表面积，导致 Fe-Mn-SBC 的 BET 比表面积增加。此外，在 SEM 分析下的 WAS 和 Fe-Mn-SBC 形态如图 6-33(b)和(c)所示，可以清楚地观察到 WAS 具有相对光滑的表

图 6-33　（a）WA・S 和 Fe-Mn-SBC 的 BET 表面积；（b）WAS；
（c）Fe-Mn-SBC；（d）Fe-Mn-SBC-As 的 SEM 图

面和松散的结构，Fe-Mn-SBC 在热解处理后显示出更多的碎裂特征，高温热解有效提高了 SBC 的孔隙率。

2. Fe-Mn-SBC 的化学性质

在 XRD 标准卡中搜索 WAS 和 Fe-Mn-SBC 的化学组成，如图 6-34 所示。结果表明，

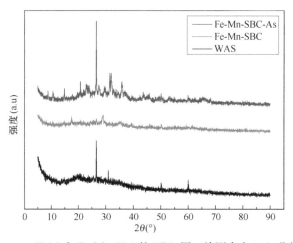

图 6-34　WAS 和 Fe-Mn-SBC 的 XRD 图（检测来自 Jade 分析）

WAS 中检测到的 4 种物质主要为有机物，而 Fe-Mn-SBC 中检测到的 2 种矿物均由 Fe 或 Mn 元素组成。在 XRD 图中未检测到 Fe 和 Mn 氧化物的特征峰，表明它们都呈现为无定形态。使用 FT-IR 测量表征 Fe-Mn-SBC 的官能团如图 6-35（a）所示。Fe-Mn-SBC 在 $1655cm^{-1}$ 和 $1051cm^{-1}$ 处的高透过率（Transmitance）与 O-H 的拉伸振动有关。此外，在 $2929cm^{-1}$ 和 $1378cm^{-1}$ 处的高透过率可归因于有机物中的 C-H/C-O 伸缩振动。如图 6-35（a）所示，Fe-Mn-SBC 在 $1655cm^{-1}$ 和 $1051cm^{-1}$ 处仍然表现出两个与 WAS 相同的特征伸缩带；WAS 与 Fe-Mn-WAS 之间没有明显的变化，热解处理后与 H_2O 分子相关的 $3435cm^{-1}$ 处的特征透过率几乎消失，这主要是由于高温热解中的脱水过程除去了大部分 H_2O 分子。此外，与 WAS 相比，Fe-Mn-SBC 在 $2929\ cm^{-1}$ 处的透过率降低，可能是因为热解处理后分解和除去了一些有机物。

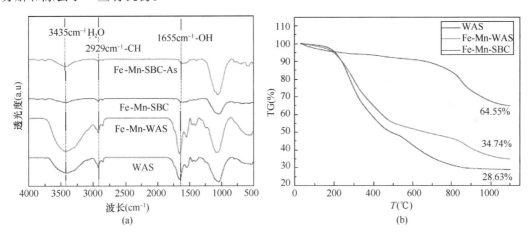

图 6-35 （a）WAS 和 Fe-Mn-SBC 的 FT-IR 谱图；（b）WAS 和 Fe-Mn-SBC 的 TGA 曲线

此外，使用 TGA 研究了 $KMnO_4$-Fe（Ⅱ）对 WAS 热稳定性，本试验采用空气氛围，最高温度达到 1100℃，结果如图 6-35（b）所示。可以清楚地观察到 WAS 和 Fe-Mn-SBC 的质量随着温度的升高而降低，当温度达到 800℃时，大部分 H_2O 分子和有机物分解。此外，使用 $KMnO_4$-Fe（Ⅱ）进行调理并制备成生物炭的 Fe-Mn-SBC 在 1100℃时仍占初始质量的 64.55%。Fe-Mn-WAS 的质量保持在其初始质量的 34.74%，而 WAS 在 1100℃的温度下仅占初始质量的 28.63%。这些结果表明，在 $KMnO_4$-Fe（Ⅱ）调理后，由于产生非晶态 Fe 和 Mn 氧化物，使 WAS 的热稳定性得以增强。

6.3.3 Fe-Mn-SBC 对 As（Ⅲ）氧化—吸附去除的作用过程

1. Fe-Mn-SBC 对 As（Ⅲ）的去除效率

如上所述，$KMnO_4$ 和 Fe（Ⅱ）的质量比对污泥的脱水性能及其结构性能有很大影响，进一步影响 Fe-Mn-SBC 对 As（Ⅲ）的吸附行为。因此，不同 Fe-Mn-SBC 吸附剂对 As（Ⅲ）的吸附性能如图 6-36（a）所示[初始 As（Ⅲ）浓度为 $1000\mu g/L$]。结果表明，在 0.2g/L 剂量下，1/2-Fe-Mn-SBC 的 As（Ⅲ）去除效果最好，最大去除率为 98.22%，可进一步应用于 As（Ⅲ）和 As（Ⅴ）批量吸附试验。此外，图 6-36（b）显示当吸附剂用量为 240mg/L 时，As（Ⅲ）的去除率最高可达 97.02%。

2. Fe-Mn-SBC 对 As（Ⅲ）和 As（Ⅴ）的吸附动力学及吸附容量

使用 Langmuir 和 Freundlich 等温线分别评价 Fe-Mn-SBC 在水溶液中对 As（Ⅴ）和 As

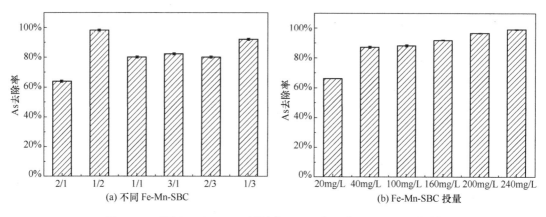

(a) 不同 Fe-Mn-SBC   (b) Fe-Mn-SBC 投量

图 6-36   不同 Fe-Mn-SBC（用量为 200mg/L）和 Fe-Mn-SBC 投量
对砷吸附的影响（Mn/Fe 比为 1/2）

（Ⅲ）的吸附效果，如图 6-37 所示。Langmuir 和 Freundlich 等温线可用于判断吸附过程。As（Ⅴ）和 As（Ⅲ）的最大吸附量由 Langmuir 方程计算，在一定试验条件下从 Langmuir 和 Freundlich 方程计算的吸附常数在表 6-3 中给出。

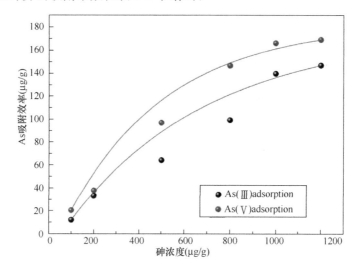

图 6-37   在不同的砷溶液浓度下 Fe-Mn-SBC(Mn/Fe＝1/2，材料
投加量为 200mg/L)对 As（Ⅴ）和 As（Ⅲ）的吸附等温线

用于 As（Ⅴ）和 As（Ⅲ）吸附的 Langmuir 和 Freundlich 等温线参数   表 6-3

砷的形态	Langmuir model			Freundlich model		
	$q_m(\mu g/g)$	$b(g/\mu g)$	R^2	$K_F(g/\mu g)$	n	R^2
As（Ⅴ）	249.37	0.0049	0.92	2.97	1.45	0.94
As（Ⅲ）	251.26	0.0015	0.74	0.4	1.34	0.97

注：q_m表示 As（Ⅴ）和 As（Ⅲ）的最大吸附容量；
　　n 代表 As（Ⅴ）和 As（Ⅲ）的吸附位点。

如表 6-3 所示，较高的回归系数（$R^2 > 0.92$）表明 Langmuir 和 Freundlich 模型都适用于描述 Fe-Mn-SBC 对 As（Ⅴ）的吸附过程。然而，表 6-3 中的回归系数表明，Freundlich 模型可以更好地描述 As（Ⅲ）的吸附过程。这说明 Fe-Mn-SBC 对 As（Ⅲ）的吸附过程主要是是在 Fe-Mn-SBC 表面发生的氧化 吸附动力学反应。计算出的 As（Ⅴ）最大吸附量为 249.37μg/L，As（Ⅲ）的最大吸附量为 251.26μg/L，As（Ⅴ）（$n = 1.45$）的吸附位点高于 As（Ⅲ）（$n = 1.34$）。As（Ⅴ）相比 As（Ⅲ）更容易被 Fe-Mn-SBC 吸附。然而，As（Ⅲ）发生氧化反应时，会在 Fe-Mn-SBC 表面产生更多 As 吸附位点，从而形成并释放了更多更容易被去除 As（Ⅴ），导致 Fe-Mn-SBC 对 As（Ⅲ）的吸附容量略高于 As（Ⅴ）。

3. Fe-Mn-SBC 氧化-吸附去除中 As（Ⅲ）转化为 As（Ⅴ）的过程

如上所述，As（Ⅲ）的吸附去除机理主要通过二氧化锰的氧化和铁矿物的吸附，因此通过图 6-38 所示的吸附试验条件对 Fe-Mn-SBC 氧化吸附 As（Ⅲ）的效果进行评估。初始 As（Ⅲ）浓度确定为 1000μg/L，如图 6-38（a）所示，在 160 min 时 Fe-Mn-SBC 对溶液中 As（Ⅲ）的氧化吸附达到平衡，As（Ⅲ）和 Fe-Mn-SBC 之间的反应在最初的 40min 内较快，并且在没有添加 H_2O_2 的情况下去除 As（Ⅲ）效率达到 70%。然而，在 H_2O_2 存在下，85% 左右的 As（Ⅲ）在 40min 内被氧化完全，这可能是由于 MnO_2 催化 H_2O_2 产生的自由基强化了 As 氧化作用，从而加速 As（Ⅲ）向 As（Ⅴ）的转化。如图 6-38（a）和表 6-4 所示，在未使用和使用 H_2O_2 处理的情况下，As（Ⅲ）向 As（Ⅴ）的最大转化率分别达到 93.87% 和 100%。此外，溶液中 As（Ⅴ）浓度的变化可以解释如下：在反应初期，Fe-Mn-SBC 吸附 As（Ⅲ）后可以快速氧化成 As（Ⅴ），从而导致在 Fe-Mn-SBC 中氧化剂 MnO_2 和 H_2O_2 含量的减少，形成的部分 As（Ⅴ）将从 Fe-Mn-SBC 表面解吸。因此，在最初 10min 内 As（Ⅴ）的浓度相对较高，随后溶液中的 As（Ⅴ）被 Fe-Mn-SBC 中的 Fe-OOH 快速吸附，从而使溶液中的 As（Ⅴ）浓度大幅降低。

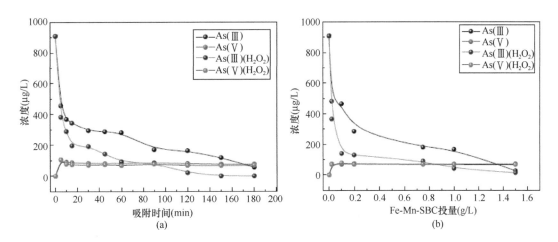

图 6-38　砷的氧化-Fe-Mn-SBC 的吸附效率（Mn/Fe＝1/2）

（a）通过吸附反应时间改变地下水中的砷浓度；（b）Fe-Mn-SBC 用量对砷去除效率的影响

不同溶液中砷的浓度和有/无 H_2O_2 下的总砷去除效率　　　　表 6-4

砷的形态	0min（μg/L）	180min（μg/L）	180min（μg/L）in H_2O_2
As（Ⅲ）	907.761	55.593	0
As（Ⅴ）	0	76.947	69.192

续表

砷的形态	0min(μg/L)	180min(μg/L)	180min(μg/L)in H_2O_2
Total As	907.761	132.54	69.192
As(Ⅲ)氧化作用	None	93.87%	100%
去除效率	None	85.35%	92.24%

4. Fe-Mn-SBC 修复含有腐殖酸和砷的复合污染型地下水

NOM广泛分布在水体中，并影响水中污染物的去除过程和效果。为了评估腐殖酸（HA）对 As(Ⅲ) 氧化-吸附去除的影响，比较研究了在有无 HA 的情况下，Fe-Mn-SBC 对含 As(Ⅲ) 污水进行修复处理。如图 6-39(a) 所示，在 HA 存在下 Fe-Mn-SBC 对 As(Ⅲ) 的氧化－吸附去除效率从 90% 降低到 73%，表明 HA 的存在会抑制 As(Ⅲ) 在水中的去除。这种现象可能由以下两个原因引起：首先，与 As(Ⅲ) 和 As(Ⅴ) 相比，HA 具有更高的分子量，因此它可以占据 Fe-Mn-SBC 的孔隙结构，从而使 As(Ⅲ)/ As(Ⅴ) 吸附位点减少；其次，HA 的存在可以减少 Fe-OOH 矿物转化过程，而 As(Ⅴ) 吸附与 Fe-OOH 矿物的量存在正相关关系（在 Fe(Ⅱ)-Mn(Ⅳ)-SBC 体系中，Fe-OOH 矿物可以由在 O_2 和 H_2O 的存在下原位生成的 Fe(Ⅲ) 形成，因此 As(Ⅴ) 的吸附量随之降低。由于 Fe-Mn-SBC 在 HA 和 As(Ⅲ) 之间存在空间位阻和竞争氧化，因此 HA 的存在可以抑制砷的氧化-吸附过程。

此外，如图 6-39(b) 所示，使用 TOC 测量共存的 HA 浓度，以评估在 Fe-Mn-SBC 在 As(Ⅲ) 氧化-吸附过程中 HA 的去除效率。结果表明，随着 Fe-Mn-SBC 用量的增加，有机物被矿化，TOC 浓度逐渐降低。Fe-Mn-SBC 投加量为 0.337 g/L 的情况下，投加 H_2O_2 前后 TOC 浓度从 10 mg/L 分别降至 8.07 mg/L 和 6.447 mg/L。这是因为 Fe-Mn-SBC 表现出类 Fenton 活性，可以催化 H_2O_2 分解并产生氧化性更强的自由基。

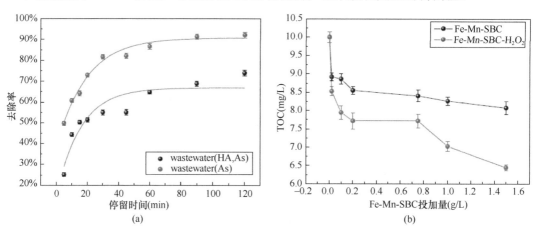

图 6-39 （a）HA 对 Fe-Mn-SBC 的砷吸附去除效率的影响（Mn/Fe＝1/2）；

（b）Fe-Mn-SBC 投加量对去除 HA 的影响

注：Fe-Mn-SBC 的用量为 200mg/L，初始砷浓度为 1000mg/L，HA 浓度为 10mg/L。

5. 吸附 As（Ⅴ）后 Fe-Mn-SBC 中的元素分布

由图 6-33(d)SEM 分析可以看出，与未使用的 Fe-Mn-SBC 相比，处理完含砷废水的

Fe-Mn-SBC 表面孔隙率较低，主要是因为 As 被吸附到 Fe-Mn-SBC 表面，降低了材料孔隙率。此外，Fe-Mn-SBC 吸附 As(Ⅲ)前后的 As 元素分布情况如图 6-40 所示。如 STEM-映射扫描(STEM-mapping scan)结果所示，吸附过程中 As 元素分布与 Fe 和 Mn 的分布密切相关。原泥中 Fe、Mn 和 As 元素的 STEM-映射扫描结果如图 6-40(a)所示，映射信号非常弱；如图 6-40(b)所示，WAS 在通过 KMnO4-Fe(Ⅱ)调理后，STEM-映射扫描中的 Fe 和 Mn 元素信号越来越强烈。表 6-5 和图 6-41 中的 EDX 分析表明，Fe 和 Mn 元素含量分别从 2.72%和 2.57%增加到 5.42%和 9.15%，表明在污泥调理过程中 Fe 和 Mn 元素会与 EPS 络合，然后在后续碳化过程后 Fe 和 Mn 元素仍得到保留并形成 Fe-Mn-SBC。同时，As 元素信号随着 As 吸附而增强，表明水中存在的 As 有效地吸附并富集到 Fe-Mn-SBC 的表面上。

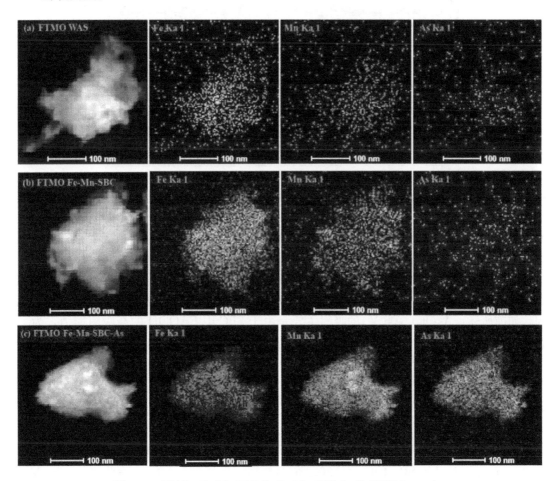

图 6-40 WAS、Fe-Mn-SBC 和 Fe-Mn-SBC-As 的 STEM-mapping

WAS 中元素含量				表 6-5
Sample	C %	N %	O %	Fe %	Mn %
WAS	51.96	0.98	40.89	2.72	2.57
Fe-Mn-WAS	36.12	3.16	43.24	5.42	9.15

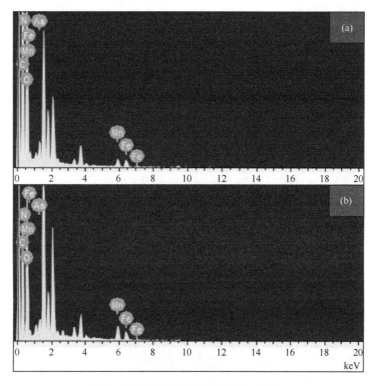

图 6-41　SEM-EDX图（元素分布图）
(a) WAS；(b) Fe-Mn-SBC

6.3.4　As（Ⅲ）在 Fe-Mn-SBC 上的氧化—吸附过程机理

从 XRD 图谱可以看出，在 Fe-Mn-SBC-As（Ⅲ）中出现了 SiO_2 的特征峰，这表明 SBC 中 MnO_2 对 As（Ⅲ）的氧化过程对 SBC 的晶体特征产生影响。此外，为了更好地了解 As（Ⅲ）吸附机理，利用 X 射线光电子能谱仪（XPS）分析 Fe-Mn-SBC 中锰和铁的氧化转化过程。如前所述，As（Ⅲ）/As（Ⅴ）的吸附主要是由于 SBC 中 Fe-OOH 的高吸附能力，为了确认 Fe-Mn-SBC 复合材料中 Fe^{2+}/Fe^{3+} 的存在，进行 XPS 测量以研究 Fe 的氧化态。Fe2p 和 Mn2p 电子结合能如图 6-42 所示，Fe-Mn-SBC 的 Fe2p XPS 光谱对应 712.08eV 和 726.38eV 处两个峰，分别属于 Fe2p $_{3/2}$ 和 Fe2p $_{1/2}$（Glisenti 2000）[图 6-42(b)]。Fe-Mn-SBC-As 的 XPS 光谱中 Fe2p $_{3/2}$ 的结合能弱于 Fe-Mn-SBC 中 Fe2p $_{3/2}$ 的结合能，Fe $2p_{3/2}$ 对应的曲线可以在 711.6eV 和 714.28eV 处拆分成两个峰，分别对应于 Fe^{2+} 和 Fe^{3+}，然而 Fe-Mn-SBC 的 Fe $2p_{3/2}$ XPS 图谱仅出现在与 Fe^{2+} 有关的 712.08eV 处。Fe-Mn-SBC-As 的 Fe $2p_{1/2}$ 峰值比 Fe-Mn-SBC 的峰值（726.38eV）更高，达到 727.29eV。除此之外，Fe-Mn-SBC 的 Mn $2p_{3/2}$ 和 Mn2p$_{1/2}$ XPS 光谱几乎相同，642.18eV 和 653.38eV 的峰位表明 Mn^{4+} 的存在，说明污泥炭中含有 MnO_2。复合材料应用于含 As（Ⅲ）污水处理后，Fe-Mn-SBC 中的部分 Fe^{2+} 被 MnO_2 氧化成 Fe^{3+}，氧化吸附过程对 Fe-Mn-SBC 中 MnO_2 依然会含有，这将有利于 Fe-Mn-SBC 在水处理中重复利用。

此外，利用电子自旋共振仪检测在 H_2O_2 与 Fe-Mn-SBC 反应过程中产生的活性自由基。如图 6-42（c）所示，在 H_2O-Fe-Mn-SBC 催化体系的中检测到显著的 DMPO-OH 自

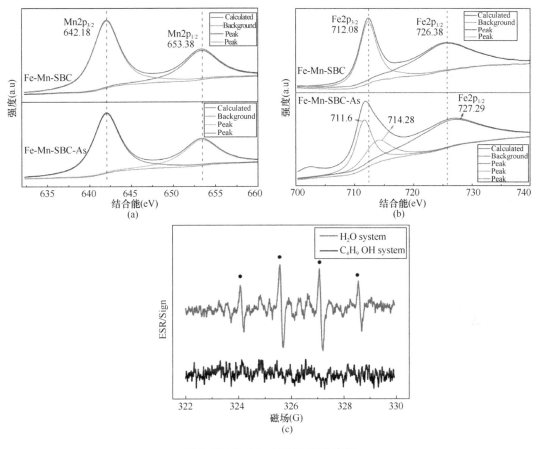

图 6-42　Fe-Mn-SBC 的 XPS 表征

(a) Mn；(b) Fe；(c) 由 Fe-Mn-SBC 与 H_2O_2 反应得到的 DMPO 电子自旋共振分析

注：ESR 光谱仪是由 DMPO（110.46m mol/L），H_2O_2（0.15g/L）和 Fe-Mn-SBC（100mg / L）在 H_2O 或 C_4H_9OH 体系中的混合反应得到的。(·) 代表 DMPO-OH 加合物

旋化合物和一些未知信号峰，这表明在添加了 H_2O_2 后 Fe-Mn-SBC 氧化—吸附去除 As（Ⅲ）的过程中产生了·OH 自由基。众所周知，因为 DMPO 与·OH 的反应速率比与 O_2^- 自由基快得多，导致·O_2^- 在水溶液中不稳定，很容易迅速分解成·OH。因此，尽管它确实是在催化反应过程中形成的，但 DMPO-O_2 峰很难被检测到。为了进一步研究在添加 H_2O_2 后 Fe-Mn-SBC 吸附 As（Ⅲ）的过程中是否形成了·O_2^-，使用 C_4H_9OH 代替 H_2O 作为·OH 自由基猝灭剂，并减慢·O_2^- 基团的消减速率。结果表明，在加入 H_2O_2 后，Fe-Mn-SBC 在 C_4H_9OH 体系中反应时，没有检测出明显的 DMPO-O_2。这表明·OH 自由基在 Fe-Mn-SBC-H_2O_2 体系对 As（Ⅲ）的氧化作用中起到主要作用，同时·OH自由基还可用于有机污染物的降解。

6.4　$CeCl_3$ 及其联合调理改善污泥脱水性耦合多功能材料制备

本节对氯化铈（$CeCl_3$）与污泥中有机高分子聚合物的调理效率进行了评估，分析了絮凝条件下的絮凝微结构和细胞外聚合物质(EPS)。通过二维相关光谱，X射线光电子能谱和激光扫描显微镜系统地研究了EPS与Ce(Ⅲ)的相互作用机理。此外，评估了铈-污泥基碳(Ce-SBC)在水中对四环素(TC)的吸附和催化能力。

6.4.1 CeCl$_3$调理和CeCl$_3$-CPAM调理对污泥特性的影响

1. CeCl$_3$调理和CeCl$_3$-CPAM调理对污泥脱水性能的影响

由图6-43(a)可知，经过调理之后，污泥的CST$_n$由99.69s·L/g下降至22.77s·L/g，降幅为77%。CST$_n$的下降是由于Ce^{3+}明显促进了污泥中部分结合水向自由水方向的转化，改善了泥水分离特性。由图6-43(b)可知，SRF的变化趋势与CST$_n$相似，在0.07MPa负压下抽滤，SRF最终由3.14×10^{13}m/kg下降至4.57×10^{12}m/kg；在0.05MPa负压下则由1.64×10^{13}m/kg下降至4.02×10^{12}m/kg，表明污泥过滤性能均明显改善并且改善作用在Ce^{3+}投加量不大于30mg/g TSS时更为显著。

由图6-43(c)可知，污泥泥饼含水率随着Ce^{3+}投加量的增加而不断下降，由未经调理时的1.93下降至最终调理后的0.38。表明污泥絮体结构由松散变得越来越坚固紧实，不易变形，由此缓解了泥饼因受压而导致空隙闭合、可滤性降低的不利情况。无机混凝剂可以通过与EPS相互作用压缩凝胶状结构，并且其水解产物可以作为骨架提升污泥絮体强度从而降低污泥泥饼含水率。

在此基础上使用CeCl$_3$-CPAM联合调理（20mg Ce（Ⅲ）/g TSS），如图6-44所示，

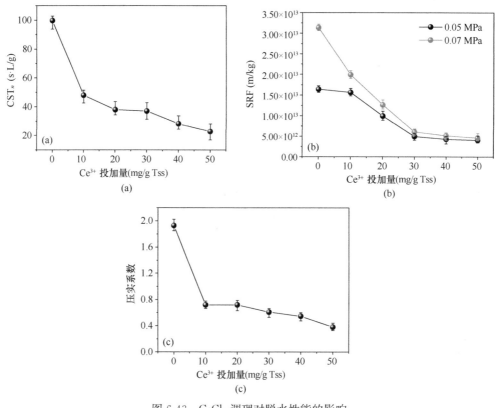

图6-43 CeCl$_3$调理对脱水性能的影响

(a) CST$_n$；(b) SRF；(c) 压缩系数

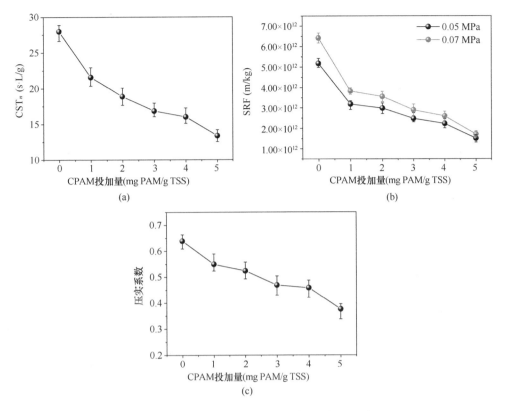

图 6-44　CeCl$_3$-CPAM 调理对脱水性能的影响

(a) CST$_n$；(b) SRF；(c) 压缩系数

CeCl$_3$-CPAM 联合调理将原泥的 CST$_n$ 由 28.0s·L/g 降至 13.3s·L/g，而 SRF 由 3.14×10^{13} m/kg 下降至 4.57×10^{12} m/kg（0.07MPa）以及 1.64×10^{13} m/kg 下降至 4.02×10^{12} m/kg（0.05 MPa），同时可压缩系数由 0.64 下降至 0.38。值得注意的是，在 CeCl$_3$-CPAM 联合调理条件下的污泥脱水性能优于 50mg Ce（Ⅲ）/g TSS 条件的污泥，这表明 CPAM 与 CeCl$_3$ 在污泥调理中表现出协同作用。

通常，无机混凝剂可以通过电中和作用和络合吸附作用压缩污泥双电层，而有机絮凝剂则是通过污泥颗粒之间的架桥作用增加污泥絮凝体尺寸。CPAM 是一种带正电荷的且具有丰富枝杈状结构的絮凝剂，因此 CPAM 可以通过电中和及架桥与污泥颗粒相互作用，使污泥颗粒团聚。CPAM 与 CeCl$_3$ 在污泥调理中的协同作用可能是由于无机混凝剂和有机絮凝剂的不同作用机制所致。在污泥调理过程中，通过无机絮凝剂产生的初级絮凝颗粒，经 CPAM 絮凝后进一步转化为更大尺寸的二级絮凝体。

2. CeCl$_3$ 调理和 CeCl$_3$-CPAM 调理对污泥絮凝物 Zeta 电位和粒径的影响

污泥的粒径和 Zeta 电位是污泥的两个重要特征参数。如图 6-45（a），CeCl$_3$ 单独调理条件下的粒径（D_{50}）表现出先降后升的趋势。从图 6-45（b）可以看出 zeta 电位从 −14.10mV 增加至 −1.72mV，表明污泥絮凝表面负电性减弱。活性污泥中含有磷酸基团、羧基基团、氨基基团等多种阴离子基团，使污泥絮凝体表面富集大量负电荷。无机混凝剂处理可以中和污泥颗粒表面的电荷，使絮体失稳并压缩双电层，提高污泥絮体强度，

$CeCl_3$ 调理同样对污泥产生了电中和作用。污泥的脱水能力与其 Zeta 电位正相关，这与之前的研究一致。结果表明，电中和作用而非架桥作用是 $CeCl_3$ 调理的主要作用机理。

如图 6-45(c)，随着 CPAM 用量增加，D_{50} 从 $124\mu m$ 增加至 $207\mu m$。D_{50} 上升的主要原因是污泥颗粒之间的架桥作用使污泥聚集性增强。随着 CPAM 用量的增加，zeta 电位从 $-12.6mV$ 逐渐增加到 $-9.8mV$，表明 CPAM 可以有效中和污泥表面负电荷。CPAM 可能导致污泥凝胶体系失稳并发生电荷中和，絮凝剂用量越高则架桥-絮凝作用越明显。

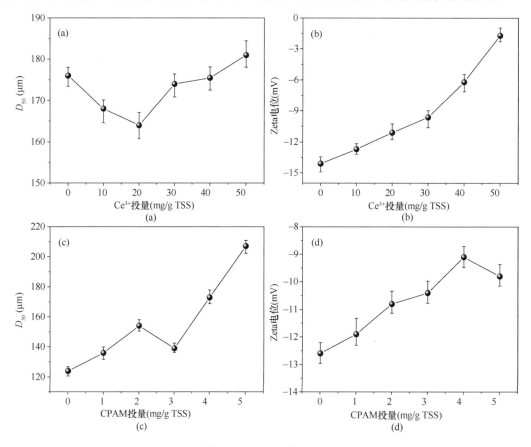

图 6-45　Zeta 电位和 D_{50}

(a) $CeCl_3$ 调理后污泥 D_{50}；(b) $CeCl_3$ 调理后污泥 Zeta 电位；
(c) $CeCl_3$-CPAM 调理后污泥 D_{50}；(d) $CeCl_3$-CPAM 调理后污泥 Zeta 电位

3. $CeCl_3$ 及其联合 CPAM 调理对污泥 EPS 分布和组成的影响

调理过程中污泥 EPS 中蛋白质、多糖和腐殖酸含量变化如图 6-46(a)所示。$CeCl_3$ 调理后 S-EPS 和 TB-EPS 中生物聚合物浓度下降，而 LB-EPS 趋于稳定。$Ce(\mathrm{III})$-EPS 的相互作用导致污泥絮体强度提升，从而降低 EPS 的可提取性。许多研究同样发现 EPS 中蛋白质含量和污泥絮体强度是污泥脱水性能的两个重要影响因素。如图 6-46(d)～(f)所示，CPAM 对 EPS 中蛋白质、腐殖酸和多糖的含量没有明显的影响。由此可见，$CeCl_3$ 主要通过与 EPS 中的生物聚合物作用，而 CPAM 对 EPS 的影响较小。$CeCl_3$-CPAM 调理后污泥脱水性能的进一步提高的主要原因是 CPAM 造成的污泥物理性质变化(污泥粒径的上升和絮体强度的提高)。Wang 等人同样发现 CPAM 的用量对污泥中生物高分子含量影响不明显。

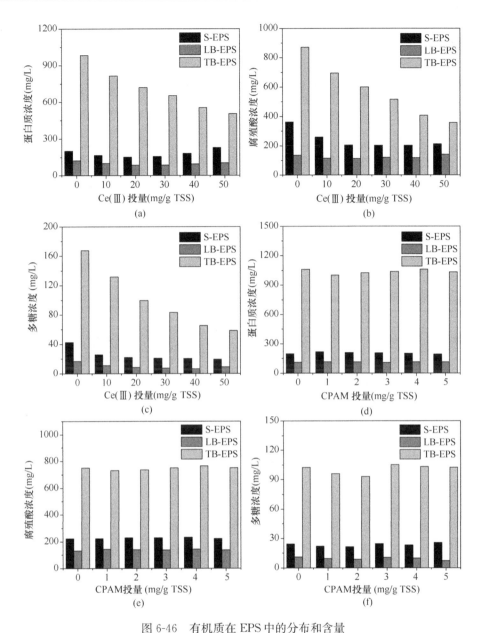

图 6-46　有机质在 EPS 中的分布和含量

（a）CeCl₃ 处理后蛋白质；（b）CeCl₃ 处理后腐殖酸；（c）多糖；（d）CeCl₃-CPAM 处理后蛋白质；

（e）CeCl₃-CPAM 处理后腐殖酸；（f）CeCl₃-CPAM 处理后多糖

6.4.2　EPS 与 Ce（Ⅲ）的相互作用机理

1. 紫外可见（UV-Vis）光谱分析

对 EPS-Ce（Ⅲ）反应后的混合物进行了紫外—可见吸收光谱扫描［图 6-47（a）］，使用微分光谱归一化方法提高光谱分辨率，吸收强度在 190～600nm 波段呈准指数形式下降。图 6-47（b）中存在 3 个主要的溶解性有机物发色团（CDOM），峰值分别位于 215nm、253nm 和 270nm，$CDOM_{270}$ 是 CeCl₃ 消除 240～270nm 区域的肩峰而形成的。随着 Ce（Ⅲ）浓度的增加，所有峰值均存在不同程度的提升尤其是 $CDOM_{253}$。结果表明，Ce（Ⅲ）

对 EPS 有增色作用且其结合位点的位置主要在于短波段。对数变换处理可以更好地展示样品中金属结合峰[图 6-47(c)]，在 198nm 和 253nm 有两个明显的峰，其中 $CDOM_{198}$ 在 Ce（Ⅲ）用量发生改变时没有明显的强度变化，由此说明 Ce（Ⅲ）不与 $CDOM_{198}$ 发生反应，$CDOM_{253}$ 可能是由于不饱和化合物中的 $C=C$，$C\equiv C$ 或芳环发生 $\pi \rightarrow \pi*$ 跃迁而产生。

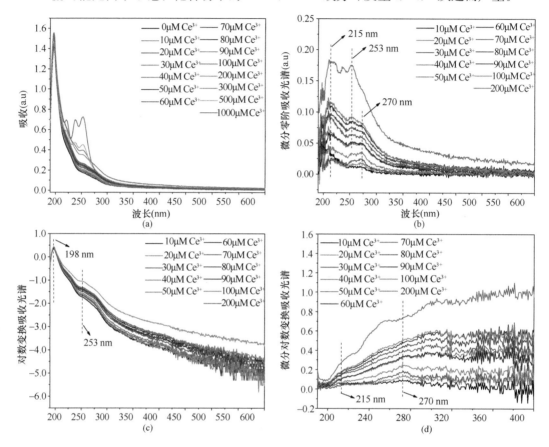

图 6-47　Ce（Ⅲ）对 EPS 紫外-可见吸收光谱的影响

（a）原始吸收光谱；（b）微分零阶吸收光谱；（c）对数变换吸收光谱；（d）微分对数变换吸收光谱

2. 二维相关光谱分析

二维相关光谱是考虑在一个外干扰变量（时间、温度、压强和浓度等）下光谱强度的变化规律，可以广泛适用于拉曼光谱，红外，紫外分光等的分析中。其中同步二维相关光谱可用于分析变量之间的协同程度，而异步相关光谱则用于判断光谱变化强度顺序。二维相关光谱是通过引入干扰变量，相比普通的光谱化学分析可以获取更多信息，例如 EPS 与污染物质结合的顺序与强度。

（1）二维紫外相关光谱（2D-UV-COS）分析

采用 2D-UV-COS 分析 EPS 中溶解有机质（DOM）与 Ce（Ⅲ）相互作用，图 6-48(a) 中存在三个自动峰（253、239 和 224nm）和 3 个正交叉峰（λ_1/λ_2：253/224nm；λ_1/λ_2：253/239nm 和 λ_1/λ_2：253/215nm）。自动峰的强度与 CDOM 对 Ce（Ⅲ）的响应程度有关，其响应程度为 $CDOM_{253} > CDOM_{239} > CDOM_{224} > CDOM_{215}$。异步谱图 6-48（b）存在两个负交叉峰（$\lambda_1/\lambda_2$：253/215nm 和 λ_1/λ_2：239/224 nm）。根据 Noda 法则，CDOM 与 Ce（Ⅲ）的反应活性

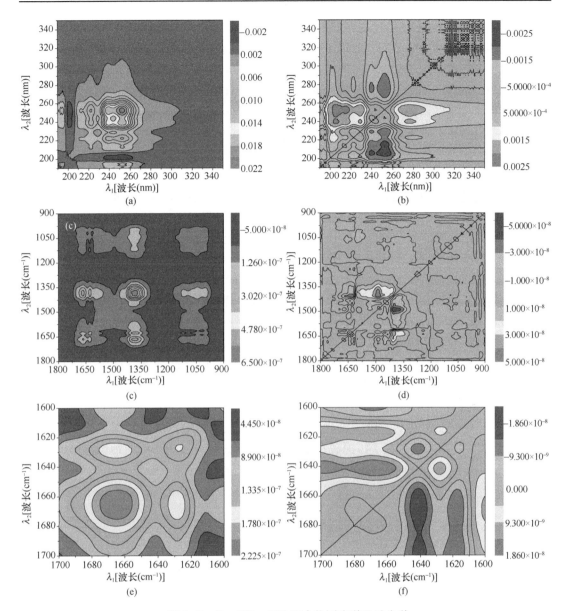

图 6-48　Ce（Ⅲ）-EPS 混合物同步谱和异步谱

（a）同步 2D-UV-COS；（b）异步 2D-UV-COS；（c）同步 2D-FTIR-COS（1800～900cm^{-1}）；
（d）异步 2D-FTIR-COS（1800～900cm^{-1}）；（e）同步 2D-FTIR-COS（1700～1600cm^{-1}）；
（f）异步 2D-FTIR-COS（1700～1600cm^{-1}）

顺序为：$CDOM_{215} > CDOM_{224} > CDOM_{239} > CDOM_{253}$。紫外—可见光谱（$\lambda < 400nm$）中的 CDOM 峰主要是来自不同的芳香基团，这些 CDOM 主要来自 EPS 中的腐殖酸和蛋白质。

（2）二维红外相关光谱（2D-FTIR-COS）分析

图 6-48(c) 中存在 4 个正自动峰，分别为酚羟基的 O-H（1380cm^{-1}）、羧基的-OH（1400cm^{-1}）、-NH$_2$（1656cm^{-1}）和 C-O-C（1040cm^{-1}）。酚羟基、-NH$_2$ 和 C-O-C 分别对应腐殖质、蛋白质和多糖的特征官能团。根据这些峰的强度可以得出有机质与 Ce(Ⅲ) 的响应强度为：酚羟基＞羧基＞－NH$_2$＞C-O-C。此外，图中还有 5 个正交叉峰（λ_1/λ_2：1380/

$1656cm^{-1}$；$1400/1656cm^{-1}$；$1040/1656cm^{-1}$；$1040/1400cm^{-1}$；$1040/1380cm^{-1}$），表示对应官能团（羧基、酚羟基、$-NH_2$、C-O-C）与Ce(Ⅲ)浓度的变化趋势正相关。根据图6-48(d)中的正、负交叉峰，可以推断不同基团的反应活性顺序为：羧基＞酚羟基＞$-NH_2$＞C-O-C。图6-48(e)和图6-48(f)是蛋白质酰胺Ⅰ带（$1600\sim1700cm^{-1}$）细节图，从中可以发现EPS中蛋白质二级结构的变化。此波段可以细分为4种不同的蛋白质二级结构，包括β折叠（$1640\sim1610cm^{-1}$）、无规卷曲（$1650\sim1640cm^{-1}$）、α螺旋（$1660\sim1650cm^{-1}$）和β旋转（$1695\sim1660cm^{-1}$）。根据对角线上的正自动峰，判断响应强度顺序为β-旋转＞α-螺旋＞β-折叠＞无规卷曲[图6-48(e)]。α-螺旋含量与蛋白质表面疏水强度呈负相关，并且低含量α-螺旋可能造成蛋白质结构变得更为疏松。松散的蛋白质结构会暴露更多分子内疏水位点，从而使蛋白质分子的疏水性增强。根据Noda法则判断蛋白质二级结构与Ce(Ⅲ)的反应活性强度的顺序为：β-旋转＞α-螺旋＞β-折叠＞无规卷曲。

（3）二维紫外-红外(2D-UV-FTIR)杂谱相关光谱

如图6-49(a)所示，254nm和223nm的紫外峰与$1656cm^{-1}$、$1400cm^{-1}$和$1040cm^{-1}$的红外峰负相关，与$1490cm^{-1}$处的红外峰正相关。这一现象证明芳香基团在与Ce(Ⅲ)反应时可能与羧基、酰胺基、C-OH和C-O-C等基团存在竞争关系。图6-49（b）中存在$1650cm^{-1}$($-NH_2$)与$CDOM_{223}$和$CDOM_{280}$的正交叉峰，$CDOM_{223}$和$CDOM_{280}$分别是腐殖酸和蛋白质的特征峰。可知EPS中官能团与Ce(Ⅲ)的反应活性强度顺序为$CDOM_{223}$＞$CDOM_{280}$＞$-NH_2$，腐殖酸中的芳香基团相较蛋白质中的$-NH_2$基团更为活跃，由此推断EPS-Ce(Ⅲ)的相互作用中腐殖酸的反应活性比蛋白质更活跃。腐殖质会对过滤介质造成不可逆污染，Ce(Ⅲ)处理将EPS中的腐殖酸截留于污泥絮体中，从而降低了EPS中腐殖酸含量。$CeCl_3$处理不仅有利于污泥脱水，还可以减轻过滤介质的不可逆污染。

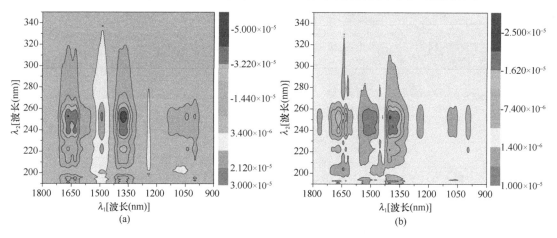

图6-49　Ce(Ⅲ)-EPS混合物的2D-UV-FTIR杂谱分析
(a) 同步2D-UV-FTIR；(b) 异步2D-UV-FTIR

6.4.3　Ce-SBC对四环素的氧化-吸附去除的作用过程

未处理污泥碳材料(Raw-SBC)去除四环素(TC)的效果略优于$CeCl_3$处理污泥碳材料(Ce-SBC)。Raw-SBC和Ce-SBC都与准二级动力学模型有较高的拟合度[图6-50(a)和(b)]，表明TC吸附过程主要机理为化学吸附。Ce-SBC吸附TC过程的Langmuir模型和

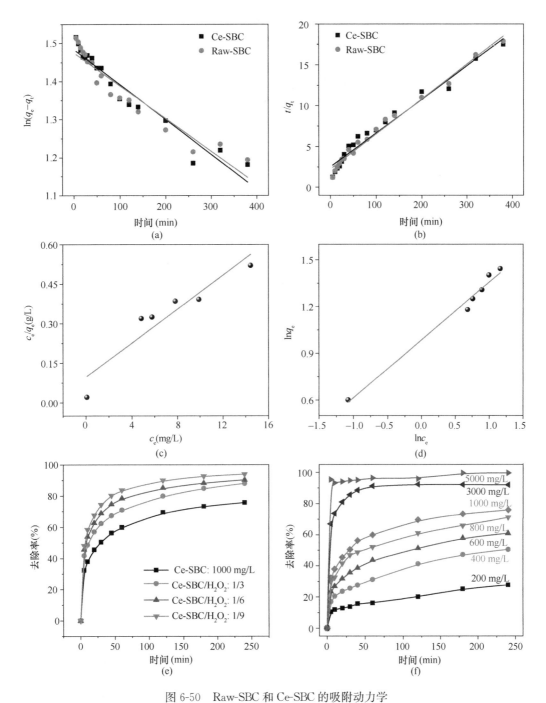

图 6-50　Raw-SBC 和 Ce-SBC 的吸附动力学

（a）准一级动力学方程；（b）准二级动力学方程；Ce-SBC 的吸附等温线；（c）Langmuir 模型；
（d）Freundlich 模型；Ce-SBC 的催化能力；（e）Ce-SBC-H₂O₂ 体系（Ce-SBC：1000mg/L）
TC 的去除率；（f）Ce-SBC 剂量对 TC 吸附的影响

Freundlich 模型拟合 R^2 值分别为 0.86 和 0.98[图 6-50（c）和（d）]。如图 6-50（e），当 Ce-SBC/H₂O₂ 质量比为 1/3、1/6 和 1/9 时，Ce-SBC-H₂O₂ 体系的 TC 去除率相较 Ce-SBC 单纯吸附由 73.8% 分别提高至 88.0%、90.4% 和 93.4%。反应前后 Ce-SBC 的 XPS

表征如图 6-51 所示，反应的碳材料内 Ce 元素峰可划分为 10 个峰，峰 U′、U₀、V′、和 V₀ 对应 Ce(Ⅲ)，其他峰对应 Ce(Ⅳ)。Ce-SBC 材料中 Ce(Ⅲ) 和 Ce(Ⅳ) 相对含量分别为 32.5% 和 67.5%，在 Ce-SBC-H_2O_2 体系反应完成后，Ce-SBC 中 Ce(Ⅲ) 和 Ce(Ⅳ) 的相对含量分别变成 75.5% 和 24.5%。Ce 的价态变化证明了 Ce-SBC 的类芬顿催化能力，这与 Heckert 等人的研究结果一致。由于 H_2O_2 的作用，Ce 在 +4 价与 +3 价之间的循环变化中产生 ·OH 了自由基。图 6-52 所示的电子自旋共振仪测定结果表明 $^1O_2$ 和 ·OH 自由基的产生是促使 TC 进一步降解的原因。

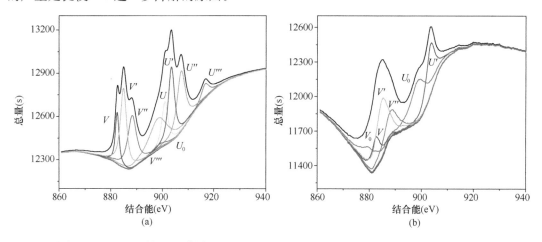

图 6-51　Ce-SBC 的 XPS 谱图（a）和 Ce-SBC-H_2O_2 处理后 Ce-SBC 的 XPS 谱图（b）

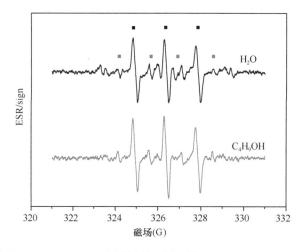

图 6-52　Ce-SBC 电子自旋共振分析［DMPO（110.46mM）、
H_2O_2（0.15g/L）和 Ce-SBC（100mg/L）］

6.5　污泥水热处理过程中有机质的转化规律及其与宏观物理性能的关联机制

污泥的水热处理（温度一般在 40～220℃之间）是指将污泥在密闭的容器中进行加

热，使得污泥 EPS 和细胞体由于受热而释放出蛋白质、多糖、核酸等大分子有机物，结合水也被大量释放出来。基于水热处理的污泥资源化利用方式众多，大致的路线可以分为三种：厌氧消化预处理、回收腐殖酸或蛋白质和改善污泥脱水效能。然而，污泥中生物聚合物在水热过程的转化规律与污泥的宏观物理特性（脱水性能和流变行为）的关联机制尚未得到深入研究。同时，对水热处理工艺中溶解有机产物的转化也缺乏了解，因此限制了污泥高效回收有机物的技术发展。本节中，主要讨论和分析以下几个问题：①研究水热处理下污泥的宏观物理性质（脱水性和流变行为）的变化（80～200℃，2.96wt％WAS）；②利用三维荧光激发发射矩阵光谱（EEM）和 X 射线光电子能谱（XPS）傅里叶变换红外光谱仪（FT-IR）和动态光散射（DLS）研究水热处理下污泥固相和液相中生物聚合物（蛋白质，多糖和腐殖酸）的转化；③建立水热处理中宏观物理性质与生物聚合物转化的关系模型。

6.5.1　污泥水热处理过程中的宏观物理性质

1. 水热处理对污泥脱水性能的影响

水热处理工艺后的污泥脱水性变化如图 6-53 所示，温度范围为 25℃ 至 200℃。随着水热温度的升高，SRF 和 CST 先上升后下降。通过将温度升至 120℃，它们达到最大值 2.52×10^{18} m·kg^{-1} 和 61.46s·L/g。当温度进一步升高时，SRF 和 CST 降低并在 200℃ 达到最小值。Yu 等人（2014）和 Liu 等人（2019）报道，在水热处理后污泥脱水性逐渐恶化，并且当温度超过 100℃ 和 140℃ 的阈值温度时，恶化得到缓解。阈值温度的差异可能是由水热处理的操作参数的差异引起的。Liu 等人（2019）还提出有机物的释放导致污泥脱水性能的恶化，并且水热温度的进一步升高导致蛋白质分子结构的破坏，从而改善脱水性能。通常认为污泥的胞外有机聚合物会形成网络状的类凝胶结构，其是影响污泥脱水性的重要因素。

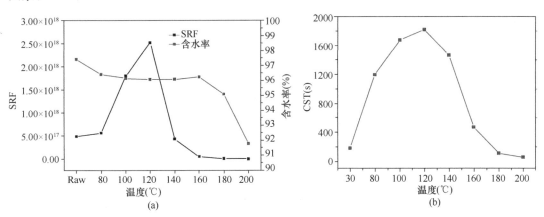

图 6-53　水热处理对不同温度下污泥脱水性的影响

（a）SRF；（b）CST$_n$

2. 水热处理对污泥流变性的影响

不同水热温度下剪切应力和剪切黏度随施加剪切速率的变化如图 6-54 所示，所有测试样品流动曲线的斜率随着剪切速率的增加而降低，表现出剪切变稀特性。由于污泥絮体的不对称结构，絮状物在剪切时沿流动方向取向。此外，污泥絮凝物具有高度可变形性和可压缩性，因此它们在剪切下沿流动方向拉伸。一般来说，污泥絮体在剪切流动过程中从无序状态变为有序状态，宏观黏度会下降。在剪切过程中絮体的崩解也可能有助于降低流动阻力。此外，Xu 等人的研究（2018）已经表明，絮体表面上的大分子（如蛋白质）的亲水结构与水分子结合形成水合笼，这种溶化作用增加了絮体的有效体积。剪切过程能够破坏水合笼并释放结合水，这降低了絮体的有效体积并进一步减小了流动期间的阻力。如图 6-54 所示，所有测试的污泥样品都具有屈服应力，表明污泥絮体之间存在相互作用力。这可能是由于 EPS 的具有凝胶状网络结构，当剪切应力足以破坏絮凝物之间的结合时，污泥絮体开始流动。综上所述，所有污泥样品的流动曲线具有产生假塑性流体的基本特征。

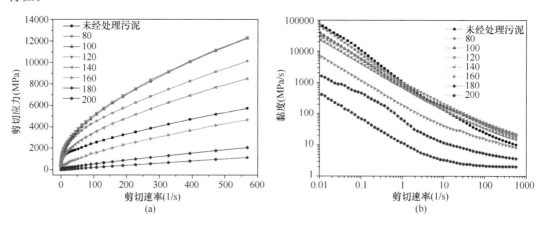

图 6-54　在不同水热处理温度下施加的剪切速率的函数
(a) 剪切应力；(b) 剪切黏度

通过提高水热温度，低剪切速率下污泥的黏度（$\mu_{0.01}$）降低，说明污泥在低速条件下的流动阻力较小。通常，黏度较低的流体代表着更好的过滤性能，但 SRF 数据并不遵循这一规律。在高剪切速率（$>10s^{-1}$）下，污泥的剪切应力和黏度并不是随温度上升而呈现出线性变化。高剪切时的黏度速率（μ_{500}）首先增加，当水热温度超过 120℃ 的温度下开始减小，最终在 200℃ 时达到最小值。在温度超过 160℃ 时，黏度显著下降，在温度为 200℃ 时黏度与原泥相比下降了 99%，表明污泥的流动性在高剪切应力条件下大幅提高，并影响到污泥的脱水性能。

为了更好地了解水热过程中污泥流动特性的变化，分别利用 Herschel-Bulkley（H-B）、Pseudoplastic、Newtonian、Bingham 和 Cassonian 模型拟合污泥流动曲线，每种模型的参数如表 6-6 所示。所有污泥样品的流动曲线均最符合 H-B 模型（$R^2 \geqslant 0.997$）。通过将水热温度从室温升高到 200℃，污泥的屈服应力（τ_0）从 0.972Pa 显著降低到 0.008Pa，表明污泥絮凝物之间的相互作用显著减弱，同时絮体间相互作用力的下降会降低其流动时所受的阻力。随着温度从室温升至 120℃，稠度系数（k）从 0.076Pa·s 显著提高至 0.457Pa·s，然后在 200℃ 时急剧下降至 0.002Pa·s。相反，污泥流量指数（n）从 0.651 下降到 0.509，然后上升到 0.981，表明污泥流动性先减弱后增强，这与污泥脱水性的变化一致。此外，随着水热温度的升高，污泥的牛顿流体性质逐渐出现并增强，牛顿流体模型在 200℃ 时的相关系数达到 0.9985。

水热处理后污泥流动模型参数　　　　　　　表 6-6

Temperature (℃)	Herschele-Bulkley				Pseudoplastic			Bingham			Newtonian		Cassonian		
	R^2	k	n	τ_0	R^2	k	n	R^2	μ_b	τ_0	R^2	μ	R^2	μ_b	τ_0
Raw	0.997	0.076	0.651	0.972	0.794	1.258	0.140	0.958	0.009	1.150	0.093	0.013	0.997	0.004	0.938
80	0.998	0.305	0.54	0.657	0.871	1.266	0.238	0.918	0.019	1.254	0.680	0.023	0.981	0.010	0.937
100	1.000	0.374	0.543	0.430	0.942	1.064	0.310	0.923	0.023	1.165	0.792	0.027	0.979	0.013	0.839
120	0.998	0.457	0.509	0.488	0.983	1.164	0.316	0.912	0.023	1.329	0.741	0.028	0.975	0.013	0.977
140	0.999	0.266	0.536	0.362	0.973	0.797	0.308	0.922	0.016	0.878	0.762	0.019	0.98	0.009	0.639
160	1.000	0.069	0.659	0.102	0.943	0.247	0.368	0.962	0.009	0.267	0.911	0.010	—	—	—
180	0.999	0.012	0.816	0.043	0.914	0.082	0.379	0.99	0.004	0.074	0.768	0.004	—	—	—
200	1.000	0.002	0.981	0.008	0.904	0.019	0.484	1.000	0.002	0.010	0.999	0.002	—	—	—

6.5.2　水热处理过程中污泥絮体形态特征的变化

　　水热过程中污泥絮体粒径的变化如图 6-55（a）所示。在 30～80℃的温度范围内，水热处理中的污泥絮体尺寸没有明显变化。随着温度进一步升高至 120℃以上，颗粒尺寸略微减小。该结果表明当温度低于 120℃时水解效果非常温和，污泥絮体呈松散态。图 6-56 中的 SEM 图像也证实，随着水热温度的升高，污泥絮体开始崩解，表面变得疏松，并且清楚地观察到一些不规则的长丝。絮体的松散结构表现出强烈的可变形性，并且较小的絮凝物尺寸也有助于降低黏度，因此流动期间的阻力和黏度不断降低。此外，生物聚合物在污泥的高温条件下水解过程强烈，污泥的颗粒尺寸显著减小，表明污泥絮体被分解并分裂成小碎片。这导致在高于 140℃的温度下黏度急剧下降，其粒径变化与 Wang 等人（2017 年）的报道一致。

　　通常，尺寸大的絮体表示污泥颗粒具有较好的脱水性能，因此这里情况的不一致性表明脱水性可能受其他因素的支配。在低于 160℃的温度下，污泥絮体的结构松散，这与由

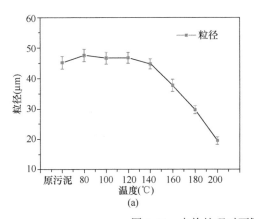
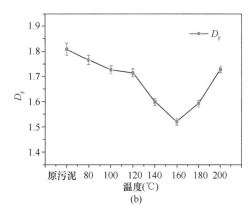

图 6-55　水热处理对不同温度下污泥絮凝物粒径

（a）分形维数；（b）影响

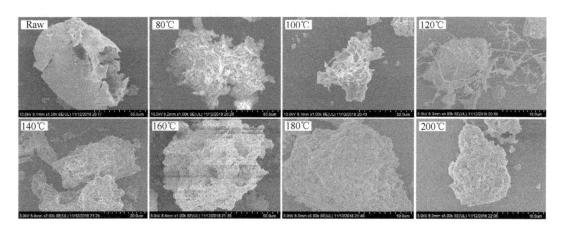

图 6-56　FE-SEM 图像显示在不同温度下水热处理后的污泥絮状物形态

粒度变化获得的结果一致。然而，将水热温度升高到 160℃ 以上后，絮体变得致密，这可能是由于大部分具有松散结构的 EPS 被水解并溶解在液相中，并且导致污泥中的无机矿物部分增加并形成致密结构体。SEM 图像（图 6-56）还显示，当温度超过 160℃ 时，<u>丝状物逐渐从絮体中消失，反而变得紧凑并形成粗糙表面</u>。

6.5.3　水热处理对污泥液相产物的影响

1. 水热处理对污泥有机质溶出效率的影响

如图 6-57（a）和（b）所示，可溶性 EPS 组分中蛋白质和多糖的含量随着水热温度的升高而增加，这与 García（2017）的发现一致。水热温度升高至 200℃，溶解的蛋白质含量达到最大值（4302mg/L），表明水热处理是有效回收污泥中有机物的潜在方法。LB-EPS 中的有机质含量略有增加，表明在这种条件下形成了松散结构的污泥絮状物。当水热温度为 160℃ 时，多糖含量增至最大值，而随着温度的进一步升高，多糖含量降低，表明多糖可能在高温下降解或参与其他反应。

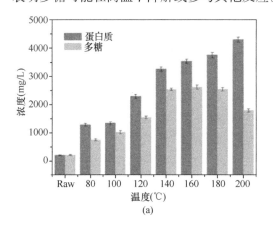

(a)

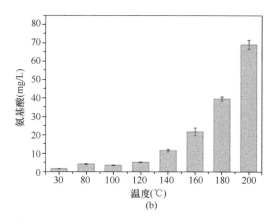

(b)

图 6-57　水热处理对污泥 EPS 组成的影响
（a）蛋白质；（b）多糖

如前所述，污泥 EPS 中的有机物具有网状凝胶状结构并含有大量结合水。在水热处理期间，随着 EPS 的破坏絮体逐渐崩解，这导致低剪切速率（0.1s^{-1}）下剪切应力显著降低。在高剪切速率和温度低于 120℃ 的条件下，这些有机物质的释放导致液体黏度（μ_{500}）增加和污泥流动性减弱。然而，当温度超过 120℃ 时，μ_{500} 开始下降，这表明释放到污泥液体中的黏性生物聚合物（如蛋白质和多糖）可能会被损坏和/或转化为其他物质。屈服应力降低表明，随着温度的升高，EPS 组成的凝胶状结构不断被破坏。此外，在水热过程中有机物的疏水性可能会增强，凝胶结构的破坏削弱了有机物抵抗机械剪切的能力，同时疏水性的增强导致污泥中凝胶状结构中结合水的释放，降低了污泥液相的黏度，从而增强了污泥的流动行为。

2. 水热处理对污泥化学成分的影响

(1) 可溶性 EPS 组分化学成分的变化

如图 6-58 所示，污泥上清液 3D-EEM 图谱中观察到三个不同的峰：峰 A（$\lambda_{E_x/E_m} = 220nm/305nm$），峰 B（$\lambda_{E_x/E_m} = 280nm/345nm$）和峰 C（$\lambda_{E_x/E_m} = 350nm/430nm$），分别表示酪氨酸蛋白，色氨酸蛋白和腐殖酸样物质。峰 A 和峰 B 的荧光强度首先随温度升高，然后在 120℃ 下降，在 200℃ 时几乎消失。该结果与图 6-48（a）中蛋白质含量的变化不一致，表明在水热处理过程中蛋白质的分子结构可能被破坏和/或转化为其他物质。峰值 C 未出现在原污泥样品中，随着水热温度的升高，其荧光强度逐渐增强。

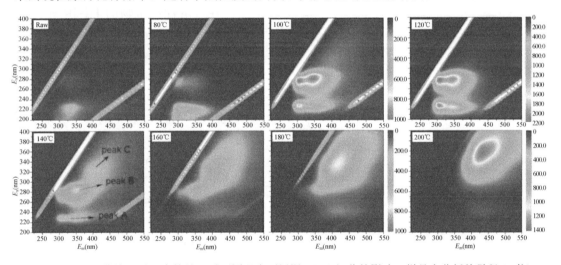

图 6-58 EEM 曲线显示了水热处理对不同温度下污泥 SEPS 组分的影响（样品在分析前稀释 20 倍）

为了判断腐殖酸（峰 C）是来自污泥固相中有机质的释放还是液相有机质的有机转化，通过阳离子交换树脂法提取原泥中的 EPS 溶液并单独在 140℃ 进行水热处理，观察到相同的荧光现象，这说明峰 C 是来自水热处理过程中 EPS 中有机质的转化。蛋白质产生的荧光主要来自色氨酸和酪氨酸中的芳香族共轭结构，在高温高压条件下，芳香族蛋白质中的苯环与多糖中的醛基发生反应，从而破坏蛋白质分子的芳香结构。此外，蛋白质上的氨基通过美拉德反应与多糖上的羰基反应，在水热过程中产生蛋白黑素。蛋白黑素是具有复杂环状结构的混合化合物，其与自然环境中的腐殖质密切相关。在实验过程中，我们注意到随着温度的升高，污泥逐渐形成芳香气味。类黑素样腐殖质的荧光峰值为 $\lambda_{E_x/E_m} = 340 \sim 370nm/420 \sim 440nm$，与图 6-58 中的峰 C 一致。图 6-59 证实了通过污泥 SEPS 的加热处理可以产生类黑素的荧光峰。

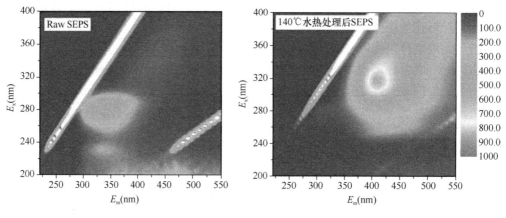

图 6-59 在加热至 140℃下原污泥中 SEPS 的 EEM 曲线（样品稀释 2 倍）

图 6-60 进一步证实了在液相中形成了大分子复合物，随温度的升高，溶解性有机物的流体动力学直径逐渐增大，同时有机物的水解和缩聚反应还可以降低液体流动的阻力和黏度。

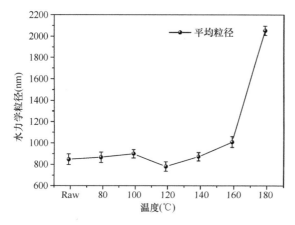

图 6-60 水热处理对不同温度下污泥中可溶性有机物流体动力学直径的影响

在可溶性有机物的 FT-IR 光谱中可以发现各种特征峰（图 6-61）。从 $2925 \sim 2935cm^{-1}$ 和 $2965 \sim 2975cm^{-1}$ 的峰表明脂肪链的存在。$1660 \sim 1670cm^{-1}$ 和 $1235 \sim 1240cm^{-1}$ 的吸收带与蛋白质分子中酰胺 I 的 C＝O 和 C-N 的伸缩振动相关。从 $1150 \sim 1200cm^{-1}$ 和 $1015 \sim 1045cm^{-1}$（O-H 基团的伸展振动）观察到的光谱带与 EPS 中多糖的特征吸收区域相关。由于有机物在高温下的脱氧-脱羧反应，由 $1406cm^{-1}$ 表示的 C＝O 键和由 $1156cm^{-1}$ 表示的 C-OH 键随着温度的升高而减弱，这可能会产生含有不饱和键的有机中间体，该观察结果与上述污泥疏水性的增强一致。此外，随着温度的升高，与 $861cm^{-1}$ 苯环取代基相关的特征峰逐渐消失，这可能与 Su 等（2015年）报道的芳香族蛋白与多糖之间的美拉德反应有关。由 $1665cm^{-1}$ 和 $1237cm^{-1}$ 代表的蛋白质的酰胺 I 键首先增加然后减少，表明蛋白质在开始时释放，并且其分子结构随着水热温度的进一步增加而改变。

为了提高蛋白质的酰胺 I 带的分辨率（从 $1700 \sim 1600cm^{-1}$），通过具有二阶导数分辨率和曲线拟合的红外分解光谱来表征。如图 6-61 所示，所有样品均含有 β-折叠，无规卷曲，α-螺旋和 β-旋转，可在 $1640 \sim 1610cm^{-1}$，$1650 \sim 1640cm^{-1}$，$1660 \sim 1650cm^{-1}$ 和 $1695 \sim 1669cm^{-1}$ 处分别检测到。三个样品中 β-折叠和无规卷曲的含量先增加后减少，而 α-螺旋的变化则相反（表 6-7），β-旋转含量随温度不断升高。刘等人（2019）还报道了热处理改变了 PN 的二级结构。

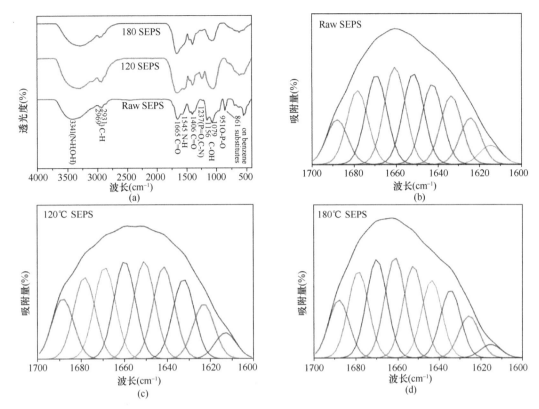

图 6-61　（a）三个样品的 FT-IR 光谱；（b）二阶导数分辨率在原始 SEPS；（c）120℃ SEPS；
（d）180℃ SEPS 的 I 区（1700～1600cm⁻¹）中得到增强和曲线拟合

原始 SEPS，120℃ SEPS 和 180℃ SEPS 蛋白质的二级结构　　　　表 6-7

	Raw SEPS（%）	120 SEPS（%）	180 SEPS（%）
β-旋转	21.95	23.53	19.34
无规卷曲	13.15	13.54	12.22
α-螺旋	30.87	26.66	30.27
β-折叠	34.03	34.27	38.17

（2）固体组分的变化

水热处理后的污泥絮凝物的 FT-IR 光谱如图 6-62 所示。随着温度的升高，与蛋白质中酰胺结构相关的吸收峰在 1658cm⁻¹（C＝O），1547cm⁻¹（N-H 键）和 1237cm⁻¹（C-O、C-N 键）逐渐消失，表明污泥中的蛋白质逐渐释放到液相中，固相中蛋白类有机物的含量降低。

为了更好地理解固相中含 N 组分的转化，进一步采用 XPS 研究了不同 N 形态的变化，结果如图 6-63 所示。原污泥仅含有蛋白质-N。随着温度的升高，污泥中蛋白质-N 的峰面积逐渐减小，表明蛋白质含量降低。当温度升至 140℃时，吡咯-N 开始出现，含量

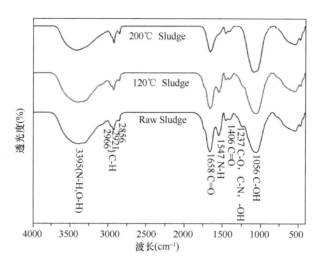

图 6-62　水热处理后污泥固体部分的 FT-IR 光谱

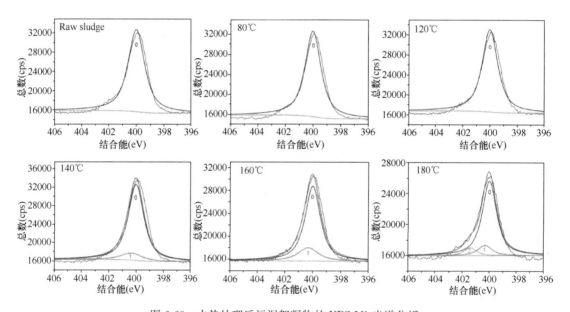

图 6-63　水热处理后污泥絮凝物的 XPS N1 光谱分析

为 11.1%，这证实生物聚合物很可能在水热处理中转化为含有不饱和键的有机物质。然后，吡咯-N 的杂环结构通过 Diels-Alder 反应的含 N 中间体的顺序环化和环缩合生成。随着温度升高到 160℃，吡咯-N 的含量上升到最大值 18.8%，表明在这种条件下更多的蛋白质-N 转化为吡咯-N，导致有机物分子疏水性增强。当温度进一步升高到 180℃ 时，吡咯-N 的含量降低，并且季铵-N 存在于固体部分中，表明吡啶的杂环共轭结构被破坏，并且 N 的电子杂化轨道从 sp^2 变为 sp^3，He 等人（2015）表明季铵-N 可能来自吡啶-N 中间体。Zhuang 等人（2017）还发现季铵-N 首先在 210℃ 的温度下生成，并在更高的温度（300℃）下进一步转化为具有更稳定的六原子环的吡啶-N。根据以上数据，180℃ 可能是污泥中有机物芳构化的开始。并且，污泥中的蛋白质组分在水热过程中不断被破坏和转化，连续释放到液相里。

（3）官能团分析

图 6-64 可以阐释^{1}H 核磁共振图谱中污泥溶解性有机质在不同水热温度下官能团的变化情况。图中共发现 3 个明显的特征峰：①0～3ppm H_{Ali} 代表亚甲基链上的末端甲基、高支链脂肪族碳中甲基上的质子和脂肪族碳上的质子（与芳环或极性官能团相差两个或多个碳）；②3～6.5ppm H_{R-O} 表示与 O 或 N 杂原子相连的 C 上的质子；③6.5～10ppm H_{Ar}，表征不受空间位阻的芳香族质子。与原泥样品相比，过 120℃和 200℃温度下的水热处理后，三个区域的峰都有所增强。H_{Ali} 区域中峰强度的增强表明水热处理后污泥有机物中的疏水性脂族官能团增加，这表明水热处理使污泥发生剧烈的脱水反应。美拉德反应中胺醛和羟胺的频繁缩聚可能导致 HR-O 区峰强度提高。此外，人们普遍认为美拉德反应会产生芳香族含氮杂环，例如吡嗪和吡咯，这将会增强 H_{Ali} 的峰强度。

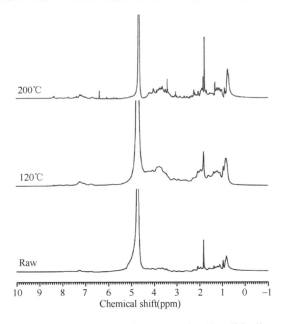

图 6-64　不同水热温度下污泥的^{1}H 核磁共振谱

6.5.4　美拉德反应途径

基于光谱分析以及之前的研究，提出了美拉德反应的一种可能途径。如图 6-65 所示，美拉德反应有三个阶段，在初期阶段，葡萄糖（醛糖）中的醛基与氨基酸或蛋白质上的游离氨基缩合形成 Schiff 碱，然后进行 Amadori 重排形成 1-amino-1-deoxy-2-ketose，形成 Amadori 重排产物（ARGs）。初期的中间反应引起进一步的脱水，并在一定的热条件下生成吡咯环。在第二阶段，ARG 经过烯醇化反应生成二羰基化合物，并环化生成糠醛衍生物。羰基化合物作为该阶段的中间体，容易与氨基酸发生 "Strecker degradation"，从而生成氨基酮和醛，氨基酮进一步脱水形成吡嗪衍生物，而吡嗪衍生物被认为是调味品产品的重要成分。Chen 等（2019）确定了污泥水热过程后的可溶性产物，并确认了杂环结构产物的形成，例如吡咯，吡嗪和呋喃。最终阶段主要产生着色物质。来自中间阶段的产物，例如糠醛衍生物、还原酮、醛等，经历了一系列反应，包括醛醇缩合、胺醛缩合和聚合反应，生成了统称为黑色素的棕色色素物质。

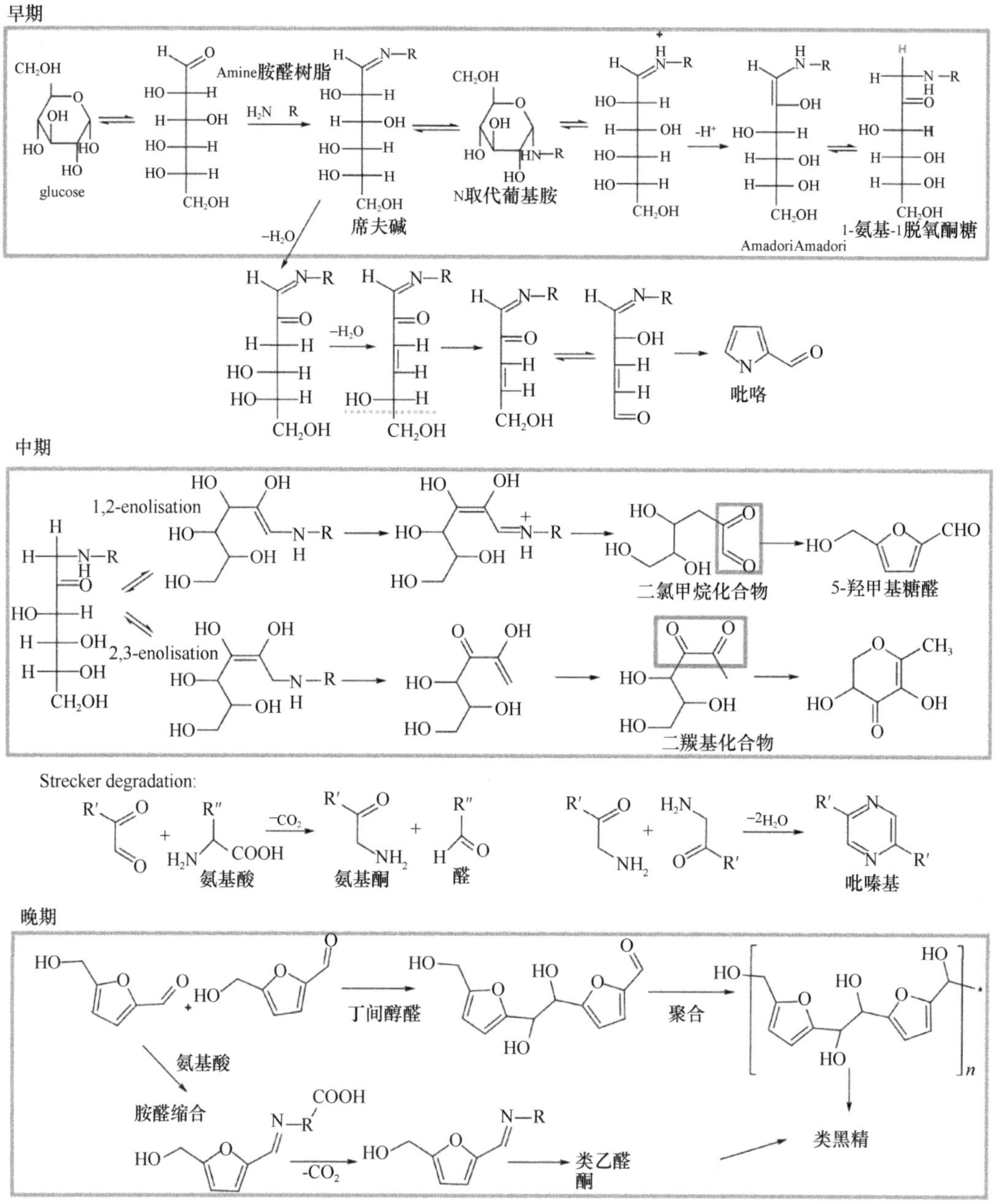

早期

中期

晚期

图 6-65　污泥水热处理过程中美拉德反应路径

6.5.5　水热处理对污泥性质的影响机理

使用了 Pearson 的相关性分析来解释水热处理过程中剩余活性污泥物理性质与生物聚合物转化之间的关系。结果如表 6-8 所示，低剪切速率下的黏度与屈服应力，τ_0（$R=0.979$）和 $D_{0.5}$（$R=0.871$）呈显著正相关，这可能是因为 EPS 在液相中的持续释放减弱了固相絮体之间的相互作用，从而降低了低剪切速率下污泥的黏度。同时，转移到液相的 EPS 与其他链状生物聚合物分子会显著改变溶液的流动特性。液相黏度（μ_{liq}），与峰 A 和 B 荧光强度的强关联性表明了污泥液相物理特性与溶解性有机质变化之间的关系。μ_{liq} 与高剪切速率下的黏度有显著相关性，这表明高剪切速率下污泥的流动特性主要取决于液相部分。CST_n 和 SRF 均与 μ_{liq}（$R=0.999$，$R=0.985$，相对地）和 μ_{500}（$R=0.944$，$R=0.843$，respectively）有较高的相关性，这表明污泥液相的流动行为可以解释污泥脱水性能。该结果表明流动曲线是一种简单的评估水热处理后污泥脱水性能的潜在方法。

Pearson 系数在不同参数之间的相关性　　　　　　　　　表 6-8

	CST	SRF	$D_{0.5}$	$\mu_{0.01}$	μ_{500}	μ_{liq}	Peak A	Peak B
τ_0	0.279	0.355	0.755*	0.979**	0.533	0.009	0.291	0.172
CST	—	0.807*	0.732*	0.247	0.944**	0.999**	0.784*	0.786*
SRF		—	0.593	0.287	0.843**	0.985	0.947**	0.945**
$D_{0.5}$			—	0.871*	0.727*	0.554	0.542	0.488
$\mu_{0.01}$				—	0.515	−0.105	0.218	0.068
μ_{500}					—	0.918	0.790*	0.745*
μ_{liq}						—	0.999*	1.000*

最小 ▨▨▨▨ 最大

水热过程中污泥的物理性质主要受两个因素控制：①污泥絮体特征影响了污泥在低剪切速率下的宏观物理性质；②释放到液相中的有机质的含量和组成决定了污泥在高剪切速率下的特征，并且这两个因素随着水热处理温度而不断变化。随着温度的升高，污泥絮体的网状凝胶状结构逐渐解体，结合水被释放到液相（图 6-56 和图 6-57），流体的屈服应力减小。此外，絮凝物在流动过程中变得更加有序，因此在低剪切应力下黏度逐渐降低。随温度升高释放的大分子有机物对低剪切应力没有明显响应，但对高剪切应力下的污泥流动性有重要影响。

水热处理中有机物的转化一般分为两个阶段：（阶段Ⅰ：溶解阶段，30～120℃）具有类似凝胶的网络状结构的生物聚合物被释放到污泥的液相中，其导致污泥在高剪切应力下的流动阻力的增强，因此 μ_{500} 随温度升高；（阶段 2：转化阶段，120～200℃）蛋白质和多糖参与美拉德反应，导致有机质网络状结构的消失（图 6-66）。因此污泥的高剪切应力下的流动阻力 μ_{500} 随水热温度进一步上升而下降。当温度超过 180℃时，有机质的网络状结构几乎完全消失，因此污泥的流动能力得到极大的增强，这有力地证实了污泥在高剪切应力下的流动特征主要受到溶解性有机质组分的影响。

6.5.6　环境意义

随着水热温度的升高，可溶性蛋白的浓度会增加，而 EEM 图谱中与蛋白相关峰的荧光强度会降低（图 6-54、图 6-56 和图 6-58）。荧光强度和蛋白质浓度之间的不一致主要是由美拉德反应引起的，同时发现美拉德反应产物之一吡嗪衍生物可通过静态和动态猝灭相结合来猝灭蛋白质的荧光结构。Lowry 法常用来测量物质中蛋白质的含量，因为美拉德反应中蛋白质参与反应生成的黑色素也可以使用 Lowry 法测出，所以测量的蛋白质浓度会受到干扰。在水热反应中，通过比色法（Lowry 法）测量的蛋白质浓度可能部分由褪黑素的存在而导致数值偏高。Seviour 等（2019）还报告说，现有方法无法准确识别 EPS中的有机物（蛋白质和腐殖质），准确的化学表征方法需要进一步的发展。水热过程中黑

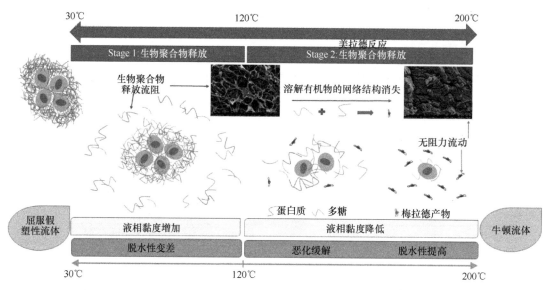

图 6-66　不同温度下水热处理后污泥宏观物理性质和生物聚合物变化的示意图

色素类物质的产生也对污泥的厌氧消化产生新的挑战，因为水热过程通常用作厌氧消化的预处理。黑色素样和腐殖酸是不同的分子，但具有部分相似的化学特性（例如，荧光和紫外线吸收特性），在某些情况下可能导致它们之间的混淆。有研究腐殖质被用于探索水热工艺副产物对污泥厌氧消化的影响，这可能是不准确的，因为通过水热过程生产的美拉德产品是不等于腐殖酸，例如美拉德反应产物含有更多的氮杂环化合物，例如吡嗪和吡咯。通过有针对性地调节和控制水热过程中的美拉德反应，可以帮助解释有机物（类黑素或蛋白质/多糖）的存在形态对厌氧消化的影响，从而优化厌氧消化过程。Yang 等（2019）发现 200℃的高温能将有机物转化为"人造腐殖酸"，并发现这种"腐殖酸"作为土壤改良剂可增强植物根系对磷的吸收。水热处理温度超过 180℃可以有效提高污泥的脱水能力，这意味着可以通过水热处理将回收高价值的水溶性有机物与污泥脱水过程可以结合。

6.6　本章总结

污泥深度脱水的主要目的是以较为经济的方式，减小污泥体积，提升污泥后续处理的效能，降低污泥处理处置综合成本。本章介绍了几类污泥调理—深度脱水耦合资源化利用的技术方法，包括高级厌氧消化污泥调理与营养物质回收、污泥调理—高效脱水耦合催化热解制备多功能碳基材料技术、污泥水热处理耦合有机质回收与资源化利用技术等。高级厌氧消化污泥具有碱度高、氨氮高、溶解性有机物含量高、颗粒小等特点，采用诱导磷酸铵镁与絮凝联合调理技术不仅可以回收污泥中的氮磷，同时还可以有效改善污泥脱水性，调理过程不影响污泥碱度，因而不影响后续的厌氧氨氧化工艺。厌氧消化污泥的 EPS 被有效降解，絮凝活性较低，调理过程中需要严格控制水里剪切强度和时间。通过将污泥调理与热解碳化结合，可以制备碳基功能材料。常规的铝盐和铁盐调理后污泥碳材料的比表面积较低，吸附能力也较低，而采用 Fenton 和铁锰复合调理可以后污泥碳的比表面积较大，吸附能力也较高。污泥碳可以有效吸附污泥中的疏水性和高分子量有机物，而对亲水性有机物的吸附能力较弱。此外采用 $KMnO_4$-Fe（Ⅱ）和氯化铈作为污泥调理剂后，污泥碳不仅具有吸附能力，而且表现出类 Fenton 催化活性，在一些有毒金属（砷）和难生化降解有机物（腐殖酸、抗生素）的去除中具有较好的效果。水热处理对污泥脱水性能的影响主要与温度有关。随着水热处理的温度升高（30～200℃），污泥脱水性能先恶化后改善。在第一阶段（30～120℃）中，具有凝胶网络结构的污泥中的生物聚合物被释放到液相中，从而导致 μ_{500}（高剪切速率黏度）的增加和污泥脱水性的恶化。在第二阶段（120～200℃）中，溶解的有机物发生了美拉德反应，导致网络结构消失，进而使 μ_{500} 减少，脱水性提高。水热处理可以实现污泥中有机质定向转化和回收与机械分离过程的耦合，因而具有较大的应用潜力。

参 考 文 献

[1]　戴晓虎，戴翎翎，段妮娜. 科技创新为我国污泥绿色化低碳发展提供对策 [J]. 建设科技，2017
(01)：48-50＋2.

[2]　戴晓虎. 我国城镇污泥处理处置现状及思考 [J]. 给水排水，2012，48(02)：1-5.

[3]　J V，P C. Moisture distribution in activated sludges：a review [J]. Water Research，2004，38(9)：
2215-2230.

[4]　TSANG K R，VESILIND P A. Moisture Distribution in Sludges [J]. Waterence & Technology，
1990，22(12)：135-42.

[5]　MNV P，FAVAS P，VITHANAGE M，et al. Industrial and Municipal Sludge：Emerging Concerns
and Scope for Resource Recovery [M]. Oxford：Butterworth-Heinemann，Elsevier，2019.

[6]　WEI Z，BIN D，XIAOHU D. Mechanism analysis to improve sludge dewaterability during anaerobic
digestion based on moisture distribution [J]. Chemosphere，2019(227)：247-255.

[7]　SHENGYONG，MAO，FEIYAN，et al. Measurement of water content and moisture distribution in
sludge by H-1 nuclear magnetic resonance spectroscopy [J]. Drying technology：An International
Journal，2016，34(1/4)：267-274.

[8]　BORAN W，KUN Z，YUNPENG H，et al. Unraveling the water states of waste-activated sludge
through transverse spin-spin relaxation time of low-field NMR [J]. Water Research，2019(155)：266-
274.

[9]　蒋自力，金宜英，张辉等. 污泥处理处置与资源综合利用技术 [M]. 北京：化学工业出版
社，2018.

[10]　DIGNAC M F，URBAIN V，RYBACKI D，et al. Chemical description of extracellular polymers：
implication on activated sludge floc structure [J]. Water Science & Technology，1998，38(8-9)：45-
53.

[11]　LIU H，FANG H. Extraction of extracellular polymeric substances (EPS) of sludges [J]. Journal
of Biotechnology，2002，95(3)：249-56.

[12]　丁怡，方海顺. 激光粒度散射法测定微晶纤维素粒度的研究与应用 [J]. 今日药学，2017，27(4)：
237-239＋254.

[13]　YANG S-F，TAY J-H，LIU Y. Inhibition of free ammonia to the formation of aerobic granules [J].
Biochemical Engineering Journal，2004，17(1)：41-48.

[14]　周利，郭雪松，肖本益等. 城市污水处理厂剩余污泥热值测定方法优化研究 [J]. 环境工程学报，
2012，6(8)：2805-8.

[15]　周利. 北京市城市污水处理厂污泥特征与热值研究：[D]. 北京：中国科学院研究生院，2011.

[16]　FRΦLUND B，PALMGREN R，KEIDING K，et al. Extraction of extracellular polymers from ac-
tivated sludge using a cation exchange resin [J]. Water Research，1996，30(8)：1749-1758.

[17]　SHENG G-P，YU H-Q，YU Z. Extraction of extracellular polymeric substances from the photosyn-
thetic bacterium Rhodopseudomonas acidophila [J]. Applied Microbiology and Biotechnology，2005，
67(1)：125-130.

[18] LIU H, FANG H H P. Extraction of extracellular polymeric substances (EPS) of sludges [J]. Journal of Biotechnology, 2002, 95(3): 249-256.

[19] OGAWA H, TANOUE E. Dissolved Organic Matter in Oceanic Waters [J]. Journal of Oceanography, 2003, 59(2): 129-147.

[20] DR ANDY BAKER1, INVERARITY2 R. Protein-like fluorescence intensity as a possible tool for determining river water quality [J]. Hydrological Processes, 2004, 18(15): 2927-2945.

[21] ANDY B, M S R G. Characterization of dissolved organic matter from source to sea using fluorescence and absorbance spectroscopy [J]. Science of the total environment, 2004, 333(1-3): 217-232.

[22] A W. Occurrence and fate of organic pollutants in combined sewer systems and possible impacts on receiving waters [J]. Water Science & Technology, 2007, 56(10): 141-148.

[23] A B, E T, A T S, et al. Relating dissolved organic matter fluorescence and functional properties [J]. Chemosphere, 2008, 73(11): 1765-1772.

[24] C H A, E A, L-F P, et al. Characterising organic matter in recirculating aquaculture systems with fluorescence EEM spectroscopy [J]. Water research, 2015(83): 112-120.

[25] HAO C, ZHEN-LIANG L, XIAN-YONG G, et al. Anthropogenic Influences of Paved Runoff and Sanitary Sewage on the Dissolved Organic Matter Quality of Wet Weather Overflows: An Excitation-Emission Matrix Parallel Factor Analysis Assessment [J]. Environmental science & technology, 2017, 51(3): 1157-1167.

[26] COBLE P G. Characterization of marine and terrestrial DOM in seawater using excitation-emission matrix spectroscopy [J]. Marine Chemistry, 1996, 51(4): 325-346.

[27] STEDMON C A, BRO R. Characterizing dissolved organic matter fluorescence with parallel factor analysis: a tutorial [J]. Limnology and Oceanography: Methods, 2008, 6(11): 572-579.

[28] CHEN Z, ZHANG W, WANG D, et al. Enhancement of waste activated sludge dewaterability using calcium peroxide pre-oxidation and chemical re-flocculation [J]. Water Research, 2016, 103 (oct.15): 170-181.

[29] BEECH I B, CHEUNG C W S, JOHNSON D B, et al. Comparative studies of bacterial biofilms on steel surfaces using atomic force microscopy and environmental scanning electron microscopy [J]. Taylor & Francis, 1996, 10(1-3): 65-77.

[30] AA B C V D, DUFRêNE Y F. In situ characterization of bacterial extracellular polymeric substances by AFM [J]. Elsevier BV, 2002, 23(2): 173-182.

[31] XU L, E L B. Analysis of bacterial adhesion using a gradient force analysis method and colloid probe atomic force microscopy [J]. Langmuir : the ACS journal of surfaces and colloids, 2004, 20(20) : 8817-22.

[32] ZHANG T, FANG H H P. Quantification of extracellular polymeric substances in biofilms by confocal laser scanning microscopy [J]. Biotechnology Letters, 2001, 23(5): 405-409.

[33] C S, H H, C H D, et al. Volumetric measurements of bacterial cells and extracellular polymeric substance glycoconjugates in biofilms [J]. Biotechnology & Bioengineering, 2010, 88(5): 585-592.

[34] DIGNAC M F, URBAIN V, RYBACKI D, et al. Chemical description of extracellular polymers: implication on activated sludge floc structure [J]. Water Science & Technology, 1998, 38(8-9) : 45-53.

[35] DUFRêNE Y F, ROUXHET P G. X-ray photoelectron spectroscopy analysis of the surface composition of Azospirillum brasilense in relation to growth conditions [J]. Colloids and Surfaces B: Biointerfaces, 1996, 7(5): 271-279.

[36] ANSELM O, JON C. Spectroscopic study of extracellular polymeric substances from Bacillus subtilis: aqueous chemistry and adsorption effects [J]. Biomacromolecules, 2004, 5(4): 1219-30.

[37] ORTEGA - MORALES B O, SANTIAGO - GARCiA J L, CHAN - BACAB M J, et al. Characterization of extracellular polymers synthesized by tropical intertidal biofilm bacteria [J]. Journal of Applied Microbiology, 2007, 102(1): 254-264.

[38] ALLEN M S, WELCH K T, PREBYL B S, et al. Analysis and glycosyl composition of the exopolysaccharide isolated from the floc - forming wastewater bacterium Thauera sp. MZ1T [J]. Environmental Microbiology, 2004, 6(8): 780-790.

[39] SHENG G-P, YU H-Q, WANG C-M. FTIR-spectral analysis of two photosynthetic hydrogen-producing strains and their extracellular polymeric substances [J]. Applied Microbiology & Biotechnology, 2006, 73(1): 241-10.

[40] MANCA, MARIA, C., et al. Chemical composition of two exopolysaccharides from Bacillus thermoantarcticus [J]. Applied & Environmental Microbiology, 1996, 62(9): 3265-3269.

[41] DANIEL, LATTNER, AND, et al. 13C-NMR study of the interaction of bacterial alginate with bivalent cations [J]. International Journal of Biological Macromolecules, 2003, 33(1): 81-88.

[42] 马士禹, 唐建国, 陈邦林. 欧盟的污泥处置和利用 [J]. 中国给水排水, 2006(4): 102-105.

[43] 姜玲玲, 孙苏. 我国污泥处理处置现状及发展趋势分析 [J]. 环境卫生工程, 2015, 23(3): 13-14+17.

[44] 薛重华, 孔祥娟, 吕蕴哲等. 城镇污泥热水解与厌氧消化联用技术的原理、效能及应用 [J]. 净水技术, 2018, 37(8): 45-50.

[45] 陈佳妮. 变废为宝: 利用活性污泥生产生物可降解塑料聚-3-羟基丁酸酯 [J]. 生物工程学报, 2017, 33(12): 1934-1944.

[46] 孟栋, 李柄柄, 刘玉玲等. 利用剩余活性污泥合成聚羟基脂肪酸酯的研究进展 [J]. 生物工程学报, 2019, 35(11): 2165-2176.

[47] SAJIDA M, NAZIA J. Polyhydroxyalkanoate (PHA) production in open mixed cultures using waste activated sludge as biomass [J]. Archives of microbiology, 2020, 202(7): 1907-1913.

[48] 赵培涛. 污泥水热处理制固体生物燃料及氮转化机理研究 [D]. 南京: 东南大学, 2014.

[49] 李辉, 吴晓芙, 蒋龙波等. 城市污泥脱水干化技术进展 [J]. 环境工程, 2014, 32(11): 102-107+101.

[50] 王磊, 张辰, 谭学军等. 城市污水污泥深度脱水性能的表征指标 [J]. 净水技术, 2017, 36(8): 42-45.

[51] W G F. Standard methods for the examination of water and waste water [J]. American journal of public health and the nation's health, 1966, 56(3): 387-388.

[52] 韩卿, 李清林, 张大鹏等. 一种测定污泥毛细吸水时间的装置: 中国, CN202066766, U[P]. 2011-12-07.

[53] W. C G, W. L W, J. L D. Capillary suction time (CST) as a measure of sludge dewaterability [J]. Water Science and Technology, 1996, 34(96): 443-448.

[54] 赵骏衡, 金海兰, 李坚. 改善造纸污泥脱水性条件对 CST 的影响 [J]. 中国造纸, 2013, 32(11): 42-45.

[55] 郑冰玉, 苏高强, 张亮等. 温度与污泥浓度对剩余污泥水解及脱水性能的影响 [J]. 北京工业大学学报, 2013, 39(12): 1905-1910.

[56] BIVINS J L, NOVAK J T. Changes in Dewatering Properties Between the Thermophilic and Mesophilic Stages in Temperature - Phased Anaerobic Digestion Systems [J]. Water Environment Research, 2001, 73(4): 444-449.

[57] ZHOU J, MAVINIC D S, KELLY H G, et al. Effects of temperatures and extracellular proteins on

dewaterability of thermophilically digested biosolids [J]. Journal of Environmental Engineering and Science，2002(1)：409-415.

[58] 程洁红，俞清，朱南文等. 高温好氧消化对不同类型污泥的脱水性能影响 [J]. 中国给水排水，2006(5)：24-29.

[59] 牛美青，张伟军，王东升. 不同混凝剂对污泥脱水性能的影响研究 [J]. 环境科学学报，2012，32(9)：2126-2133.

[60] NOVAK J T，GOODMAN G L，PARIROO A，et al. The Blinding of Sludges during Filtration [J]. Journal (Water Pollution Control Federation)，1988，60(2)：206-214.

[61] NOVAK J T，O'BRIEN J H. Polymer Conditioning of Chemical Sludges [J]. Journal (Water Pollution Control Federation)，1975，47(10)：2397-2410.

[62] NOVAK J T，AGERB M L，AELIG，et al. Conditioning，Filtering，and Expressing Waste Activated Sludge [J]. Journal of Environmental Engineering，1999，125(9)：816-824.

[63] ZHAO Y Q，BACHE D H. Conditioning of alum sludge with polymer and gypsum [J]. Colloids and Surfaces A：Physicochemical and Engineering Aspects，2001，194(1)：213-220.

[64] USHER S P. Suspension dewatering：characterisation and optimisation：[D]. Australia：University of Melbourne，2002.

[65] N. J. H，C. R. E. Purification and characterization of extracellular polysaccharide from activated sludges [J]. Pergamon，1986，20(11)：1427-1432.

[66] ELAKNESWARAN Y，NAWA T，KURUMISAWA K. Zeta potential study of paste blends with slag [J]. Cement & Concrete Composites，2009，31(1)：72-76.

[67] HUNG W T，CHANG I L，LIN W W，et al. Unidirectional Freezing of Waste-Activated Sludges：Effects of Freezing Speed [J]. Environmental Science & Technology，1996，30(7)：2391-2396.

[68] 苗兆静. 污泥调理中调质条件对污泥脱水性能的影响[D]. 武汉：武汉理工大学，2005.